高职高专土建类专业规划教材

GAOZHI GAOZHUAN TUJIANLEI ZHUANYE GUIHUA JIAOCAI

施工组织与管理

孟小鸣　主　编

邵转吉　龚健冲　李　红　副主编

林文剑　主　审

中国电力出版社

www.cepp.com.cn

本书共有概论、施工组织的方法、网络计划技术、施工准备、施工组织总设计的编制、单位工程施工组织设计的编制、施工项目目标控制、施工项目现场管理和生产要素管理、施工项目后期管理 9 章内容。

　　本书可作为高职高专土建类专业教材和土建类在职人员培训教材，也可供建筑单位及施工单位的有关技术、管理人员参考。

图书在版编目（CIP）数据

施工组织与管理/孟小鸣主编. —北京：中国电力出版社，2008

高职高专土建类专业规划教材

ISBN 978 - 7 - 5083 - 7403 - 1

Ⅰ. 施… Ⅱ. 孟… Ⅲ. ①建筑工程－施工组织－高等学校：技术学校－教材②建筑工程－施工管理－高等学校：技术学校－教材 Ⅳ. TU721

中国版本图书馆 CIP 数据核字（2008）第 077257 号

中国电力出版社出版发行

北京市东城区北京站西街 19 号　　100005　　http://www.cepp.com.cn

责任编辑：王晓蕾　　　责任印制：陈焊彬　　　责任校对：王瑞秋

汇鑫印务有限公司印刷·各地新华书店经售

2008 年 7 月第 1 版·2012 年 7 月第 4 次印刷

787mm×1092 mm　1/16·16.5 印张·409 千字

定价：32.00 元

编委会名单

主 任　胡兴福

委 员　（按姓氏笔画排序）

王延该	卢 扬	刘 宇	安淑兰
杨晓平	李 伟	李 志	何 俊
陈松才	周无极	周连起	周道君
郑惠虹	孟小鸣	赵育红	胡玉玲
钟汉华	晏孝才	徐秀维	高军林
郭超英	崔丽萍	谢延友	樊文广

前　言

本书是依据 GB/T 50326—2001《建设工程项目管理规范》、GB 50300—2001《建筑工程施工质量验收统一标准》及 2000 年前后国家新制定的有关建设工程质量、安全管理的法律、法规、规章等，结合施工现场有关施工组织和管理的实际内容编写的。本书结合建筑施工实际，内容丰富，突出实践性和可操作性，文字简练，深入浅出，通俗易懂。

本书共 9 章。第 1 章为概论，包括基本建设程序与建筑施工程序、建筑产品与施工的特点、施工组织概述、施工项目管理概述、施工项目管理组织。第 2 章为施工组织的方法，包括施工组织的方法、流水施工的基本原理、流水施工的组织方法、流水施工的应用。第 3 章为网络计划技术，包括网络计划的概念、双代号网络计划、单代号网络计划、网络计划的编制与应用、网络计划的优化、网络计划实施中的调整与控制、计算机在建筑施工计划管理中的应用。第 4 章为施工准备，包括施工准备工作的内容、技术经济条件的调查与资料搜集、技术资料准备、资源准备、施工现场准备、季节性施工准备、技术和安全交底。第 5 章为施工组织总设计的编制，包括施工组织总设计的编制概述、工程概况的编制、施工部署与施工方案的编制、施工总进度计划的编制、各项资源需要量计划及施工准备工作计划的编制、施工总平面图设计及业务量计算、施工组织总设计实例。第 6 章为单位工程施工组织设计的编制，包括单位工程施工组织设计的编制概述、工程概况的编制、施工方案的编制、单位工程施工进度计划的编制、单位工程施工准备工作计划及各项资源需要量计划的编制、单位工程施工平面图设计和技术经济指标、单位工程施工组织设计实例。第 7 章为施工项目目标控制，包括施工项目目标控制的内容、施工项目的组织协调、施工项目风险管理。第 8 章为施工项目现场管理和生产要素管理，包括施工项目现场管理、施工项目生产要素管理。第 9 章为施工项目后期管理，包括施工项目结算、施工项目竣工验收、施工项目保修与回访、施工项目管理总结。

本书由四川建筑职业技术学院孟小鸣主编，甘肃工业职业技术学院邵转吉、河南工业职业技术学院龚健冲、湖北城市建设职业技术学院李红任副主编，四川建筑职业技术学院林文剑主审。各章编写人员为：四川建筑职业技术学院孟小鸣编写第 1 章，北京农业职业技术学院赵海燕编写第 2 章，河南工业职业技术学院许志中编写第 3 章，湖北城市建设职业技术学院李红编写第 4 章、第 8 章，河南工业职业技术学院龚健冲编写第 5 章、第 7 章，甘肃工业职业技术学院邵转吉编写第 6 章、第 9 章。

由于时间仓促和作者水平有限，加上新内容的不断增加，书中难免存在不妥之处，敬请读者批评指正。

编　者

目　　录

第 1 章 概　　论

1.1　工程建设程序与建筑施工程序

1.1.1　项目的概念及特征

项目是由一组有起止时间、相互协调的受控活动所组成的特定过程，该过程要达到符合包括时间、成本和资源等约束条件在内的规定要求的目标。

项目的范围非常广泛，最常见的有：建设项目，如工业与民用建筑工程、交通工程、水利工程等；科学研究项目，如基础科学研究项目、应用科学研究项目、科技攻关项目等。

项目有以下共同特征：

（1）具有独特性。项目的独特性也可称为单件性或一次性，是项目最主要的特征。每个项目都有自己的独特过程，都有自己的目标与内容，因此只能对它进行单件处置（或生产），不能批量生产，不具有重复性。

（2）具有明确的目标和一定的约束条件。项目的目标有成果性目标和约束性目标。成果性目标指项目应达到的功能性要求，如一座医院的床位数、一所学校可容纳的学生人数、一座宾馆的房间数等；约束性目标是指项目的约束条件，一般项目的约束条件包括限定的时间、限定的资源（包括人员、资金、设施、技术和信息等）和限定的质量标准。凡是项目都有自己的约束条件，项目只有满足约束条件才能成功，因而约束条件是项目目标完成的前提，目标不明确的过程不能称作项目。

（3）具有独特的生命周期。项目过程的一次性决定了每个项目都具有自己的生命周期，任何项目都有其产生时间、发展时间和结束时间，在不同的阶段都有特定的任务、程序和工作内容。如建设项目的生命周期包括项目建议书、可行性研究、设计工作、施工准备、建筑施工、竣工验收与交付使用；施工项目的生命周期包括：投标与签订施工合同、施工准备、施工、竣工验收、回访保修。概括地说，项目的生命周期包括：概念阶段、勘察设计阶段、实施阶段和终止阶段。成功的项目管理是将项目作为一个整体系统，进行全过程的管理和控制，是对整个项目生命周期的系统管理。

（4）作为管理对象具有整体性。一个项目，是一个整体管理对象，在按其需要配置生产要素时，必须以总体效益的提高为标准，做到数量、质量、结构的总体优化。由于内外环境是变化的，所以管理和生产要素的配置是动态的。项目中的一切活动都是相关的，构成一个整体。缺少某些活动必将损害项目目标的实现。

（5）具有不可逆性。项目按照一定的程序进行，其过程不可逆转，必须一次成功，失败了便不可挽回，因而项目的风险很大，与批量生产过程（重复的过程）有着本质的差别。

1.1.2　工程建设项目及其组成

工程建设项目是项目中最重要的一类。

工程建设是指土木建筑工程、线路管道和设备安装工程、建筑装饰装修工程等利用国家预算内的资金、自筹资金、国内外基本建设贷款以及其他专项资金进行的，以扩大生产能力或新增工程效益为主要目的的新建、扩建工程及有关工作。

工程建设项目是指经批准按照一个总体工程设计进行施工，建成后具有完整的系统，可以独立地形成生产能力或使用价值的工程建设单位。工程建设项目具有以下特征：完整的结构系统、明确的使用功能、明确的质量标准、确定的工程数量、限定的投资数额、规定的建设工期以及固定的建设单位和实施的一次性等。工程建设项目的约束条件：①时间约束，即一个建设项目有合理的建设工期目标。②资源约束，即一个建设项目有一定的投资总量目标。③质量约束，即一个建设项目有预期的生产能力、技术水平或使用效益目标。

根据人事部、建设部（现为住房与城乡建设部）于 2004 年 2 月 19 日下发的《建造师执业资格考试实施办法》中的规定，将工程建设项目分为：房屋建筑工程、装饰装修工程、市政公用工程、机电安装工程、通信与广电工程、公路工程、铁路工程、民航机场工程、港口与航道工程、水利水电工程、电力工程、矿山工程、冶炼工程、石油化工工程等 14 个专业类别。

工程建设项目可以由一个或若干个具有内在联系的工程所组成。一个建设项目，一般可由以下工程内容组成：

1. 单位（子单位）工程

具备独立施工条件并能形成独立使用功能的建筑物为一个单位工程，如一个学校的一栋教学楼、一个住宅小区的一幢单元楼等。

对于规模较大的单位工程，可将其能形成独立使用功能的部分划分为一个子单位工程。子单位工程的划分一般可根据工程的建筑设计分区、使用功能的显著差异、结构缝的设置等实际情况，在施工前由建设、监理、施工单位自行商定，并据此收集整理施工技术资料和验收。

室外工程可根据专业类别和工程规模划分单位（子单位）工程。

2. 分部（子分部）工程

分部工程是单位工程的组成部分，是能够单独设计、可以独立施工，但完工后不能独立发挥生产能力或效益的部分。分部工程应按专业性质、建筑部位确定。GB 50300—2001《建筑工程施工质量验收统一标准》将建筑工程划分为地基与基础、主体结构、建筑装饰装修、建筑屋面、建筑给水排水及采暖、建筑电气、智能建筑、通风与空调、电梯等 9 个分部工程。

当分部工程较大或较复杂时，可按施工程序、专业系统及类别等划分为若干个子分部工程。如智能建筑分部工程中就包含了火灾及报警消防联动系统、安全防范系统、综合布线系统、智能化集成系统、电源与接地、环境、住宅（小区）智能化系统等子分部工程。

室外单位（子单位）工程、分部（子分部）工程按表 1-1 采用。

表 1-1　　　　　　　　　　　　室外工程划分

单位工程	子单位工程	分部（子分部）工程
室外建筑环境	附属建筑	车棚、围墙、大门、挡土墙、垃圾收集站
	室外环境	建筑小品、道路、亭台、连廊、花坛、场坪绿化
室外安装	给排水与采暖	室外给水系统、室外排水系统、室外供热系统
	电器	室外供电系统、室外照明系统

3. 分项工程

分项工程是分部工程的组成部分，分项工程应按主要工种、材料、施工工艺、设备类别等进行划分。如混凝土结构工程中按主要工种分为模板工程、钢筋工程、混凝土工程等分项工程；按施工工艺又分为预应力、现浇结构、装配式结构等分项工程。

分项工程的具体划分见 GB 50300—2001《建筑工程施工质量验收统一标准》。

4. 检验批

分项工程可由一个或若干个检验批组成，检验批可根据施工及质量控制和专业验收需要按楼层、施工段、变形缝等进行划分。建筑工程的地基基础分部工程中的分项工程一般划分为一个检验批；有地下层的基础工程可按不同地下层划分检验批；屋面分部工程中的分项工程，按不同楼层屋面可划分为不同的检验批；单层建筑工程中分项工程可按变形缝等划分检验批，多层及高层建筑工程中主体分部的分项工程可按楼层或施工段来划分检验批；其他分部工程中的分项工程一般按楼层划分检验批；对于工程量较少的分项工程可统一划为一个检验批。安装工程一般按一个设计系统或组别划分为一个检验批。室外工程统一划为一个检验批。散水、台阶、明沟等含在地面检验批中。

1.1.3　工程建设程序

工程建设程序是指一项工程的建设，从决策、到实施、再到验收、交付使用所经历的全过程。它是在认识工程建设客观规律的基础上总结提出的、工程建设全过程中各项工作都必须遵守的先后次序，是工程建设各环节相互衔接的顺序。

工程建设有着产品体形庞大、建造场所固定、建设周期长、占用资金多等特点，在建设过程中，工作量大、涉及面广、协作关系复杂，且活动空间有限，后续工作无法提前进行。因此工程建设就必然要分阶段、按步骤、各项工作按序进行。这种规律是不可违反的，如人为将工程建设的顺序颠倒，就会造成严重的资源浪费和经济损失。依据我国现行工程建设程序法规的规定，我国工程分为六个阶段，即项目建议书阶段、可行性研究阶段、设计工作阶段、建设准备阶段、工程施工阶段、竣工验收阶段、保修阶段。

1. 项目建议书阶段

项目建议书是对拟建项目提出的初步设想，是向国家有关部门提出建设某一建设项目的建议性文件。它通过论述拟建项目建设的必要性、可行性以及获利、收益的可能性，来推荐建设项目。项目建议书获得批准后，该拟建的建设项目即可进行下一步的可行性研究工作了。

项目建议书的主要内容包括：拟建项目的必要性及其依据；建设方案、建设规模、建设地点的初步设想；建设条件方面的初步分析；建设项目的投资估算及资金筹措设想；建设项目的进度安排；项目的效益估算。

项目建议书的审批程序：项目建议书按要求编制完成后，按照建设总规模和限额的划分审批权限报批。对于大中型及限额以上的建设项目，其项目建议书应先报该行业归口的主管部门，同时抄送国家发改委，并要求委托具有相应资质的工程咨询单位评估后才能审批；对于重大建设项目的项目建议书，应由国家发改委报国务院审批；对于小型和限额以下建设项目的项目建议书，按建设项目的隶属关系由部门或地方发改委审批。

2. 可行性研究阶段

可行性研究是指项目建议书获得批准后，对建设项目在技术上是否可行和经济上是否合理进行科学的分析和论证。可行性研究的主要内容包括：技术方案是否可行；生产建设条件是否具备；项目建设是否经济合理；项目建成后的经济效益、社会效益、环境效益如何等。

在可行性研究的基础上应选择最好的方案编制可行性研究报告，它是确定建设项目、编制设计文件的重要依据。

各类建设项目的可行性研究报告的内容不尽相同。大中型建设项目一般包括以下几个方面：根据经济预测、市场预测确定的建设规模和产品方案；资源、原材料、燃料、动力、供水、运输条件；建厂条件和厂址方案；技术工艺、主要设备选型和相应的技术经济指标；主要单位工程、公用辅助设施、配套工程；环境保护、城市规划、防震防洪等要求和采取的相应措施方案；企业组织、劳动定员和管理制度；建设进度和工期；投资估算和资金筹措方式；经济效益和社会效益。

可行性研究报告的审批程序：与项目建议书的审批程序基本相同。获得批准后的可行性研究报告是建设项目的最终决策文件，其一经审查通过，拟建的建设项目便可正式获准立项。

3. 设计阶段

在建设项目获准立项之后、施工之前，要进行工程项目的设计工作。设计单位一般由建设单位通过招投标择优选择或直接委托。在我国建设项目的设计通常分为两个阶段，即初步设计阶段和施工图设计阶段。对于一些复杂和大型的工程，有时需要进行三个阶段设计，即初步设计、技术设计、施工图设计。

(1) 初步设计。初步设计是根据批准的可行性研究报告和与建设项目相关的设计基础资料，对建设项目进行概略的设计。在指定时间和空间等特定的限制条件下，在批准的可行性研究报告的投资额度和质量要求下，做出技术上可行、经济上合理的设计，同时编制出工程建设项目的总概算。

初步设计的审批程序：与可行性研究报告的审批程序基本相同。必须注意，初步设计阶段不得随意改变已批准的可行性研究报告中所确定的建设规模、建设方案、建设标准、建设地址和投资条件等。如果初步设计提出的总概算超过可行性研究报告确定的投资额度的10％，或者其他主要指标方面需要做出变更时，应重新向原审批单位申报审批。

(2) 技术设计。一般是为了解决初步设计阶段中存在的一些重大问题，如建筑结构的确定、设备选型、工艺流程的确定、设计参数的确定等。技术设计的审批程序与初步设计的审批程序基本相同。

(3) 施工图设计。施工图设计是在前一设计阶段的基础上进行的，完成建筑、结构、设备、智能化系统等全部施工图纸以及设计说明书、结构计算书和施工图预算等内容。

施工图设计的审批程序：根据我国《建设工程质量管理条例》的规定，建设单位应将设计单位设计的施工图设计文件，报当地相应一级建设行政主管部门或其他有关部门进行施工图审查，批准后方可使用，未经审查批准的施工图设计文件不得使用。

4. 施工准备阶段

施工准备阶段是基本建设程序中的一个重要环节。在施工图批准之后、工程开工建设之前，应做好各项施工准备工作，如组建项目法人、征地、拆迁、平整场地、三通一平、设备及材料招标与采购、工程报建、委托监理、工程施工的招投标、办理工程质量监督证、施工许可证等。

5. 工程施工阶段

工程项目在办理完开工申请，并取得施工许可证后方可开工。施工阶段的主要内容就是按照施工图进行施工安装，建成工程实体。

建设项目进入施工阶段后，建设项目各责任主体（建设单位、施工单位、勘察设计单位、监理单位）必须按照国家法律、法规以及工程建设合同的规定履行各自的职责；同时，政府相关职能部门也将按照国家法律、法规以及工程建设技术规范、规程的要求，对建设项目及建设项目各责任主体的行为进行监督。

建设单位在建设项目施工阶段的主要工作有两个方面：①主持建设项目施工阶段与项目建设有关的工作。②为建设项目建成投产做准备工作。

施工单位在施工阶段的主要任务是：①执行国家工程建设有关法律、法规及工程建设标准强制性条文。②严格执行施工合同及设计文件，保证工程质量、进度、成本目标的实现。③加强施工安全管理，努力实现安全文明施工。④完成工程技术资料的编制、整理和归档。

勘察设计单位在施工阶段的主要任务是：监督勘察设计文件的执行情况，对施工中的重要施工阶段和重要部位进行现场监督，提供其他与勘察设计工作有关的服务。

监理单位在施工阶段的主要任务是：按照 GB 50319—2000《建设工程监理规范》展开监理工作，执行国家有关工程建设的法律、法规及工程建设的技术标准、规范、规程，实现"四控制、二管理、一协调"，确保工程建设目标的实现。

6. 生产准备阶段

这一阶段是由建设阶段转入生产和经营阶段的重要衔接环节，主要工作内容是进行设备安装、调试、工程验收；签订原料、材料、协作产品、燃料、水、电等供货及运输协议；进行工具、器具、备品、备件等的采购及相关工作。

7. 竣工验收阶段

在工程项目具备竣工验收条件后，建设单位即可组织勘察、设计、施工、监理等有关单位进行竣工验收。建设工程经过工程竣工验收后，业主应按规定到项目所在地的建设工程备案部门备案后才能交付使用。同时，进行工程交接。

竣工验收之后，按照《建设工程质量管理条例》的规定，工程进入保修阶段。

1.1.4 建筑施工程序

建筑施工程序是拟建工程项目在整个施工阶段中必须遵循的先后顺序，一般包括以下几个阶段：

（1）承接施工任务，签订施工合同。施工单位一般是通过投标的方式承接施工任务，中标后，施工单位应与建设单位签订施工合同。施工合同应规定承包的内容、要求、工期、质量、造价及材料供应等内容，明确合同双方的权利、义务、责任。施工合同一经签订后，具有法律效力，双方必须共同遵守。

（2）做好施工准备，提出开工报告。签订施工合同后，施工单位应全面做好施工准备工作。施工准备工作包括调查研究收集资料、技术资料准备、物资准备、施工人员准备、施工现场准备、季节性施工准备。工程具备开工条件后，施工单位向监理单位提出工程开工报告，经审查批准后，工程即可正式开工。

（3）组织施工。施工单位应按照施工组织设计精心组织施工。在施工中做好动态控制工作，保证质量目标、进度目标、造价目标、安全目标、现场目标的实现。严格履行施工合同，处理好内外关系，处理好合同变更，搞好索赔。编制好施工技术资料。

（4）竣工验收，交付使用。竣工验收是施工的最后阶段，在竣工验收前，施工企业内部进行自检，检查各分部分项工程的施工质量，整理工程竣工资料，进行竣工结算。自检不合格的项目应进行整改，达到合格才能交付验收。在施工单位自检合格的基础上，由建设单位（项目）负责人组织施工单位（含分包单位）、设计、监理等单位（项目）负责人进行竣工验收。

（5）回访保修阶段。工程交工后保修是我国一项基本法律制度，回访保修的责任应由施工单位承担，施工单位应建立施工项目交工后的回访与保修制度，提高工作质量，听取用户意见，改进服务方式。

1.2 建筑产品与施工的特点

1.2.1 建筑产品的特点

（1）固定性。建筑产品只能在建造地点固定地使用，无法转移。这种一经建成就在空间固定的属性，称为建筑产品的固定性。固定性是建筑产品与一般工业产品最大的区别。

（2）庞大型。建筑产品的体形远比工业产品庞大。

（3）多样性。建筑物的规模、使用要求、建筑设计、结构类型等各不相同，即使是同一类型的建筑物，也因所在地点、环境条件不同而有所不同。所以建筑产品不能像工业产品那样批量生产。

（4）综合性。建筑产品是一个完整的固定资产实物体系，不仅在土建工程的艺术风格、建筑功能、结构构造、装饰做法等方面是一种复杂的产品，而且工艺设备、采暖通风、供水供电、卫生设备、智能系统等各类设施也错综复杂。

1.2.2 建筑施工的特点

（1）流动性。建筑产品的固定性决定了建筑施工具有流动性。生产者和生产设备不仅要随着建筑物建造地点的变更而流动，而且还要随着建筑物的施工部位的改变而在不同的空间流动。这就要求事先有一个周密的施工组织设计，使流动的人、材、机协调配合，做到连续、均衡施工。

（2）工期长。建筑产品的庞大性决定了建筑施工具有工期长的特点。建筑产品在建造过程中要投入大量的劳动力、材料、机械设备等，因此生产周期较长，少则几个月，多则几年。这仍然需要事先有一个合理的施工组织设计，尽可能缩短工期。

（3）个别性。建筑产品的多样性决定了建筑施工具有个别性。不同的甚至相同的建筑物，在不同的地区、季节及现场条件下，施工准备工作、施工工艺和施工方法等也不尽相同，因此要求施工组织设计应根据每个工程的特点、施工条件等进行编制。

（4）复杂性。建筑产品的综合性决定了建筑施工具有复杂性。建筑施工是露天、高空作业以及地下作业，加上施工的流动性和个别性，必然造成建筑施工的复杂性，这就要求施工组织设计不仅要从质量、技术、组织方面考虑措施，还要从安全等方面综合考虑施工方案，保证建筑工程顺利地进行施工。

1.3 施工组织概述

1.3.1 施工组织的概念

施工组织就是结合建筑产品的特点，对生产过程中的人员、材料、机械设备、施工方法等方面的要素进行统筹安排。

1.3.2 施工组织设计的概念

施工组织设计是用来规划和指导拟建工程从投标、签订施工合同、施工准备到竣工验收全过程的综合性的技术经济文件。

1.3.3 施工组织设计的作用与分类

1. 施工组织设计的作用

施工组织设计的作用主要有以下几个方面：

（1）指导工程投标与签订施工合同，作为投标书的内容和合同文件的一部分。

（2）保证各施工阶段的准备工作及时地进行。

（3）明确施工重点和影响工期进度的关键施工过程，并提出相应的技术、质量、安全、文明等各项目标及技术组织措施，提高综合效益。

（4）协调各总包单位与分包单位、各工种、各类资源、资金、时间等方面在施工程序、现场布置和使用上的相应关系。

2. 施工组织设计的分类

施工组织设计按编制阶段的不同，可以分为两类：一类是投标前编制的施工组织设计（简称标前设计）；另一类是签订施工合同后、开工前编制的施工组织设计（简称标后设计）。标前设计由施工单位经营管理层编制，应满足编制投标书和签订施工合同的需要，并附入投标文件中。标后设计由施工项目管理层编制，应满足施工准备和施工全过程的需要。

标后设计又可根据编制阶段和编制对象的不同划分为施工组织总设计、单位工程施工组织设计和分部分项工程施工组织设计（施工方案）。

施工组织总设计是以整个建设项目或建筑群为对象编制的，最主要的作用是为施工单位进行全场性施工准备和组织人员、物质供应等提供依据。施工组织总设计的主要内容有工程概况、施工部署和施工方案、施工准备工作计划、各项资源需要量计划、施工总进度计划、施工总平面图、技术经济指标分析。

单位工程施工组织设计是具体指导施工的文件，是施工组织总设计的具体化。它是以单位工程为对象编制的，可以在施工方法、人员、材料、机械设备、资金、时间、空间等方面进行科学合理的规划，使施工在一定的时间、空间和资源供应条件下，有组织、有计划、有秩序地进行，实现质量好、工期短、资金省、消耗少、成本低的良好效果。单位工程施工组织设计的主要内容有工程概况、施工方案、施工进度计划、施工准备工作计划、各项资源需要量计划、施工平面图、技术经济指标、安全文明施工措施。

分部分项工程施工组织设计的编制对象是难度较大、技术复杂的分部分项工程或新技术项目，用来具体指导这些工程的施工。其主要内容包括施工方案、进度计划、技术组织措施等。一般在单位工程施工组织设计确定施工方案后，由项目部技术负责人编制。

1.4　施工项目管理概述

1.4.1　施工项目管理的概念

一个工程建设项目通常是由几个参建单位共同建设完成的，而每个参建单位的工作性质、工作任务和利益各有不同，就形成了不同类型的项目管理。常见的项目管理类型有：建设单位的项目管理，设计单位的项目管理，施工单位的项目管理，供货单位的项目管理，工程咨询单位的项目管理。

1. 施工项目的概念与特征

施工项目是由施工单位自施工承包投标开始到工程完工保修期满为止的全过程中所完成的项目。这一过程的起点是投标，终点是质量保修期满。施工项目是由施工单位完成的。施工项目除了具有一般项目的特征外，还具有自己的特征：

（1）施工项目可以以整个建设项目为施工任务，也可以以其中的单位工程为施工任务。

（2）施工单位是施工项目的管理主体。

（3）施工项目的任务范围是由施工合同界定的。

（4）施工项目的产品具有多样性、固定性、体形庞大等特点。

只有建设项目、单位工程的施工任务才能称为施工项目，因为它们才是施工单位的最终产品。由于分部工程、分项工程不是施工单位的最终产品，故其活动过程不能称为施工项目，而是施工项目的组成部分。

2. 施工项目管理的概念与特征

施工项目管理是指施工单位在完成所承揽的工程建设施工项目的过程中，运用系统的观点和理论以及现代科学技术手段对施工项目进行的计划、组织、监督、控制、协调等全过程管理。

施工项目管理具有以下特征：

（1）施工项目的管理者是施工单位。建设单位和设计单位都不进行施工项目管理。由建设单位或监理单位进行的工程项目管理中涉及到的施工阶段管理仍属于建设项目管理，不能算作施工项目管理。监理单位把施工单位作为监理对象，虽与施工项目管理有关，但不能算作施工项目管理。

（2）施工项目管理的对象是施工项目。

（3）施工项目管理的内容是按阶段变化的。每个施工项目都按建设程序进行，也按施工程序进行，从开始到结束，要经过几年甚至十几年的时间。施工项目随时间的推移施工内容要发生变化，因而也要求管理内容随着发生变化。施工准备阶段、基础施工阶段、结构施工阶段、装饰装修施工阶段、安装施工阶段、竣工验收阶段，管理的内容差异很大。因此，管理者必须做好动态管理工作。

（4）施工项目管理要求强化组织协调工作。由于施工项目生产活动具有单件性的特点，对产生的问题难以补救或虽可补救但后果严重；由于参与施工的人员不断在流动，需要采取特殊的流水方式，组织工作量很大；由于施工在露天进行，工期长，需要的资源多；由于施工活动涉及复杂的经济关系、技术关系、法律关系、行政关系和人际关系等，故施工项目管理中的组织协调工作最为复杂、艰难、多变，必须通过强化组织协调的办法才能保证施工顺利进行。主要的强化方法是优选项目经理，建立项目管理机构，配备称职的管理人员，努力使项目管理工作科学化、信息化，建立起动态的控制体系。

1.4.2 施工项目管理的目标

施工单位作为一个工程建设项目的参建单位之一，它的项目管理主要服务于项目的整体利益及自身的利益。施工项目的目标有阶段性目标和最终目标。实现各项目标是施工项目管理的目的所在。施工项目管理的目标主要包括进度目标、质量目标、安全目标、成本目标等。

1.4.3 施工项目管理的内容和方法

1. 施工项目管理的内容

施工项目管理的内容应包括：编制施工项目管理规划大纲和施工项目管理实施规划（或施工组织设计），项目进度控制，项目质量控制，项目安全控制，项目成本控制，项目人力资源管理，项目材料管理，项目机械设备管理，项目技术管理，项目资金管理，项目合同管理，项目信息管理，项目现场管理，项目组织协调，项目竣工验收，项目考核评价，项目回访保修。

2. 施工项目管理的全过程

施工项目管理的程序为：编制施工项目管理规划大纲，编制投标书并进行投标，签订施工合同，选定项目经理，项目经理接受企业法定代表人的委托组建项目经理部，企业法定代表人与项目经理签订"项目管理目标责任书"，项目经理部编制施工组织设计，进行项目开工前的准备，按施工组织设计组织施工，在项目竣工验收阶段进行竣工结算、清理各种债权债务、移交资料和工程，进行经济分析，做出项目管理总结报告并送企业管理层有关职能部门，企业管理层组织考核委员会对项目管理工作进行考核评价并兑现"项目管理目标责任书"中的奖惩承诺，项目经理部解体，在保修期满前企业管理层根据"工程质量保修书"的约定进行项目回访保修。

施工项目管理的对象，是施工项目生命周期各阶段的工作。施工项目生命周期可分为五个阶段，构成施工项目管理的全过程。

（1）投标签约阶段的管理。建设单位对工程建设项目进行设计和建设准备，具备招标条件后，发出招标广告（或邀请函），施工单位见到招标广告（或邀请函）后，从做出投标决策至中标签约，实质上已经是在进行施工项目管理工作，这是施工项目寿命周期的第一阶段。该阶段的最终管理目标是签订施工合同。这一阶段主要进行以下工作：

1）对于每一次可以参与投标的机会，施工单位从经营战略的高度做出是否投标争取承包该项目的决策。

2）决定投标后，从多方面（企业自身、相关单位、市场、现场等）获取并掌握大量信息。

3）编制既能使企业盈利，又有竞争力、可望中标的投标书。

4）如果中标，则与招标方进行谈判，依法签订工程承包合同，使合同符合国家法律法规和国家计划，符合平等互利、等价有偿的原则。

（2）施工准备阶段的管理。施工单位与招标单位签订了施工合同，交易关系正式确立以后，便应组建施工项目管理组织——项目经理部，然后以项目经理部为主，进行施工准备，使工程具备开工和连续施工的基本条件。这一阶段主要进行以下工作：

1）成立项目经理部，根据施工项目的规模、结构复杂程度、专业特点、人员素质要求、地域范围来确定项目经理部的组织形式，配备管理人员，制定各项规章制度。

2）制订施工项目管理实施规划（或施工组织设计），以指导施工项目管理活动。

3）进行施工现场准备，使现场具备施工条件，以利于进行连续的安全文明施工。

4）编写开工申请报告，待批开工。

（3）施工阶段的管理。这是一个自开工至竣工的实施过程。在这一过程中，项目经理部既是决策机构，又是责任机构。这一阶段的目标是完成施工合同规定的全部施工任务，达到验收、交工的条件。这一阶段主要进行以下工作：

1）按施工组织设计的安排进行施工。

2）通过施工项目目标管理的动态控制，采取适当的技术措施、经济措施、组织措施、合同措施，保证进度目标、质量目标、安全目标、成本目标的实现。

3）做好组织协调工作，严格履行施工合同，做好索赔工作。

4）编制好施工技术资料。

（4）竣工验收阶段的管理。施工项目竣工验收的交工主体是施工单位，验收主体是建设单位。这一阶段主要进行以下工作：

1）自检评定。

2）参加竣工预验收，并对存在的问题进行整改。

3）进行竣工结算。

4）竣工资料整理归档。

5）提交竣工验收申请报告。

6）参加竣工验收，办理交工手续。

（5）回访保修阶段的管理。回访保修的责任应由施工单位承担，施工单位应建立施工项目交工后的回访与保修制度，听取用户意见，提高服务质量，改进服务方式。施工单位应建立与建设单位及用户的服务联系网络，及时取得信息，并按计划、实施、验证、报告的程序，搞好回访与保修工作。保修工作必须履行施工合同的约定和"工程质量保修书"中的承诺。

1.5　施工项目管理组织

1.5.1　施工项目管理组织概述

1. 施工项目管理组织的概念

施工项目管理组织，也称为项目经理部，是指为了进行施工项目管理、实现组织职能而进行的组织系统的设计与建立，组织运行，组织调整等三个方面工作的总称。它是由项目经理在企业的支持下组建并领导、进行项目管理的组织机构。项目经理是企业法定代表人在承包的建设工程施工项目上的委托代理人。

组织系统的设计与建立，是指经过筹划、设计、建成一个可以完成施工项目管理任务的组织机构，建立必要的规章制度，划分并明确岗位、层次、部门的责任和权力，建立和形成管理信息系统及责任分工系统，并通过一定岗位和部门内人员的规范化的活动和信息流通实现组织目标。组织运行是指在组织系统形成后，按照组织要求，由各岗位和部门实施组织行为的过程。组织调整是指在组织运行过程中，对照组织目标，检验组织系统的各个环节，并对不适应组织运行和发展的方面进行改进和完善。

2. 施工项目管理组织机构的设置原则

（1）目的性原则。施工项目管理组织机构设置的根本目的是为了产生组织功能，实现施工项目管理的总目标。从这一根本目标出发，就会因目标设事，因事设机构定编制，按编制设岗位定人员，以职责定制度授权力。

（2）精干高效原则。施工项目管理组织机构的人员设置，以能实现施工项目所要求的工作任务为原则，尽量简化机构，做到精干高效。人员配置力求一专多能，一人多职。同时还要着眼于使用与学习锻炼相结合，以提高项目管理组织成员的素质。

（3）管理跨度和分层统一的原则。管理跨度也称管理幅度，是指一个主管人员直接管理的下属人员数量。跨度大，管理人员的接触关系增多，处理人与人之间关系的数量随之增大。跨度（N）与工作接触关系数（C）的关系公式是

$$C = f(2^{N-1} + N - 1)$$

这是个几何级数，当 $N=10$ 时，$C=5210$。故跨度太大时，领导者及下属经常会出现应接不暇之烦。由于任何管理者的时间和精力都是有限的，它的管理能力也因知识、经验、个性、年龄的不同而不同，不同的管理者应有不同的管理跨度。因此，在组织机构的设计上应根据不同管理者的具体情况，结合工作的性质以及管理者的素质特征来确定适用于本组织和特定管理者的管理跨度，既要做到保证统一指挥，又便于组织内部信息的沟通。然而跨度大小又与分层多少有关，层次多，跨度会小，层次少，跨度会大。这就要根据领导者的能力和施工项目的大小进行权衡。

（4）业务系统化管理原则。由于施工项目是一个开放的系统，由众多子系统组成一个大系统，各子系统之间，子系统内部各专业之间，不同组织、工种、工序之间，存在着大量结合部。这就要求项目组织也必须是一个完整的组织结构系统，恰当分层和设置部门，以便在结合部上能形成一个相互制约、相互联系的有机整体，防止产生职能分工、权限划分和信息沟通上相互矛盾或重叠。要求在设计组织机构时以业务工作系统化原则做指导，周密考虑层间关系、分层与跨度关系、部门划分、授权范围、人员配备及信息沟通等因素，使组织机构自身成为一个严密的、封闭的组织系统，能够为完成项目管理总目标而实行合理分工及和谐协作。

（5）弹性和流动性原则。工程建设项目的单件性、阶段性、流动性及露天性作业是施工项目产品的主要特点，必然带来生产对象数量、质量和地点的变化，带来资源配置的品种和数量的变化。于是要求管理工作和组织机构随之进行调整，以使组织机构适应施工任务的变化。这就是说，要按照弹性和流动性的原则建立组织，不能一成不变。

（6）项目组织与企业组织一体化的原则。施工项目组织是企业组织的有机组成部分，企业是它的母体，也就是说项目组织是由企业组建的。项目管理的人员全部来自企业，项目管理组织解体后，其人员仍归属于企业。即使进行组织机构调整，人员也是进出于企业的，施工项目的组织形式与企业的组织形式有关，不能离开企业的组织形式去谈项目的组织形式。

1.5.2 施工项目管理组织形式

1. 施工项目管理组织的主要形式

施工项目管理组织形式有许多种，主要包括：矩阵式施工项目管理组织、直线职能式施工项目管理组织、事业部式施工项目管理组织。

（1）矩阵式施工项目管理组织。其结构形式呈矩阵状，项目管理人员由企业有关职能部门派出并进行业务指导，受项目经理的直接领导，如图1-1所示。

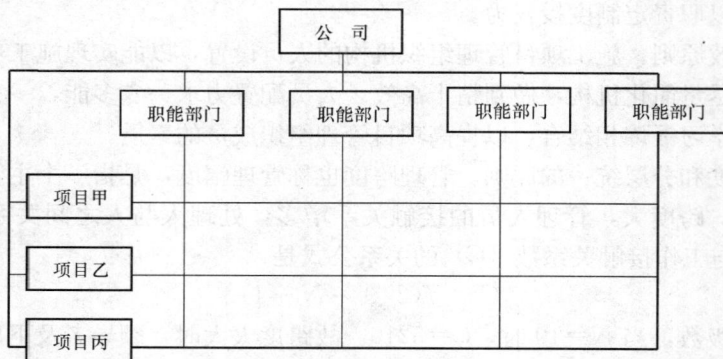

图1-1 矩阵式施工项目管理组织机构

1）矩阵式施工项目管理组织的特征

①施工项目组织机构与职能部门的结合部同职能部门数相同，多个项目与职能部门的结合部呈矩阵状。

②专业职能部门是永久性的，施工项目组织是临时的。项目经理将参与项目组织的职能人员在横向上有效地组织在一起，为实现项目目标协同工作。

③矩阵中的每个成员或部门，接受原部门负责人和项目经理双重领导。但部门的控制力大于项目的控制力。部门负责人有权根据不同项目的需要和忙闲程度，在项目之间调配本部门人员。一个专业人员可能同时为几个项目服务。

④项目经理对调配到本项目经理部的成员有权控制和使用。当感到人力不足或某些成员不得力时，他可以向职能部门要求给予解决。

⑤项目经理部的工作有多个职能部门支持，项目经理不涉及人员问题。但要求在水平方向和垂直方向有良好的信息沟通及良好的协调配合，对整个企业组织和施工项目组织的管理水平和组织渠道畅通提出了较高的要求。

2）矩阵式施工项目组织的适用范围

①适用于同时承担多个需要进行施工项目管理的企业。在这种情况下，各施工项目专业技术人才和管理人员都有需求，加在一起数量较大。采用矩阵制组织可以充分利用有限的人

才对多个项目进行管理，特别有利于发挥稀有人才的作用。

②适用于大型、复杂的施工项目。因大型、复杂的施工项目要求多部门、多技术、多工种配合实施，在不同阶段，对不同人员，有不同数量和搭配各异的要求。

3）矩阵式施工项目管理组织的优点

①解决了企业组织和施工项目组织相矛盾的状况，把职能原则与对象原则融为一体，求得了企业长期例行性管理和施工项目一次性管理的一致性。

②能以尽量少的人力，实现多个项目管理的高效率。通过职能部门的协调，一些项目上的闲置人才可以及时转移到需要这些人才的施工项目上去，防止人才短缺，施工项目因此具有弹性和应变力。

③有利于人才的全面培养。可以使不同知识背景的人在合作中相互取长补短，在实践中拓宽知识面；发挥了纵向的专业优势，可以使人才成长有深厚的专业训练基础。

4）矩阵式施工项目管理组织的缺点

①由于人员来自职能部门，且仍受职能部门控制，故凝聚在施工项目上的力量减弱，往往使施工项目组织的作用发挥受到影响。

②管理人员如果身兼多职地管理多个施工项目，便往往难以确定管理施工项目的优先顺序，有时难免顾此失彼。

③双重领导。施工项目组织中的成员既要接受项目经理的领导，又要接受企业中原职能部门的领导。在这种情况下，如果领导双方意见不一致，乃至有矛盾时，当事人便无所适从。要防止这一问题的产生，必须加强项目经理和部门负责人之间的沟通。还要有严格的规章制度和详细的计划，使工作人员尽可能明确在不同时间内应当干什么工作。如果矛盾难以解决，应以项目经理的意见为主。

④矩阵式组织对企业管理水平、施工项目管理水平、领导者的素质、组织机构的办事效率、信息沟通渠道的畅通等均有较高要求，因此要精干组织，分层授权，疏通渠道，理顺关系。由于矩阵式组织的复杂性和结合部多，造成信息沟通量膨胀和沟通渠道复杂化，在很大程度上存在信息梗阻和失真。于是，要求协调组织内部的关系时，必须有强有力的组织措施和协调办法以排除难题。为此，层次、职责、权限要明确划分。

（2）直线职能式施工项目管理组织。直线式施工项目管理组织的特征是只有两个管理层次，上层是项目经理部，下层是具体的业务操作人员，如图 1-2 所示。它的适用范围是任务种类单一和规模较小的项目，不适用于综合性大规模的施工任务。其优点是简单易行、灵活机动和指挥统一；缺点是管理方法比较单一，缺乏专业职能部门，不适应提高专业化工作效率的需要。

直线职能式施工项目管理组织，其结构形式呈直线状，且设有职能部门或职能人员的组织，每个成员（或部门）只受一位直接领导人指挥。它不同于直线式施工项目管理组织。

1）直线职能式施工项目管理组织的特征是一般都有三个管理层次：

①项目经理部负责施工项目决策管理和调控工作。

②施工项目专业职能部门负责施工项目内部专业管理业务。

③施工项目的具体操作队伍负责施工的具体工作。

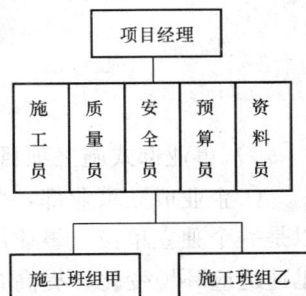

图 1-2　直线式施工项目管理组织机构

直线职能式施工项目管理组织形式是典型的现场组织形式，其示意图如图1-3所示。其原因是施工项目现场的任务相对比较稳定明确，符合直线职能式组织的组织要求。直线职能式组织能很好地适应完成施工项目现场施工任务的组织要求。

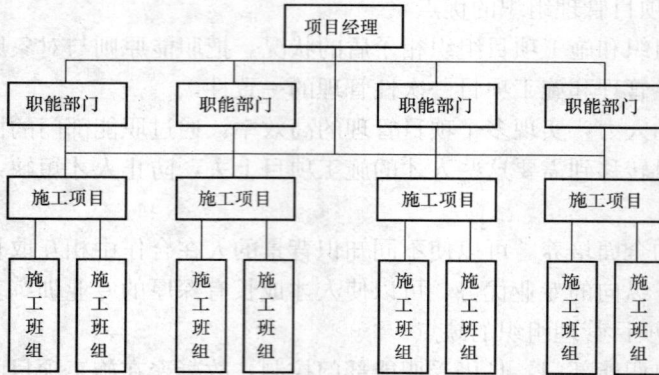

图1-3　直线职能式施工项目管理组织机构

2）直线职能式施工项目管理组织的适用范围：一般比较适合于大规模综合性的施工项目任务。

3）直线职能式施工项目管理组织优点：有利于实现专业化的管理和统一指挥，有利于集中各方面专业管理力量，积累经验，强化管理。

4）直线职能式施工项目管理组织缺点：信息传递缓慢和不容易进行适应环境变化的调整。

（3）事业部式施工项目管理组织。其在企业内作为派往施工项目的管理班子，对企业外是具有独立法人资格的项目管理组织，如图1-4所示。

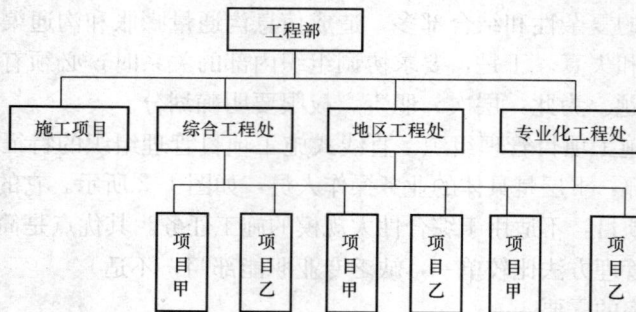

图1-4　事业部式施工项目管理组织机构

1）事业部式施工项目管理组织的特征

①企业成立事业部，事业部对企业来说是职能部门，对企业外有相对独立的经营权，可以是一个独立单位。事业部可以按地区设置，也可以按工程类型或经营内容设置。事业部能迅速适应环境变化，提高企业的应变能力，调动部门积极性。当企业向大型化、智能化发展时，事业部既可以加强经营战略管理，又可以加强施工项目管理。

②在事业部下边设置项目经理部，项目经理对事业部负责，有的可以直接对业主负责，

是根据其授权程度决定的。

2）事业部式施工项目管理组织的适用范围：大型经营性企业的工程承包，特别适用于远离公司本部的工程承包。需要注意的是，一个地区只有一个项目，没有后续工程时，不宜设立地区事业部，即它适用于在一个地区内有长期市场或一个企业有多种专业化施工力量时采用。在此情况下，事业部与地区市场同寿命。地区没有项目时，该事业部应予撤销。

3）事业部式施工项目管理组织的优点：有利于延伸企业的经营职能，扩大企业的经营业务，便于开拓企业的业务领域，还有利于迅速适应环境变化以加强施工项目管理。

4）事业部式施工项目管理组织的缺点：按事业部式建立施工项目组织，企业对项目经理部的约束力减弱，协调指导的机会减少，故有时会造成企业结构松散。必须加强其制度约束，并加大企业的综合协调能力。

2. 施工项目管理组织形式的选择

选择什么样的施工项目管理组织形式，应根据施工项目的规模、结构复杂程度、专业特点、人员素质和地域范围确定，并应符合下列规定：

（1）大型项目宜按矩阵式施工项目管理组织设置项目经理部。

（2）远离企业管理层的大中型施工项目宜按直线职能式、事业部式施工项目管理组织设置项目经理部。

（3）中小型项目宜按直线职能式施工项目管理组织设置项目经理部。

（4）小型项目宜按直线式、直线职能式施工项目管理组织设置项目经理部。

（5）项目经理部的人员配置应满足施工项目管理的需要。

1.5.3　施工项目经理部的建立与解体

GB/T 50326—2001《建设工程项目管理规范》规定大、中型施工项目，承包人必须在施工现场设立项目经理部；小型施工项目，可由企业法定代表人委托一个项目经理部兼管，但不得削弱其项目管理职责。项目经理部直属项目经理的领导，接受企业业务部门指导、监督、检查和考核。

1. 施工项目经理部的作用

施工项目经理部是由项目经理在企业的支持下组建并领导、进行项目管理的组织机构。项目经理部是施工项目管理的工作班子，为了充分发挥项目经理部在施工项目管理中的主体作用，必须对项目经理部的机构设置特别重视，设计好、组建好、运转好，从而发挥其应有功能。项目经理部的作用如下：

（1）项目经理部是企业在施工项目上的管理层，负责施工项目从开工到竣工的全过程施工生产经营管理，对作业层负有管理与服务的双重职能。作业层工作质量取决于项目经理部的工作质量。

（2）为项目经理决策提供信息依据，当好参谋，同时又要执行项目经理的决策意图，向项目经理全面负责。

（3）项目经理部作为一个组织体，应完成企业所赋予的基本任务——施工项目管理任务；要凝聚管理人员的力量，调动其积极性，促进管理人员的合作；协调部门之间、管理人员之间的关系，发挥每个人的岗位作用，为共同目标进行工作；影响和改变管理人员的观念和行为，使个人的思想、行为变为组织文化的积极因素；实行责任制，搞好管理；沟通部门之间、项目经理部与施工班组之间、与公司之间、与环境之间的关系。

（4）项目经理部是代表企业履行施工合同的主体，对施工产品和建设单位全面、全过程负责；通过履行主体与管理实体的职责，使每个施工项目经理部成为市场竞争的主体成员。

2. 建立施工项目经理部的基本原则

（1）要根据所设计的施工项目组织形式设置项目经理部。

（2）要根据施工项目的规模、复杂程度和专业特点设置项目经理部。

（3）项目经理部是一个具有弹性的一次性管理组织，应随工程任务的变化而进行调整，不应搞成一级固定性组织。项目经理部在施工项目开工前建立，在项目竣工验收、审计完成后解体。

（4）项目经理部的管理人员配置应面向施工现场，满足施工现场的计划与调整、技术与质量、成本与核算、劳务与物资、安全与文明的需要。而不应设置专管经营与咨询、研究与发展、政工与人事等与施工项目关系较少的非生产性管理部门与管理人员。

（5）应建立有益于项目经理部高效率运转的工作制度。

3. 施工项目经理部的建立

项目经理部应按下列步骤建立：

（1）根据企业批准的"施工项目管理规划大纲"，确定项目经理部的管理任务和组织形式。

（2）确定项目经理部的层次，设立职能部门与工作岗位。

（3）确定人员、职责、权限。

（4）由项目经理根据"项目管理目标责任书"进行目标分解。

（5）组织有关人员制定规章制度和目标责任考核、奖惩制度。

4. 施工项目经理部的解体

项目经理部解体应具备下列条件：

（1）工程已经竣工验收。

（2）与各分包单位的账款已经结算完毕。

（3）已协助企业管理层与发包人签订了"工程质量保修书"。

（4）"项目管理目标责任书"已经履行完成，经企业管理层审计合格。

（5）已与企业管理层办理了有关手续。

（6）现场最后清理完毕。

1.5.4 施工项目管理制度

1. 建立施工项目管理制度的基本原则

项目经理部建立后，应立即制定管理制度。制定管理制度必须遵循以下原则：

（1）必须贯彻国家法律、法规、方针、政策以及部门规章，且不得有抵触和矛盾，不得危害公众利益。

（2）必须实事求是，即符合本施工项目的需要。施工项目最需要的管理制度是有关工程技术、质量、安全、计划、统计、成本核算、现场管理等方面的内容，它们应是制定管理制度的重点。

（3）管理制度要配套，不留漏洞，形成完整的管理制度和业务体系。

（4）各种管理制度之间不能产生矛盾，以免职工无所适从。

（5）管理制度的制定要有针对性，任何一项条款都必须具体明确，词语表达简洁、准确。

（6）管理制度的颁布、修改和废除要有严格的程序。项目经理是总决策者，凡不涉及企业的管理制度，由项目经理签字决定，报公司备案；凡涉及到企业的管理制度，应由公司经理批准方可生效。

2. 施工项目的主要管理制度

项目经理部的规章制度应包括下列各项：

（1）施工项目管理人员岗位责任制度：是规定项目经理部各层次管理人员的职责、权限以及工作内容和要求的文件。

（2）施工项目技术管理制度：是规定施工项目技术管理的系列文件。具体应包括图纸会审制度、施工组织设计的编制和审查制度、技术组织措施的应用制度以及新材料、新工艺和新技术的推广制度等。

（3）施工项目质量管理制度：是保证施工项目质量的管理文件。主要内容有质量管理规定、质量检查制度、质量事故处理制度以及质量管理体系等。

（4）施工项目安全管理制度：是规定和保证施工项目安全生产的管理文件。其主要内容有安全教育制度、安全保证措施、安全生产制度以及安全事故处理制度、安全事故应急救援制度等。

（5）施工项目计划、统计与进度管理制度：是规定施工项目资源计划、统计与进度控制工作的管理文件。主要内容包括生产计划和劳务、资金等的使用计划、统计工作制度、进度计划、进度控制制度等。

（6）施工项目成本核算制度：是规定施工项目成本核算的原则、范围、程序、方法、内容责任及要求的管理文件。

（7）施工项目材料、机械设备管理制度：是规定施工项目材料和机械设备的采购、运输、仓储保管、保修保养以及使用和回收等工作的管理文件。

（8）施工项目现场管理制度：是规定施工项目现场平面布局，材料、设备的放置，运输线路规划，安全文明施工要求等内容的一系列管理文件。

（9）施工项目分配与奖励制度：是规定施工项目分配与奖励的标准、依据以及实施兑现等工作的管理文件。

（10）施工项目例会及施工日志制度：是规定施工项目管理日常工作例会、现场施工日志和施工记录及资料存档等工作的管理文件。

（11）施工项目分包及劳务管理制度：是规定施工项目分包类型、模式、范围以及合同签订和履行等工作的管理文件。劳务管理制度是规定项目劳务的组织方式、渠道、待遇、要求等工作的管理文件。

（12）施工项目组织协调制度：是规定施工项目内部组织关系、近外层关系和远外层关系等的沟通原则、方法以及关系处理标准等的管理文件。

（13）施工项目信息管理制度：是规定施工项目信息的采集、分析、归纳、总结和应用等工作的程序、方法、原则和标准的管理文件。

1.5.5 项目经理

1. 项目经理的地位

一个施工项目是一项一次性的整体任务，在完成这个任务过程中，现场必须有一个最高的责任者和组织者即施工项目经理（简称项目经理）。

项目经理是施工单位的法定代表人在施工项目上的授权代理人，是对施工项目管理实施阶段全面负责的管理者，在整个施工活动中占有举足轻重的地位。

（1）项目经理是施工单位法定代表人在施工项目上负责管理和合同履行的授权代理人，是施工项目实施阶段的第一责任人。项目经理是施工项目目标的全面实现者，既要对建设单位的成果性目标负责，又要对企业效益性目标负责。

（2）项目经理是协调各方面关系，使之相互紧密协作、配合的桥梁和纽带。他对施工项目管理目标的实现承担着全部责任，即承担合同责任，履行合同义务，执行合同条款，处理合同纠纷。

（3）项目经理对施工项目进行控制，是各种信息的集散中心。自上、自下、自外而来的信息，通过各种渠道汇集到项目经理处，项目经理又通过报告、指令、计划和协议等形式，对上反馈信息，对下、对外发布信息。通过信息的集散达到控制的目的，使施工项目管理取得成功。

（4）项目经理是施工责、权、利的主体。项目经理首先必须是施工项目的责任主体，是实现施工项目目标的最高责任者。其次项目经理必须是施工项目的权力主体，权力是确保项目经理能够承担起责任的条件与手段，如果没有必要的权力，项目经理就无法对工作负责。项目经理还必须是施工项目利益的主体，利益是项目经理工作的动力。

2. 项目经理的职责、权限和利益

（1）项目经理应履行的职责

1）代表企业实施施工项目管理。贯彻执行国家法律、法规、方针、政策和强制性标准，执行企业的管理制度，维护企业的合法权益。

2）履行"项目管理目标责任书"规定的任务。

3）组织编制施工项目管理实施规划（或施工组织设计）。

4）对进入现场的生产要素进行优化配置和动态管理。

5）建立质量管理体系和安全管理体系并组织实施。

6）在授权范围内负责与企业管理层、劳务作业层、各协作单位、发包人、分包人和监理工程师等的协调，解决项目中出现的问题。

7）按"项目管理目标责任书"处理项目经理部与国家、企业、分包单位以及职工之间的利益分配。

8）进行现场文明施工管理，发现和处理突发事件。

9）参与工程竣工验收，准备结算资料和分析总结，接受审计。

10）处理项目经理部的善后工作。

11）协助企业进行项目的检查、鉴定和评奖申报。

（2）项目经理应具有的权限

1）参与企业进行的施工项目投标和签订施工合同。

2）经授权组建项目经理部，确定项目经理部的组织结构，选择、聘任管理人员，确定管理人员的职责，并定期进行考核、评价和奖惩。

3）在企业财务制度规定的范围内，根据企业法定代表人授权和施工项目管理的需要，决定资金的投入和使用，决定项目经理部的计酬办法。

4）在授权范围内，按物资采购程序性文件的规定行使采购权。

5）根据企业法定代表人授权或按照企业的规定选择、使用作业队伍。

6）主持项目经理部工作，组织制定施工项目的各项管理制度。

7）根据企业法定代表人授权，协调和处理与施工项目管理有关的内部与外部事项。

（3）项目经理应享有的利益

1）获得基本工资、岗位工资和绩效工资。

2）除按"项目管理目标责任书"可获得物质奖励外，还可获得表彰、记功、优秀项目经理等荣誉称号。

3）经考核和审计，未完成"项目管理目标责任书"确定的项目管理责任目标或造成亏损的，应按其中有关条款承担责任，并接受经济或行政处罚。

3．项目经理责任制

项目经理责任制是指以项目经理为责任主体的施工项目管理目标责任制度，用以确立施工项目经理部与企业、职工三者之间的责、权、利关系。实行项目经理责任制，必须坚持管理层与作业层分离的原则。企业应处理好企业管理层、项目管理层与劳务作业层的关系，并应在"项目管理目标责任书"中明确项目经理的责任、权力和利益。

"项目管理目标责任书"应包括下列内容：

（1）企业各业务部门与项目经理部之间的关系。

（2）项目经理部使用作业队伍的方式，项目所需材料供应方式和机械设备供应方式。

（3）应达到的项目进度目标、质量目标、安全目标和成本目标。

（4）在企业制度规定以外的、由法定代表人向项目经理委托的事项。

（5）企业对项目经理部人员进行奖惩的依据、标准、办法及应承担的风险。

（6）项目经理解职和项目经理部解体的条件及方法。

阅读材料

某工程施工项目管理组织

一、工程概况

某工程位于某市，项目由 8 栋 33 层塔式住宅组成，地下一层用于停车车库及设备用房，并按规定做平战结合的人防地下室，一层用于停车、绿化、菜市场、住宅门厅等公用设施。

二、施工项目管理组织

根据工程特点，建立直线职能制管理组织，如图 1-5 所示。

三、主要管理制度

该工程建立了以下管理制度：施工项目管理人员岗位责任制度；施工项目技术管理制度；施工项目质量管理制度；施工项目安全管理制度；施工项目计划、统计与进度管理制度；施工项目成本核算制度；施工项目材料、机械设备管理制度；施工项目材料、机械设备

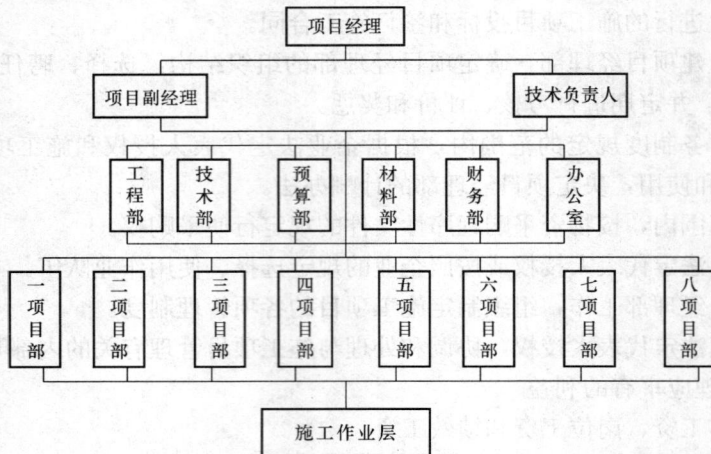

图 1-5 组织机构图

管理制度；施工项目现场管理制度；施工项目分包及劳务管理制度。

四、各类管理人员职责

以下是几个主要管理人员的职责：

（1）项目经理职责

1）全面主持项目经理部的日常工作。

2）项目实施过程的组织者和指挥者。

3）组织编制项目质量保证计划、各类施工技术方案、安全文明施工组织管理方案并督促落实工作。

4）组织编制项目经理部的劳资分配制度和其他管理制度。

5）组织编制项目实施的各类进度计划、预算、报表。

6）组织项目实施的各类分包和供应商的选择工作。

7）拟订项目经理部组织和人员配制。

8）具体负责项目质量、工期、安全目标的管理监督工作。

9）负责与业主、监理、设计等协调和沟通的组织领导工作。

10）组织和领导工程创优工作。

11）负责工程的竣工交验工作。

（2）项目技术负责人职责

1）协助项目经理管理和领导技术工作。

2）组织相关部门和人员代表项目部参与业主、监理或设计方等就施工方案、技术、设计、质量等方面问题的会议、讨论或磋商。

3）主持施工组织设计、重大技术方案和测量方案的编制并负责审核、把关。

4）组织进度计划的编制并监督落实，负责土建与安装等工作之间在进度安排方面的配合和协调。

5）参与分包商选择，负责分包商技术方案的审核工作。

6）参与项目质量策划并督促技术方案和施工组织设计主要内容的落实工作。

7）对新技术、新工艺和新材料在本工程的推广和使用进行指导并把关。

8) 协助项目领导和组织创优工作。

9) 竣工图、竣工资料、技术总结等工作的指导和把关。

10) 负责组织对工人和劳务队伍的岗前培训工作并审查培训效果。

（3）施工员职责

1) 熟悉施工图及有关规范、标准，参加图纸会审并做好记录。

2) 参加施工项目质量策划和施工组织设计的编制，参加质量与安全管理保证措施的制定，并负责贯彻执行。

3) 参加上级组织的安全技术交底，组织班组熟悉图纸并向班组进行安全技术交底。

4) 严格按设计图纸、操作规程、工艺标准、施工组织设计组织施工。

5) 现场指导施工操作，检查工序质量。

6) 施工过程中负责设计变更或技术核定的洽商。

7) 掌握工程质量、进度、投资和成本控制情况并及时填写施工日志。

8) 组织班组落实有关质量、进度、投资和安全目标计划的系列活动。

9) 对进场材料、成品、半成品等外购产品检查验收。

10) 组织检验批和隐蔽工程自检，参加分项工程的自检和质量评定，参加分部工程及单位工程的验收。

11) 协助质量员、安全员等开展工作。

12) 负责测量、计量和试验的管理工作。

13) 对工程分包商进行监督管理。

14) 负责指导施工技术档案的收集、整理、装订工作，并使之符合规范及程序文件要求。

思 考 题 与 习 题

1. 简述项目的概念及特征。

2. 简述工程建设项目概念及其组成。

3. 简述工程建设的程序。

4. 建筑产品的特点有哪些？

5. 建筑施工的特点有哪些？

6. 简述施工项目管理的概念。

7. 施工项目管理的目标有哪些？

8. 简述施工项目管理的内容。

9. 简述施工项目管理的全过程。

10. 施工项目管理组织的主要形式有哪些？

11. 简述建立施工项目经理部的基本原则。

12. 简述施工项目管理制度的作用。

13. 简述施工项目的主要管理制度。

14. 简述施工项目经理的责、权、利。

第 2 章 施 工 组 织 的 方 法

2.1 施工组织的方法

建筑产品的生产过程非常复杂，通常由几十个甚至上百个施工过程以及相应的施工专业队伍相互配合完成。但是，由于不同建筑物的施工组织方法不同、施工班组不同、施工单位设备及技术不同等，造成工程的工期、质量和造价也有所不同。那么，怎样使建筑施工组织能均衡地、有节奏地、连续地进行呢？怎样使建筑产品的工期短、质量优、成本低呢？经过多年的工程实践，组织施工比较成功的方法主要有依次施工、平行施工和流水施工三种方式。现举例将这三种方式的特点和效果分析如下：

例如某住宅区拟建三幢结构相同的建筑物。各建筑物的基础工程均划分为挖土方、浇混凝土基础和回填土三个施工过程。每个施工过程安排一个施工队组，一班制施工。其中，挖土方工作队由 12 人组成，5 天完成；浇混凝土基础工作队由 20 人组成，5 天完成；回填土工作队由 10 人组成，5 天完成。完成这项任务，有以下三种施工组织方式可供选择：

2.1.1 依次施工

1. 依次施工的概念

依次施工是将拟建工程项目的整个建造过程分解成若干个施工过程，然后按照一定的施工顺序，各施工过程或施工段依次开工、依次完成的一种施工组织方式。也可称为顺序施工组织方式。其施工进度安排和劳动力需求动态曲线如图 2-1、图 2-2 所示。

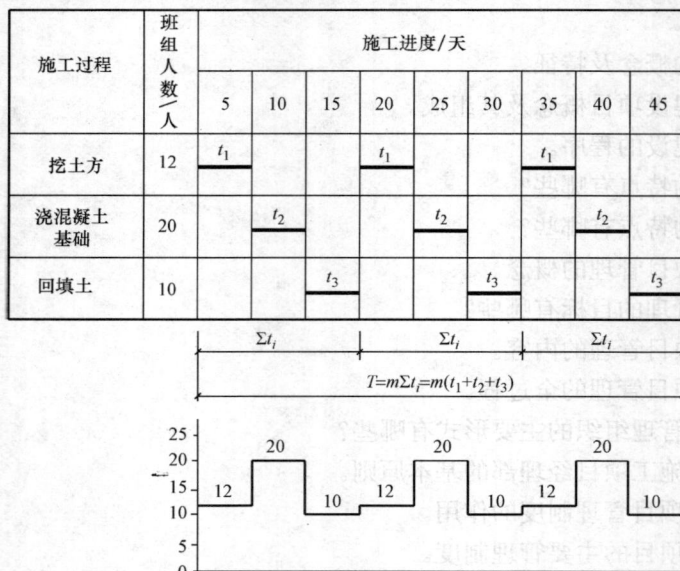

施工过程	班组人数/人	施工进度/天								
		5	10	15	20	25	30	35	40	45
挖土方	12	t_1			t_1			t_1		
浇混凝土基础	20		t_2			t_2			t_2	
回填土	10			t_3			t_3			t_3

$$T = m\Sigma t_i = m(t_1 + t_2 + t_3)$$

图 2-1 按幢（或施工段）依次施工

（图中下标 1，2，3 表示施工过程数）

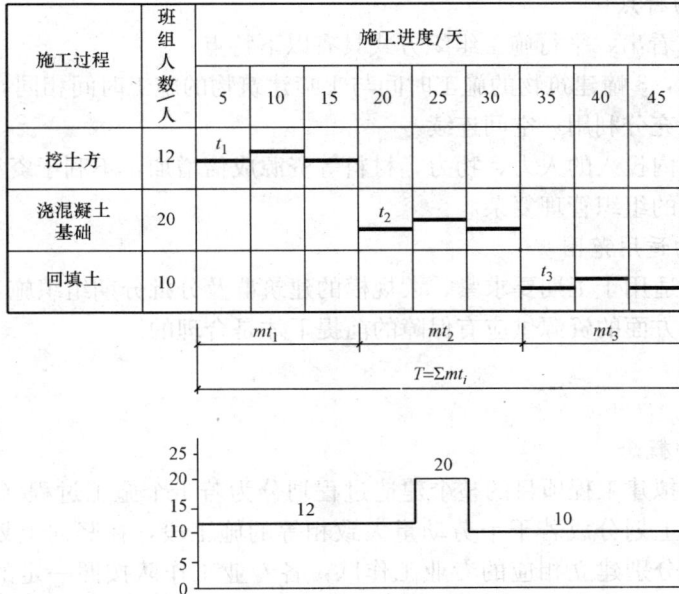

施工过程	班组人数/人	施工进度/天								
		5	10	15	20	25	30	35	40	45
挖土方	12	t_1								
浇混凝土基础	20				t_2					
回填土	10							t_3		

$$mt_1 \qquad mt_2 \qquad mt_3$$

$$T = \Sigma mt_i$$

图 2-2　按施工过程依次施工

（图中下标 1，2，3 表示施工过程数）

2. 依次施工的特点

由图 2-1、图 2-2 可以看出，依次施工组织方式具有以下特点：

（1）工期拖的很长，每幢建筑物的施工工期为 15 天，则 3 幢建筑物的施工工期为 3×15 天＝45 天。

（2）各专业班组不能连续工作，产生窝工现象。

（3）工作面有闲置现象，空间不连续。

（4）单位时间内投入的人力、物力、材料等资源较少，有利于组织资源供应。

（5）施工现场的组织管理较简单。

3. 依次施工的适用范围

由于采用依次施工工期较长，施工组织的安排上也不尽合理，所以适用于一些规模较小、工期要求不紧、施工工作面又有限的工程项目。

2.1.2　平行施工

1. 平行施工的概念

平行施工是所有施工对象的各施工段同时开工、同时完工的一种施工组织方式。其施工进度安排和劳动力需求动态曲线如图 2-3 所示。

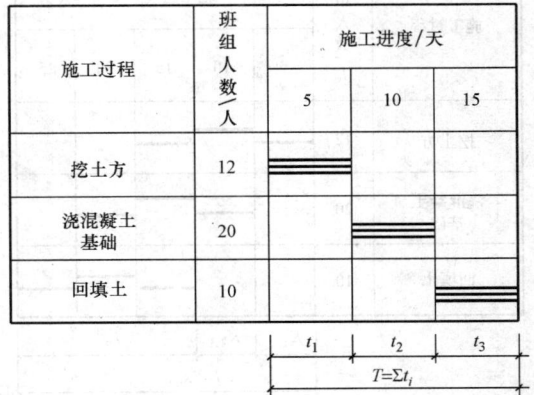

施工过程	班组人数/人	施工进度/天		
		5	10	15
挖土方	12			
浇混凝土基础	20			
回填土	10			

$$t_1 \qquad t_2 \qquad t_3$$

$$T = \Sigma t_i$$

图 2-3　平行施工

2. 平行施工的特点

由图 2-3 可以看出，平行施工组织方式具有以下特点：

（1）工期最短，3 幢建筑物的施工时间与 1 幢建筑物的施工时间相同，均为 15 天。

（2）工作面能充分利用，空间连续。

（3）单位时间内投入的人力、物力、材料等资源成倍增加，不利于资源供应组织。

（4）施工现场的组织管理复杂。

3. 平行施工的适用范围

平行施工一般适用于工期要求紧、大规模的建筑群及分批分期组织施工的工程任务。该组织方式只有在各方面的资源供应有保障的前提下才是合理的。

2.1.3 流水施工

1. 流水施工的概念

流水施工是将拟建工程项目的整个建造过程划分为若干个施工过程（工序），同时将拟建工程项目在平面上划分成若干个劳动量大致相等的施工段，在竖向上划分成若干个施工层，按照施工过程分别建立相应的专业工作队，各专业工作队按照一定的施工顺序投入施工，各个施工过程陆续开工、陆续竣工，使得同一施工过程的专业队伍能够连续地、均衡地、有节奏地施工，不同施工过程的专业队伍能最大限度地、合理地搭接起来的一种施工组织方式。其施工进度安排和劳动力需求动态曲线如图 2-4 所示。

2. 流水施工的特点

由图 2-4 可以看出，流水施工组织方式具有以下特点：

（1）充分利用了工作面，争取时间，有利于缩短工期。

（2）各工程队实现专业化施工，有利于改进操作技术，保证工程质量，提高劳动生产率。

（3）专业工作队能够连续作业，相邻两工作队之间实现了最大限度的合理搭接。

（4）单位时间投入施工的资源量较为均衡，有利用资源供应的组织工作。

（5）为施工现场的文明施工和科学管理创造了有利条件。

3. 流水施工的适用范围

流水施工组织方式既具备了依次施工和平行施工的优点，又克服了二者的缺点。流水施工的实质是充分利用了时间和空间，从而达到连续、均衡、有节奏的施工目的，缩短了工期，提高了劳动生产率，降低了工程成本。因此，流水施工方式是一种先进的、科学的施工组织方式，在工程上得到了广泛的推广和应用。

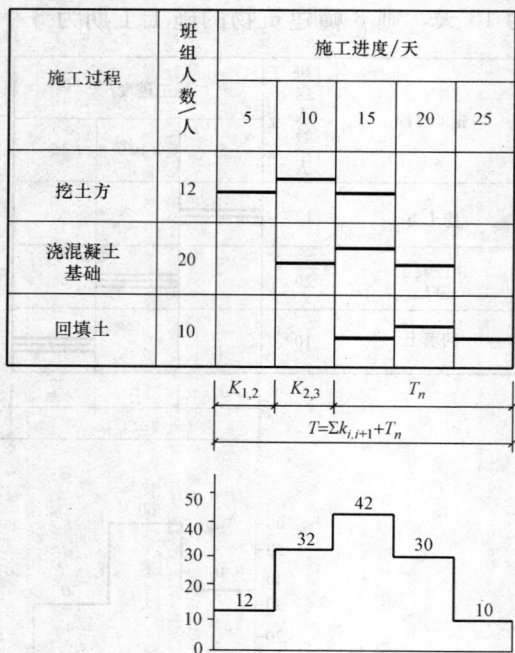

图 2-4 流水施工

2.2　流水施工的基本原理

2.2.1　组织流水施工的条件

（1）划分施工过程。根据工程特点、施工要求、工艺要求，将拟建工程的整个建造过程划分为若干个施工过程。其目的是为了对施工对象的建造过程进行分解，以便逐一实现局部对象的施工，从而使施工对象整体得以实现。只有这种合理的分解才能组织专业化施工和有效协作。

（2）划分施工段。根据组织流水施工的需要，将拟建工程在平面上或空间上尽可能地划分为劳动量大致相等的若干个施工段。它是形成流水作业的前提。

（3）每个施工过程组织独立的施工班组。在一个流水组中，每一个施工过程尽可能组织独立的施工班组，其形式为专业班组或混合班组。这样可使每个施工班组按照施工顺序，依次地、连续地、均衡地从一个施工段转移到另一个施工段进行相同的操作。它是提高质量、增加效益的重要手段。

（4）主要施工过程必须连续、均衡地施工。对工程量较大、作业时间较长的主要施工过程，必须组织连续、均衡地施工；对次要的施工过程，可考虑与相邻的施工过程合并，或在有利于缩短工期的前提下安排间断施工。

（5）不同施工过程尽可能组织平行搭接施工。根据施工顺序，不同的施工过程，在工作面允许的条件下，除必要的技术和组织间歇时间外，力求在时间和空间上组织搭接施工。

2.2.2　流水施工参数

在组织流水施工时，用以表达流水施工在工艺流程、空间布置和时间安排等方面的特征和各种数量关系的参数，称为流水施工参数。它包括工艺参数、空间参数和时间参数三大类。

1. 工艺参数

工艺参数是指在组织流水施工时，用以表达流水施工在施工工艺上的开展顺序及其特征的参数。它包括施工过程和流水强度两种。

（1）施工过程。组织流水施工时，通常将施工对象划分成若干子项，称为施工过程。施工过程的数目通常用 n 表示。施工过程划分的数目多少、粗细程度一般与下列因素有关：

1）施工进度计划的性质与作用。当编制控制性施工进度计划时，其施工过程划分可粗些，施工过程可以是单位工程或分部工程。当编制实施性施工进度计划时，施工过程划分要细，一般划分至分项工程。对月度作业性计划，有些施工过程还可分解为工序，如安装模板、绑扎钢筋等。

2）施工方案及工程结构。施工过程的划分与工程的施工方案及结构形式有关，如厂房的柱基础与设备基础挖土，若同时施工，可合并为一个施工过程；若先后施工，可分为两个施工过程。砖混结构、装配式框架结构与现浇混凝土框架等不同的结构体系，其施工过程的划分及其内容也各不相同。

3）劳动组织及劳动量大小。施工过程的划分与施工班组的组织形式有关。如现浇钢筋混凝土结构的施工，如果是单一工种的班组，施工过程可划分为支模板、扎钢筋和浇混凝土。如果为了组织流水施工方便，施工班组由多工种组成，其施工过程可合并成一个。施工过程的划分还与劳动量大小有关。劳动量小的施工过程，可与其他施工过程合并，如垫层劳动量较小时可与挖土合并为一个施工过程。这样，可使各个施工过程的劳动量大致相等，便于组织流水施工。

4）劳动内容和范围。施工过程的划分与其劳动内容和范围有关。如直接在施工现场与工程对象上进行的劳动过程，可以划入流水施工过程，而场外劳动内容（如预制加工、运输等）可以不划入流水施工过程。

总之，施工过程的划分可依据项目结构特点、施工进度、采用的施工方法及项目的工期要求等因素综合考虑。不宜太多、太细，给工程的计算增添麻烦；但也不宜划分太少，以免计划过于笼统，失去指导施工的作用。

（2）流水强度。某一施工过程在单位时间内所完成的工程量，称为流水强度，也称为流水能力或生产能力。分机械作业流水强度和人工作业流水强度两种，一般用 V_i 表示。

1）机械作业流水强度

$$V_i = \sum_{i=1}^{x} R_i S_i \tag{2-1}$$

式中　V_i ——某施工过程 i 的机械作业流水强度；

　　　R_i ——投入施工过程 i 的某种施工机械的台数；

　　　S_i ——投入施工过程 i 的某种施工机械的产量定额；

　　　x ——投入施工过程 i 的施工机械的种类数。

2）人工作业流水强度

$$V_i = R_i S_i \tag{2-2}$$

式中　V_i ——某施工过程 i 的人工作业流水强度；

　　　R_i ——投入施工过程 i 的专业班组工人数；

　　　S_i ——投入施工过程 i 的专业班组平均产量定额。

2. 空间参数

在组织流水施工时，用于表达其在空间布置上开展状态的参数，称为空间参数。其包括工作面、施工段和施工层三个参数。

（1）工作面。工作面是指某专业工种的施工人员或施工机械进行施工时，必须具备的活动空间。它的大小，取决于单位时间内完成的工程量和安全施工的要求。工作面确定的合理与否，直接影响专业工作队的生产效率，因此在组织流水施工时必须合理确定工作面。有关主要工种的工作面见表 2-1。

表 2-1　　　　　　　　　　　　主要工种工作面参考数据表

工 作 项 目	每个技工的工作面	说　　　明
砖基础	7.6m/人	以 3/2 砖计，2 砖乘 0.8，3 砖乘 0.55
砌砖墙	8.5m/人	以 1 砖计，1.5 砖乘 0.71，2 砖乘 0.57
毛石墙基	3m/人	以 60cm 计
毛石墙	3.3m/人	以 40cm 计

续表

工　作　项　目	每个技工的工作面	说　　明
混凝土柱、墙基础	8m³/人	机拌、机捣
混凝土设备基础	7m³/人	机拌、机捣
现浇钢筋混凝土柱	2.45m³/人	机拌、机捣
现浇钢筋混凝土梁	3.20m³/人	机拌、机捣
现浇钢筋混凝土墙	5m³/人	机拌、机捣
现浇钢筋混凝土楼板	5.3m³/人	机拌、机捣
预制钢筋混凝土柱	3.6m³/人	机拌、机捣
预制钢筋混凝土梁	3.6m³/人	机拌、机捣
预制钢筋混凝土屋架	2.7m³/人	机拌、机捣
预制钢筋混凝土平板、空心板	1.91m³/人	机拌、机捣
预制钢筋混凝土大型屋面板	2.62m³/人	机拌、机捣
混凝土地坪及面层	40m²/人	机拌、机捣
外墙抹灰	16m²/人	
内墙抹灰	18.5m²/人	
卷材屋面	18.5m²/人	
防水水泥砂浆屋面	16m²/人	
门窗安装	11m²/人	

（2）施工段。为了有效地组织流水施工，通常把拟建施工对象在平面上或空间上划分成若干个劳动量大致相等的施工区段，这些施工区段称为施工段。施工段的数目通常用 m 表示。

1）划分施工段的目的：为了保证不同工种的专业班组在不同的工作面或不同的工程部位上能够同时进行工作，这样可以消除由于不同的专业班组不能同时在一个工作面上工作而产生的互等、停歇现象，为流水施工创造条件。

2）划分施工段的原则

①各施工段上的劳动量应大致相等，其相差幅度不宜超过 10%～15%。

②每个施工段内要有足够的工作面，以保证相应数量的工人、主导施工机械的生产效率，满足合理的劳动组织要求。

③施工段的界限应尽可能与结构界限（如沉降缝、伸缩缝等）相吻合，或在对建筑结构整体性影响小的部位，以保证建筑结构的整体性。

④施工段的数目要满足合理组织流水施工的要求。施工段过多，会降低施工速度，延长工期；施工段过少，不利于充分利用工作面，可能造成窝工。

⑤当施工对象有层间关系时，为使各专业工作队能够连续工作，每层施工段数目应满足：

$$m \geqslant n$$

当 $m > n$ 时，各专业班组能够连续施工，但施工段有空闲。有时，停歇的工作面是必要的，如利用停歇的时间做养护、备料、弹线等工作。

当 $m=n$ 时，各专业班组能连续施工，工作面能充分利用，无停歇现象，也不会产生工人窝工现象，比较理想。

当 $m<n$ 时，各个专业班组不能连续施工，出现窝工现象，这是组织流水作业所不能允许的。

例如某两层现浇钢筋混凝土结构的建筑物，施工过程划分为支模板、扎钢筋和浇混凝土，即施工过程数 $n=3$，各施工过程在各施工段上的作业时间 $t=3$ 天，施工段的划分有以下三种情况：

1）当 $m>n$ 时，即取 $m=4$，$n=3$，其施工进度计划如图 2-5 所示。

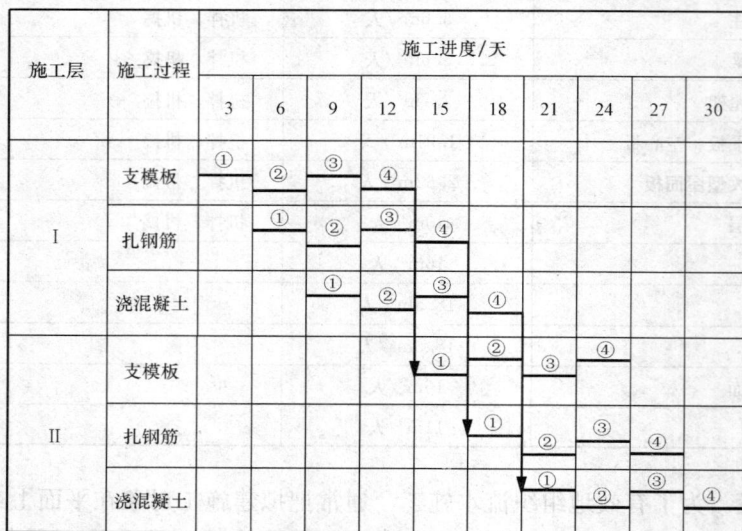

施工层	施工过程	施工进度/天									
		3	6	9	12	15	18	21	24	27	30
I	支模板	①	②	③	④						
	扎钢筋		①	②	③	④					
	浇混凝土			①	②	③	④				
II	支模板						②	①	③	④		
	扎钢筋							①	②	③	④	
	浇混凝土								①	②	③	④

图 2-5　$m>n$ 时施工进度计划
（图中①，②，③，④表示施工段）

由图 2-5 可知，当 $m>n$ 时，各专业班组能够连续施工，但施工段有空闲，各施工段在第一层浇完混凝土后，均空闲 3 天，即工作面空闲 3 天。但是，这种空闲有时候是必要的，如可以利用停歇的时间做养护、备料、弹线等工作。但当施工段数目过多，必然导致施工段空闲，不利于缩短工期。

2）当 $m=n$ 时，即取 $m=3$，$n=3$，其施工进度计划如图 2-6 所示。

由图 2-6 可知，当 $m=n$ 时，各专业班组能够连续施工，施工段上始终有施工专业队伍，即工作面能充分利用，无停歇现象，也没有产生工人窝工现象，是一种较为理想的施工组织方式。

3）当 $m<n$ 时，即取 $m=2$，$n=3$，其施工进度计划如图 2-7 所示。

由图 2-7 可知，当 $m<n$ 时，各专业班组不能连续施工，施工段没有空闲（特殊情况下施工段也会出现空闲，以致造成大多数专业班组停工），因为一个施工段只供一个专业班组施工，超过施工段数的专业班组因为没有工作面而停工。在图 2-7 中，支模板队完成第一施工层的任务后，要停工 3 天才能进行第二层第一段的施工，同样，其他班组也要停工 3 天，因此，工期延长，产生工人窝工现象。对于单一建筑物的流水施工来说，应加以杜绝。

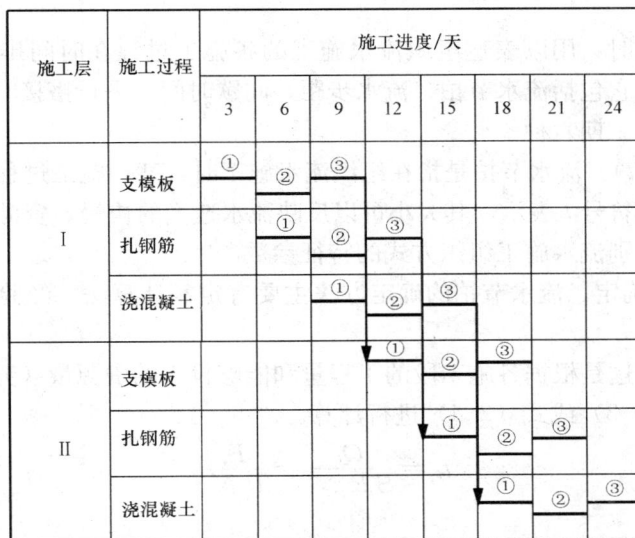

图 2-6　*m*＝*n* 时施工进度计划
（图中①，②，③表示施工段）

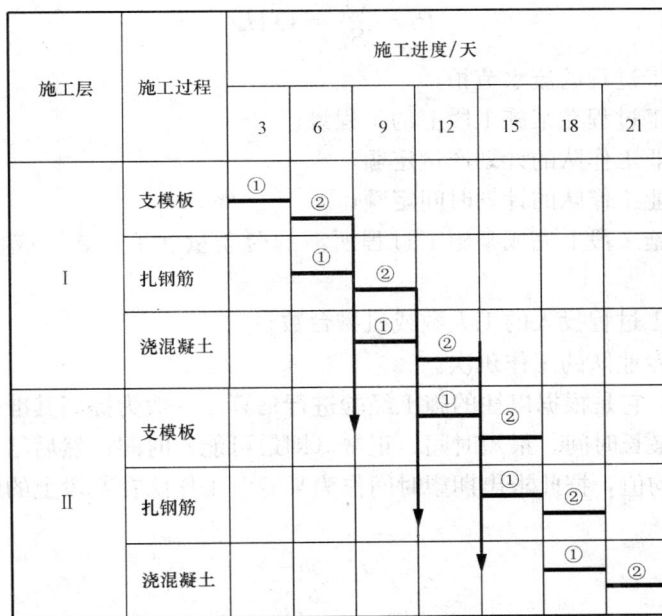

图 2-7　*m*＜*n* 时施工进度计划
（图中①，②表示施工段）

（3）施工层。在组织流水施工时，为了满足专业工种对操作高度和施工工艺的要求，将拟建工程项目在竖向上划分为若干个操作层，这些操作层称为施工层，用符号 *r* 表示。

施工层的划分，要按工程项目的具体情况，根据建筑物的高度、楼层确定。如砌筑工程按一步架高为一个施工层，内抹灰、木装饰、油漆、玻璃等装饰工程可按一个楼层为一个施工层。

3. 时间参数

在组织流水施工时，用以表达组织流水施工的各施工过程在时间排列上所处状态的参数，称为时间参数。它包括流水节拍、流水步距、间歇时间、平行搭接时间、施工过程流水持续时间及流水施工工期六种。

（1）流水节拍（t）。流水节拍是指在组织流水施工时，某一施工过程在某一个施工段上的作业时间。通常用符号 t 表示。其大小可以反映流水速度的快慢、资源供应量的大小，同时，流水节拍也是区别流水施工组织方式的特征参数。

1）流水节拍的确定。流水节拍的确定方法主要有定额计算法、经验估算法和按工期倒排法三种。

①定额计算法。这是根据各施工段的工程量和能够投入的资源量（劳动力、机械台数和材料量等），按式（2-3）或式（2-4）进行计算。

$$t_i = \frac{Q_i}{S_i R_i N_i} = \frac{P_i}{R_i N_i} \qquad (2-3)$$

或

$$t_i = \frac{Q_i H_i}{R_i N_i} = \frac{P_i}{R_i N_i} \qquad (2-4)$$

其中

$$P_i = \frac{Q_i}{S_i} = Q_i H_i \qquad (2-5)$$

式中　　t_i——某施工过程的流水节拍；

　　　　Q_i——某施工过程在某施工段上的工程量；

　　　　S_i——某专业工作队的计划产量定额；

　　　　H_i——某专业工作队的计划时间定额；

　　　　P_i——在一施工段上完成某施工过程所需的劳动量（工日数）或机械台班量（台班数）；

　　　　R_i——某施工过程投入的工人数或机械台数；

　　　　N_i——每天专业队的工作班次。

②经验估算法。它是根据以往的施工经验进行估算。一般为提高其准确程度，往往先估算出该流水节拍的最长时间、最短时间、正常（即最可能）时间，然后给这三个时间一定的权数，再求加权平均值，据此求出期望时间作为某专业工作队在某段上的流水节拍。其计算式（2-6）为

$$t = \frac{a + 4b + c}{6} \qquad (2-6)$$

式中　　t——某施工过程在某施工段上的流水节拍；

　　　　a——某施工过程在某施工段上的最短估算时间；

　　　　b——某施工过程在某施工段上的正常估算时间；

　　　　c——某施工过程在某施工段上的最长估算时间。

经验估算法适用于没有定额可循的工程或项目。

③按工期倒排计算法。对某些施工任务在规定日期内必须完成的项目来说，往往采用按工期倒排进度法。具体步骤如下：

　　a. 根据工期倒排进度，确定某施工过程的工作延续时间。

　　b. 确定某施工过程在某施工段上的流水节拍。若同一施工过程的流水节拍不等，用估算法；若流水节拍相等，则按式（2-7）计算。

$$t_i = \frac{T_i}{m} \tag{2-7}$$

式中　t_i——某施工过程的流水节拍；

　　　T_i——某施工过程的工作持续时间；

　　　m——施工段数目。

　　2）确定流水节拍需考虑的因素

　　①有工期要求时，要以满足工期要求为原则。如果工期短，流水节拍就要小一些；若工期长，流水节拍就要大一些。

　　②要考虑工作面的大小及其他限制条件。

　　③要考虑各种机械台班的效率或机械台班产量的大小。

　　④要考虑各种材料、构配件等施工现场堆放量、供应能力及其他有关条件的制约。

　　⑤要考虑施工及技术条件的要求。例如，浇筑混凝土时，为了连续施工有时要按照三班制工作的条件决定流水节拍，以确保工程质量。

　　⑥流水节拍数一般取整数，必要时可取 0.5 天（台班）的小数值。

　　（2）流水步距（$K_{i,i+1}$）。流水步距是指组织流水施工时，相邻两个施工过程（或专业工作队）相继投入同一施工段开始工作的时间间隔。用符号 $K_{i,i+1}$ 表示。

　　流水步距的大小，对工期有着较大的影响。如图 2-8 所示，挖土方和浇混凝土基础相邻施工过程相继投入第一段施工的时间间隔为 5 天，即流水步距 $K_{1,2}=5$ 天，浇混凝土基础与回填土两施工过程的流水步距 $K_{2,3}=5$ 天。由此可见，在施工段不变的情况下，流水步距越大，工期越长；流水步距越小，则工期越短。

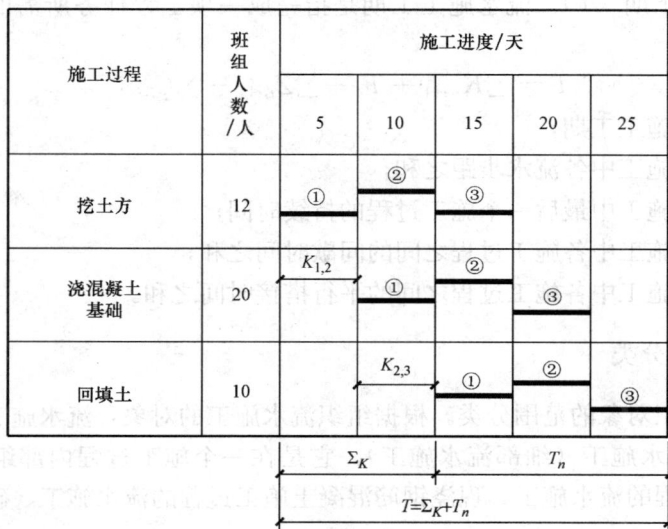

图 2-8　流水步距与工期的关系
（图中①，②，③表示施工段）

流水步距的数目取决于参加流水的施工过程数。如果施工过程数 n 个，则流水步距的个数为（$n-1$）个。

确定流水步距的基本要求：

1）各专业工作队尽量地保持连续施工。

2）各施工过程始终保持工艺的先后顺序。

3）相邻两个施工过程（或专业工作队）在满足连续施工的条件下，能最大限度地、合理地搭接。

（3）间歇时间（$Z_{i,i+1}$）。流水施工的间歇时间包括技术间歇时间、组织间歇时间和层间间歇时间三种。

1）技术间歇时间是由建筑材料或现浇构件的工艺性质决定的间歇时间。如现浇混凝土构件的养护时间、砂浆抹面和油漆的干燥时间等。

2）组织间歇时间是由施工组织原因造成的间歇时间。如砌砖墙前墙身位置弹线、回填土前地下管道的检查验收及其他作业前的准备工作等。

3）层间间歇时间是指由于技术或组织方面的原因，层与层之间的间歇时间。

（4）平行搭接时间（$C_{i,i+1}$）。平行搭接时间是指在同一施工段中，前一个专业工作队完成部分施工任务后，后一个专业工作队就提前投入施工，相邻两个施工过程同时在同一施工段上的工作时间。平行搭接时间可使工期缩短，所以能搭接的要尽量搭接。

（5）施工过程流水持续时间（T_i）。某施工过程的流水持续时间是指该施工过程的各施工段上作业时间的总和。其计算式为

$$T_i = \sum_{i=1}^{m} t_i \tag{2-8}$$

式中　t_i——i 施工过程的流水节拍；

　　　m——i 施工过程的施工段的数目。

（6）流水施工工期（T）。流水施工工期是指完成一项工程任务所需的时间，一般可采用式（2-9）计算

$$T = \sum K_{i,i+1} + T_n + \sum Z_{i,i+1} - \sum C_{i,i+1} \tag{2-9}$$

式中　T——流水施工工期；

　$\sum K_{i,i+1}$——流水施工中各流水步距之和；

　　　T_n——流水施工中最后一个施工过程的持续时间；

　$\sum Z_{i,i+1}$——流水施工中各施工过程之间的间歇时间之和；

　$\sum C_{i,i+1}$——流水施工中各施工过程之间的平行搭接时间之和。

2.2.3 流水施工的分类

（1）按流水施工对象的范围分类。根据组织流水施工的对象，流水施工可分为：

1）分项工程流水施工（细部流水施工）。它是在一个施工过程内部组织起来的流水施工，如挖土施工过程的流水施工、现浇钢筋混凝土施工过程的流水施工、砌砖墙施工过程的流水施工等。

2）分部工程流水施工（专业流水施工）。它是在一个分部工程内部、各分项工程之间组织起来的流水施工，如基础施工过程的流水施工、主体施工过程的流水施工、装修施工过程

的流水施工等。

3）单位工程流水施工（综合流水施工）。它是在一个单位工程内部、各分部工程之间组织起来的流水施工。如一幢砖混结构的房屋，由基础专业流水、主体专业流水和装修专业流水所组成。

4）群体工程流水施工（大流水施工）。它是为完成工业或民用建筑群的施工而组织起来的全部工程对象流水的总和，这种方式也称为建筑群流水或大流水。

（2）按流水施工的节奏特征分类。流水施工的节奏是由流水的节拍所决定的。由于建筑工程的多样性和复杂性，各分部分项工程的工程量不尽相同，因此，各施工过程的流水节拍也不一定相等，甚至一个施工过程内部在各施工段上的流水节拍也不相等，因此形成了不同节奏特征的流水施工。

根据流水施工节奏特征的不同，流水施工可分为有节奏流水施工和无节奏流水施工两大类，有节奏流水施工又可分为等节奏流水施工和异节奏流水施工两种，如图 2-9 所示。

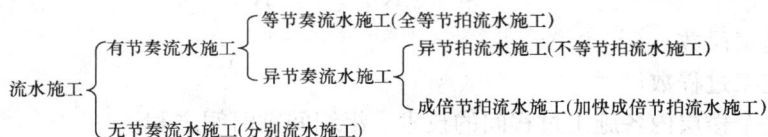

图 2-9　流水施工组织方式的分类

2.3　流水施工的组织方法

2.3.1　全等节拍流水施工

全等节拍流水施工是指在组织流水施工时，所有的施工过程在各个施工段上的流水节拍彼此相等的一种流水施工方式，也称为固定节拍流水或等节奏流水施工。

1. 基本特征

（1）流水节拍均相等，即

$$t_1 = t_2 = \cdots = t_{n-1} = t_n = t（常数）$$

（2）流水步距均相等，且等于流水节拍，即

$$K_{1,2} = K_{2,3} = \cdots = K_{n-1,n} = K = t（常数）$$

（3）每个专业工作队都能够连续施工，施工段没有空闲。

（4）专业工作队数（n_1）等于施工过程数（n），即

$$n_1 = n$$

2. 组织步骤

（1）确定项目施工的起点流向，分解施工过程。

（2）确定施工顺序，划分施工段，施工段的数目 m 确定如下：

1）无施工层时，施工段数目（m）按划分施工段的基本要求确定即可。

2）有施工层时，为了保证各施工队组连续施工，应取 $m \geqslant n$。具体情况分以下两种：

①当无间歇时间时，取 $m = n$。

②当有间歇时间时，取 $m>n$。此时，每层施工段空闲数为 $m-n$，一个空闲施工段的时间为 t，则每层的空闲时间为

$$(m-n)t = (m-n)K$$

若一个楼层内各施工过程间的技术、组织间歇时间之和为 $\sum Z_1$，楼层间的间歇时间为 Z_2。如果每层的 $\sum Z_1$、Z_2 均相等，则保证各施工队组能连续施工的最小施工段数目（m）的计算式为

$$(m-n)K = \sum Z_1 + Z_2$$
$$m = n + \frac{\sum Z_1}{K} + \frac{Z_2}{K} \tag{2-10}$$

若每层的 $\sum Z_1$、Z_2 都不完全相等时，则应取各层中最大的 $\sum Z_1$ 和 Z_2，按式（2-11）计算

$$m = n + \frac{\max \sum Z_1}{K} + \frac{\max Z_2}{K} \tag{2-11}$$

式中　m——施工段数；

　　　n——施工过程数；

　　$\sum Z_1$——一个楼层内各施工过程间的技术、组织间歇时间之和；

　　Z_2——楼层间的技术、组织间歇时间；

　　K——流水步距。

（3）根据等节拍专业流水要求，计算流水节拍数值。

（4）确定流水步距，$K=t$。

（5）计算流水施工的工期

1）无施工层时，可按式（2-12）进行计算

$$T = (m+n-1)K + \sum Z_{i,i+1} - \sum C_{i,i+1} \tag{2-12}$$

式中　T——流水施工的总工期；

　$\sum Z_{i,i+1}$——i，$i+1$ 两施工过程间的技术、组织间歇时间；

　$\sum C_{i,i+1}$——i，$i+1$ 两施工过程间的平行搭接时间。

其他符号含义同前。

2）有施工层时，可按式（2-13）进行计算

$$T = (mr+n-1)K + \sum Z_1 - \sum C_1 \tag{2-13}$$

式中　r——施工层数；

　$\sum Z_1$——同一个施工层中各施工过程之间的技术、组织间歇时间之和；

　$\sum C_1$——同一个施工层中各施工过程之间的平行搭接时间之和。

其他符号含义同式（2-11）。

（6）绘制流水施工指示图表。

【例 2-1】 某分部工程由 A、B、C、D 4 个施工过程组成，划分成 5 个施工段，流水节拍均为 2 天。试组织流水施工。

解　由已知条件 $t_i = t = 2$ 可知，本分部工程宜组织全等节拍流水施工。

（1）确定流水步距。由等节拍流水施工的特点知

$$K = t = 2 \text{ 天}$$

（2）计算工期

$$T=(m+n-1)K+\sum Z_{i,i+1}-\sum C_{i,i+1}$$
$$=(5+4-1)\times 2\ \text{天}+0-0=16\ \text{天}$$

（3）用横道图绘制流水施工进度计划，如图 2-10 所示。

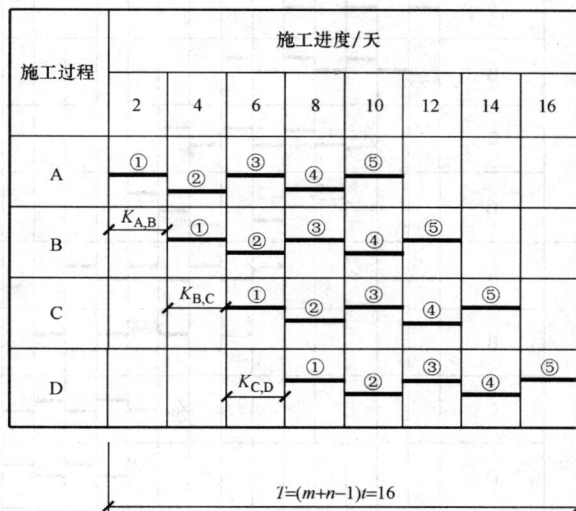

施工过程	施工进度/天							
	2	4	6	8	10	12	14	16
A	①	②	③	④	⑤			
B	$K_{A,B}$	①	②	③	④	⑤		
C		$K_{B,C}$	①	②	③	④	⑤	
D			$K_{C,D}$	①	②	③	④	⑤

$$T=(m+n-1)t=16$$

图 2-10　无间歇时间的全等节拍流水施工进度计划

【例 2-2】　某项目由 A、B、C、D 4 个施工过程组成，划分两个施工层，流水节拍均为 1 天，施工过程 B 与 C 之间有 1 天技术间歇时间，层间技术间歇为 1 天。试组织流水施工。

解　由已知条件 $t_i=t=1$ 可知，本项目宜组织全等节拍流水施工。

（1）确定流水步距。由等节拍流水施工的特点知

$$K=t=1\ \text{天}$$

（2）确定施工段数

$$m=n+\frac{\sum Z_1}{K}+\frac{Z_2}{K}=4\ \text{段}+\frac{1}{1}\ \text{段}+\frac{1}{1}\ \text{段}=6\ \text{段}$$

（3）计算工期

$$T=(mr+n-1)K+\sum Z_1-\sum C_1$$
$$=(6\times 2+4-1)\times 1\ \text{天}+1\ \text{天}-0\ \text{天}=16\ \text{天}$$

（4）用横道图绘制流水施工进度计划，如图 2-11 所示。

3. 适用范围

全等节拍流水施工适用于分部工程流水（即专业流水），不适用于单位工程，特别是大型的建筑群。因为全等节拍流水施工是一种理想化的流水施工方式，它能够保证专业班组的连续工作，工作面充分利用，能均衡地施工。但其要求所划分的分部、分项工程的流水节拍均相等，这对一个单位工程或建筑群来说，往往十分困难且不易达到。因此，全等节拍流水的实际应用范围不是很广泛。

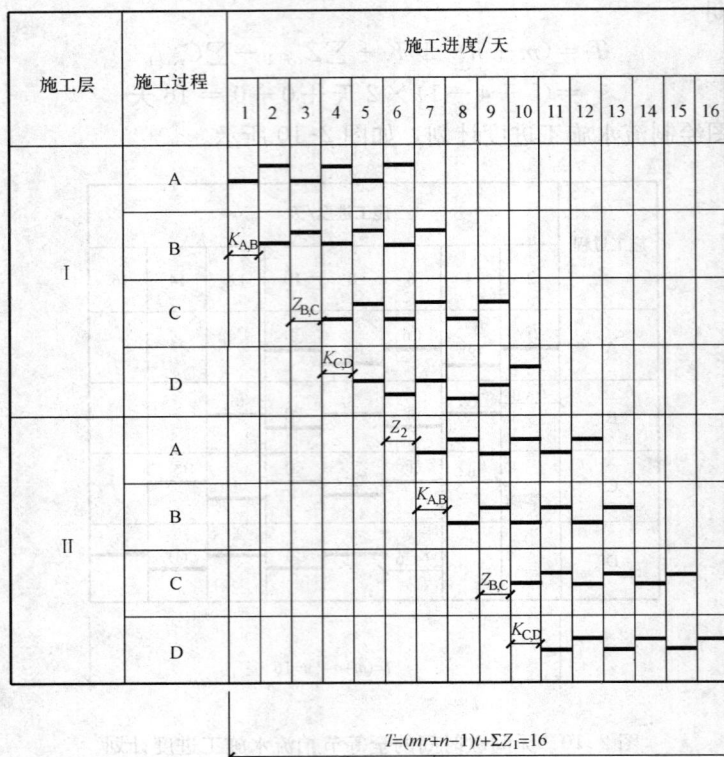

图 2-11　有间歇时间的全等节拍流水施工进度计划

2.3.2　成倍节拍流水施工

在组织流水施工时，往往由于各方面的原因（如工程性质、复杂程度、劳动量、技术、组织等），不能够采用相同的流水节拍来组织施工。如某些施工过程要求尽快完成；某些施工过程工程量较少，流水节拍较小；某些施工过程的工作面受到限制，不能投入较多的人力、机械，使得流水节拍较大等，因而会出现各细部流水的流水节拍不等的情况，此时便采用异节奏的流水方式来组织施工。

异节奏的流水施工是指同一个施工过程在各施工段上的流水节拍相等，而不同的施工过程的流水节拍不完全相等的施工组织方法。它包括异节拍流水施工和成倍节拍流水施工两类。

成倍节拍流水是指各施工过程的流水节拍互为整数倍关系时的流水施工组织方式。

1. 基本特征

（1）同一施工过程在各个施工段的流水节拍相等，不同施工过程的流水节拍为整数倍关系。

（2）流水步距彼此相等，且等于流水节拍的最大公约数。

（3）各专业工作队都够连续作业，施工段没有空闲。

（4）专业工作队数（n_1）大于施工过程数（n），即 $n_1 > n$。

2. 组织步骤

（1）确定施工的起点流向，分解施工过程。

（2）确定流水步距

$$K_{i,i+1} = K_b = 最大公约数(t_i) \tag{2-14}$$

式中　K_b——成倍节拍流水步距，取流水节拍的最大公约数。

（3）确定各施工过程的专业班组数

$$b_i = \frac{t_i}{K_b} \tag{2-15}$$

$$n_1 = \sum b_i \tag{2-16}$$

式中　b_i——某施工过程所需的施工队伍数；

n_1——施工队伍的总数目。

其他符号含义同式（2-14）。

（4）确定施工顺序，划分施工段，施工段数 m 确定如下：

1）无施工层时，施工段数按划分施工段的基本要求确定即可。

2）有施工层时，每层最少施工段数目（m）按下式计算：

$$m = n_1 + \frac{\sum Z_1}{K_b} + \frac{Z_2}{K_b} \tag{2-17}$$

式中　$\sum Z_1$——一个楼层内各施工过程间的技术、组织间歇时间之和；

Z_2——楼层间的间歇时间。

其他符号含义同前。

若每层的 $\sum Z_1$、Z_2 都不完全相等时，则应取各层中最大的 $\sum Z_1$ 和 Z_2，按式（2-18）计算

$$m = n_1 + \frac{\max \sum Z_1}{K_b} + \frac{\max Z_2}{K_b} \tag{2-18}$$

（5）计算流水施工的工期

1）无层间关系或无施工层时，可按式（2-19）进行计算

$$T = (m + n_1 - 1)K_b + \sum Z_{i,i+1} - \sum C_{i,i+1} \tag{2-19}$$

式中　n_1——施工队伍的总数目；

K_b——成倍节拍流水步距。

其他符号含义同前。

2）有层间关系或有施工层时，可按式（2-20）进行计算

$$T = (mr + n_1 - 1)K_b + \sum Z_1 - \sum C_1 \tag{2-20}$$

式中　r——施工层数；

$\sum Z_1$——同一个施工层中各施工过程之间的技术、组织间歇时间之和；

$\sum C_1$——同一个施工层中各施工过程之间的平行搭接时间之和。

其他符号含义同前。

（6）绘制流水施工指示图表。

【例 2-3】　某工程需建造四幢定型设计的装配式大板住宅，每幢房屋的主要施工过程及其作业时间为：基础工程 5 周、结构安装 10 周、室内装修 10 周、室外工程 5 周。试组织流水施工。

解 由已知条件 $t_{基础}=5$ 周，$t_{结构}=10$ 周，$t_{室内}=10$ 周，$t_{室外}=5$ 周，可知，本项目宜组织成倍节拍流水施工。

(1) 计算流水步距

$$K_b = 最大公约数\{5,10,10,5\} 周 = 5 周$$

(2) 各个施工过程的专业工作队数分别为：

$$b_{基础}=\frac{b_{基础}}{K_b}=\frac{5}{5} 队 = 1 队$$

$$b_{结构}=\frac{b_{结构}}{K_b}=\frac{10}{5} 队 = 2 队$$

$$b_{室内}=\frac{b_{室内}}{K_b}=\frac{10}{5} 队 = 2 队$$

$$b_{室外}=\frac{b_{室外}}{K_b}=\frac{5}{5} 队 = 1 队$$

确定专业工作队总数：

$$n_1 = \sum b_i = (1+2+2+1) 队 = 6 队$$

(3) 确定施工段数。无分层情况，取 $m=n=4$ 段

(4) 确定流水施工工期

$$T=(m+n_1-1)K_b+\sum Z_{i,i+1}-\sum C_{i,i+1}$$
$$=(4+6-1)\times 5 周+0 周-0 周 = 45 周$$

(5) 绘制流水施工进度计划，如图 2-12 所示。

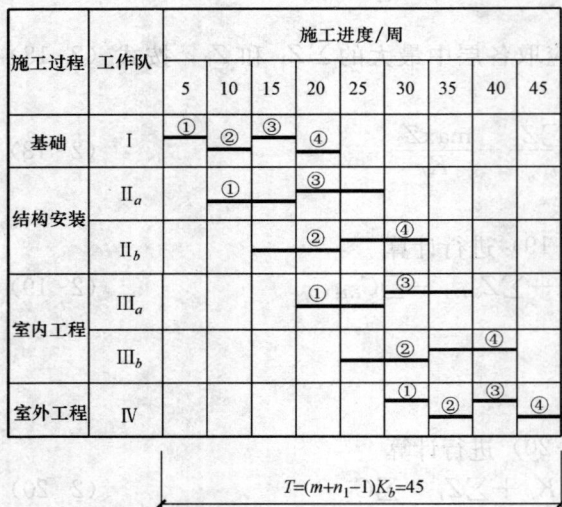

【例 2-4】 某两层现浇钢筋混凝土工程，施工过程分为支模板、扎钢筋和浇混凝土。已知每层每段各施工过程的流水节拍分别为 $t_{模}=2$ 天，$t_{扎}=2$ 天，$t_{浇}=1$ 天，安装模板施工队在进行第二层第一段施工时，需待第一层第一段的混凝土养护 1 天后才能进行。试组织流水施工。

解 由已知条件 $t_{模}=2$ 天，$t_{扎}=2$ 天，$t_{浇}=1$ 天，可知，本项目宜组织成倍节拍流水施工。

(1) 计算流水步距

$$K_b = 最大公约数\{2,2,1\} = 1 天$$

(2) 各个施工过程的专业工作队数分

施工过程	工作队	施工进度/周								
		5	10	15	20	25	30	35	40	45
基础	I	①	②	③	④					
结构安装	II_a		①		③					
	II_b			②		④				
室内工程	III_a			①		③				
	III_b				②		④			
室外工程	IV				①	②	③	④		

$$T=(m+n_1-1)K_b=45$$

图 2-12 无间歇时间的成倍节拍流水施工进度计划

别为：

$$b_{模}=\frac{b_{模}}{K_b}=\frac{2}{1} 队 = 2 队$$

$$b_{扎}=\frac{b_{扎}}{K_b}=\frac{2}{1} 队 = 2 队$$

$$b_{浇} = \frac{b_{浇}}{K_b} = \frac{1}{1} \, 队 = 1 \, 队$$

确定专业工作队总数

$$n_1 = \sum b_i = (2 + 2 + 1) \, 队 = 5 \, 队$$

（3）确定施工段数：

由层间关系，$m = n_1 + \dfrac{\sum Z_1}{K_b} + \dfrac{Z_2}{K_b} = \left(5 + \dfrac{0}{1} + \dfrac{1}{1}\right) 段 = 6 \, 段$

（4）确定流水施工工期

$$T = (mr + n_1 - 1)K_b + \sum Z_1 - \sum C_1$$
$$= (6 \times 2 + 5 - 1) \times 1 \, 天 + 0 \, 天 - 0 \, 天 = 16 \, 天$$

（5）绘制流水施工进度计划，如图 2-13 所示。

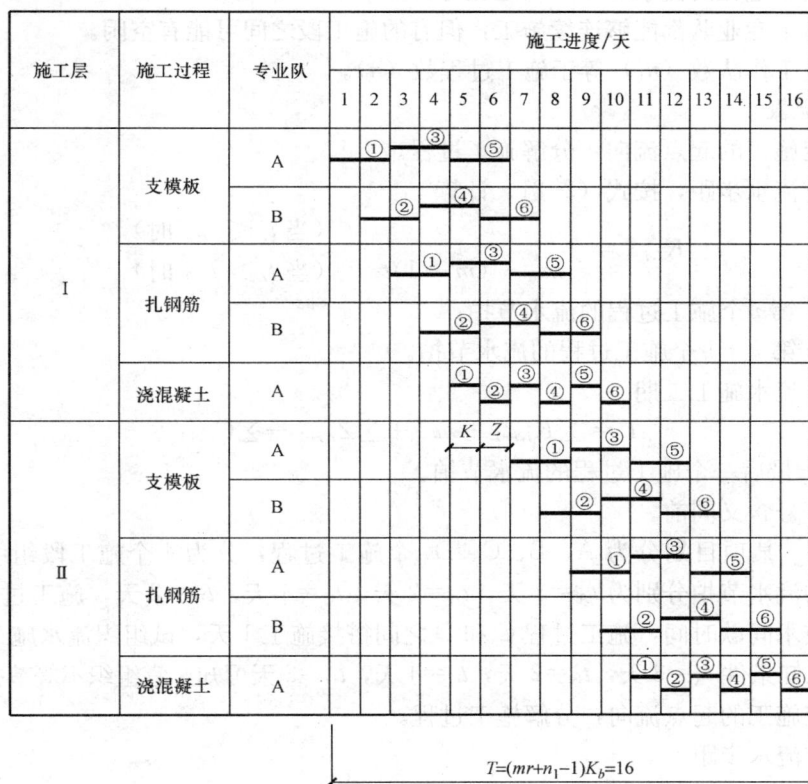

图 2-13　成倍节拍流水施工进度计划

3. 适用范围

成倍节拍流水施工比较适用于一般房屋建筑工程的施工，也适用于线性工程（如道路、管道等）的施工。

值得说明的是，成倍流水的组织方式，与采用"两班制"、"三班制"的组织方式不同："两班制"、"三班制"的组织方式是指同一个专业队在同一个施工段上连续作业 16h（"两班制"）或 24h（"三班制"）；或安排两个专业队在同一个施工段上各作业 8h 累计 16h（"两班制"）或安排三个专业队在同一个施工段上各作业 8h 累计 24h（"三班制"）。在进度计划上反映的流水节拍应为原流水节拍的 1/2（"两班制"）或 1/3（"三班制"）。而成倍节拍流水的组织方式是指增加的专业队和原有的专业班组分别以交叉的方式安排在不同的施工段上进行作业，其流水节拍不会发生改变。

2.3.3　异节拍流水施工

异节拍流水施工也是异节奏流水施工的一种组织方式。它是指在组织流水施工时，同一个施工过程的流水节拍均相等，不同施工过程之间的流水节拍不完全相等的施工组织方式，也叫不等节拍流水施工。

1. 基本特征

（1）同一施工过程的流水节拍相等，不同施工过程的流水节拍不一定相等。

（2）各施工过程的流水步距不一定相等。

（3）各施工专业队都能够连续施工，但有的施工段之间可能有空闲。

（4）专业工作队数（n_1）等于施工过程数（n）。

2. 组织步骤

（1）确定施工的起点流向，分解施工过程。

（2）确定流水步距，按式（2-21）计算

$$K_{i,i+1} = \begin{cases} t_i & （当\ t_i \leqslant t_{i+1}\ 时） \\ mt_i - (m-1)t_{i+1} & （当\ t_i > t_{i+1}\ 时） \end{cases} \qquad (2\text{-}21)$$

式中　t_i——第 i 个施工过程的流水节拍；

　　　t_{i+1}——第 $i+1$ 个施工过程的流水节拍。

（3）计算流水施工工期

$$T = \sum K_{i,i+1} + mt_n + \sum Z_{i,i+1} - \sum C_{i,i+1} \qquad (2\text{-}22)$$

式中　t_n——最后一个施工过程的流水节拍。

　　　其他符号含义同前。

【例 2-5】　某项目划分为 A、B、C、D 4 个施工过程，分为 4 个施工段组织流水施工，各施工过程的流水节拍分别为 $t_A=3$ 天，$t_B=2$ 天，$t_C=4$ 天，$t_D=2$ 天，施工过程 A 完成后需有 2 天的技术间歇时间，施工过程 C 和 D 之间搭接施工 1 天，试组织流水施工。

解　由已知条件 $t_A=3$ 天，$t_B=2$ 天，$t_C=4$ 天，$t_D=2$ 天可知，宜组织不等节拍流水施工。

（1）确定施工的起点流向，分解施工过程。

（2）确定流水步距

$t_A > t_B$

$K_{A,B} = mt_A - (m-1)t_B = 4 \times 3\ 天 - (4-1) \times 2\ 天 = 6\ 天$

$t_B < t_C$

$K_{B,C} = t_B = 2\ 天$

$t_C > t_D$

$K_{C,D} = mt_C - (m-1)t_D = 4 \times 4\ 天 - (4-1) \times 2\ 天 = 10\ 天$

（3）计算流水施工工期

$$\begin{aligned} T &= \sum K_{i,i+1} + mt_n + \sum Z_{i,i+1} - \sum C_{i,i+1} \\ &= (6+2+10)\ 天 + 4 \times 2\ 天 + 2\ 天 - 1\ 天 = 27\ 天 \end{aligned}$$

（4）绘制流水施工进度计划，如图 2-14 所示。

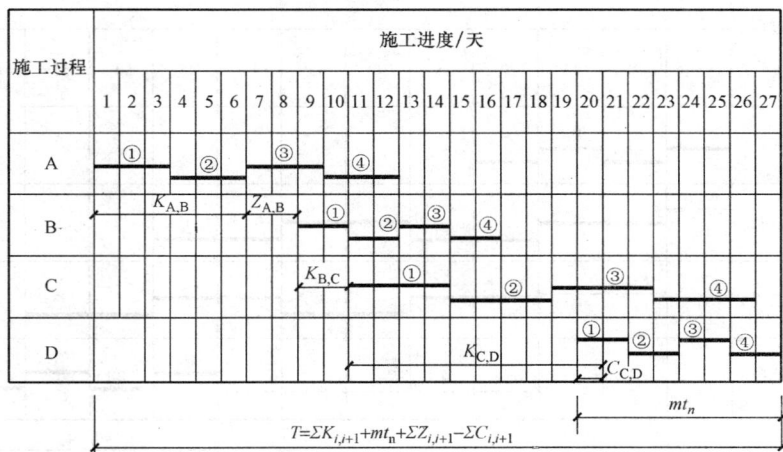

图 2-14　不等节拍流水施工进度计划

【例 2-6】　在例 2-5 中，假如工作面、资源供应有限，试组织异节拍流水施工。

解　由已知条件 $t_{基础}=5$ 周，$t_{结构}=10$ 周，$t_{室内}=10$ 周，$t_{室外}=5$ 周，组织异节拍流水施工。

（1）确定施工的起点流向，分解施工过程。

（2）确定各施工过程的流水步距

$$t_{基础} < t_{结构}$$

$$K_{基础,结构} = t_{基础} = 5 \text{ 周}$$

$$t_{结构} = t_{室内}$$

$$K_{结构,室内} = 10 \text{ 周}$$

$$t_{室内} > t_{室外}$$

$$K_{室内,室外} = mt_{室内} - (m-1)t_{室外} = 4 \times 10 \text{ 周} - (4-1) \times 5 \text{ 周} = 25 \text{ 周}$$

（3）计算流水施工工期

$$T = \sum K_{i,i+1} + mt_n + \sum Z_{i,i+1} - \sum C_{i,i+1}$$

$$= (5+10+25) \text{ 周} + 4 \times 5 \text{ 周} + 0 \text{ 周} - 0 \text{ 周} = 60 \text{ 周}$$

（4）绘制流水施工进度计划，如图 2-15 所示。

3. 适用范围

不等节拍流水施工适用于施工段大小相等的分部工程和单位工程的流水施工，它在进度安排上比全等节拍流水灵活，实际应用范围较广泛。

2.3.4　无节奏流水施工

在实际工程施工中，由于各种建筑物的外形不同、结构形式不同，因此，各个施工过程在每一个施工段上的工程量彼此也不同，各专业班组的劳动生产率差异也较大，不可能组织等节奏流水或异节奏流水施工。在这种情况下，只能组织无节奏流水施工。

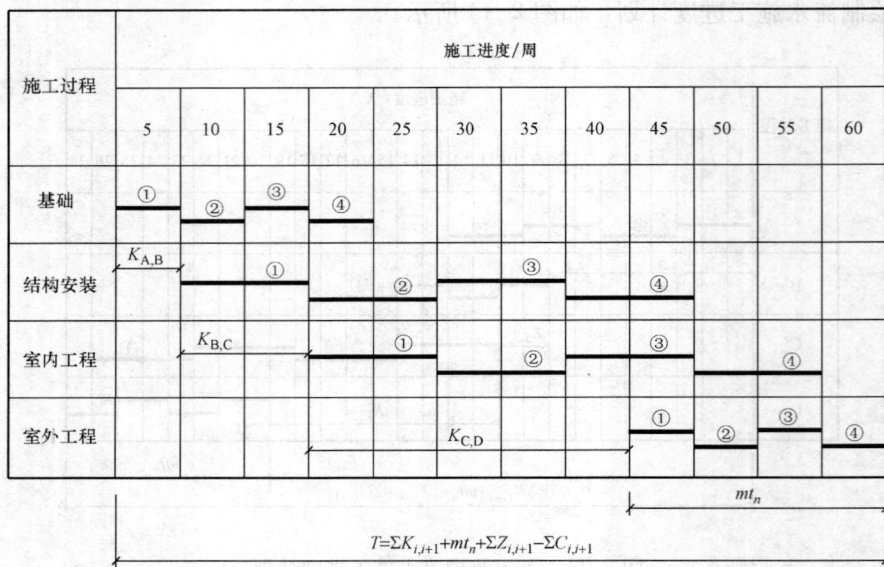

图 2-15 不等节拍流水施工进度计划

无节奏流水施工也称为分别流水法，是指各施工过程的流水节拍随施工段的不同而改变，不同施工过程之间的流水节拍也有很大的差异的一种流水施工组织方法。它是根据流水施工的基本概念，采用一定的计算方法，合理确定相邻施工过程的流水步距，在保证各施工过程满足工艺顺序的前提下，在时间上实现最大程度的搭接，使各专业班组能够连续、均衡地施工。这种方法较为灵活、实际，应用范围也较广，是实际工程中普遍采用的一种组织施工的方法。

1. 基本特征

（1）各施工过程在各施工段上的流水节拍不全相等。

（2）各施工过程之间的流水步距也多数不相等，且差异较大。

（3）每个专业工作队都能够在施工段上连续施工，但有的施工段可能有间歇时间。

（4）专业工作队数（n_1）等于施工过程数（n）。

2. 组织步骤

（1）确定施工的起点流向，分解施工过程。

（2）确定施工顺序，划分施工段。

（3）计算各施工过程在各个施工段上的流水节拍。

（4）确定相邻两个专业工作队之间的流水步距。

在无节奏流水施工中，通常采用"累加数列错位相减取大差法"计算流水步距。这种方法简捷，准确，便于掌握。计算步骤如下：

1）根据各施工过程在各施工段上的流水节拍，求累加数列。

2）将相邻两施工过程的累加数列错位相减。

3）取差数较大者作为这两个施工过程的流水步距。

【例 2-7】 某项工程流水节拍见表 2-2，试确定流水步距。

表 2-2　　　　　　　　　　　某项工程流水节拍

施工过程	施工　段/m			
n	①	②	③	④
I	3	2	4	2
II	2	3	3	2
III	4	2	3	2

解　（1）求各施工过程流水节拍的累加数列

I：3，5，9，11

II：2，5，8，10

III：4，6，9，11

（2）错位相减

I 与 II：
$$\begin{array}{r} 3,5,9,11 \\ -)\quad 2,5,8,10 \\ \hline 3,3,4,3,-10 \end{array}$$

II 与 III：
$$\begin{array}{r} 2,5,8,10 \\ -)\quad 4,6,9,11 \\ \hline 2,1,2,1,-11 \end{array}$$

（3）取差数较大者为流水步距

$$K_{I,II} = \max\{3,3,4,3,-10\} 天 = 4 天$$
$$K_{II,III} = \max\{2,1,2,1,-11\} 天 = 2 天$$

（4）计算流水施工的工期

$$T = \sum K_{i,i+1} + \sum t_n + \sum Z_{i,i+1} - \sum C_{i,i+1} \tag{2-23}$$

式中　$\sum K_{i,i+1}$——流水步距之和；

　　　$\sum t_n$——最后一个施工过程的流水节拍之和。

其他符号含义同前。

【例 2-8】　已知某工程有 5 个施工过程 A，B，C，D，E，施工时在平面上划分成 4 个施工段，各个施工过程在各施工段上的流水节拍见表 2-3。规定 B 施工过程完成后，其相应施工段养护 2 天；D 施工过程完成后，其相应施工段准备 1 天。为了按时完成任务，允许 A，B 施工过程搭接 1 天，试组织流水施工。

表 2-3　　　　　　　　　　　某工程流水节拍

施工过程	施工　段/m			
n	①	②	③	④
A	3	2	2	4
B	1	3	5	3
C	2	1	3	5
D	4	2	3	3
E	3	4	2	1

解　根据题设条件，该工程应组织无节奏流水施工。

（1）求各施工过程流水节拍的累加数列：

A：3，5，7，11

B：1，4，9，12
C：2，3，6，11
D：4，6，9，12
E：3，7，9，10

（2）计算流水步距

1）$K_{A,B}$：

$$
\begin{array}{r}
3,\ 5,\ 7,\ 11 \\
-)\quad 1,\ 4,\ 9,\ 12 \\
\hline
3,\ 4,\ 3,\ 2,\ -12
\end{array}
$$

$K_{A,B}=\max\{3,\ 4,\ 3,\ 2,\ -12\}$天$=4$天

2）$K_{B,C}$：

$$
\begin{array}{r}
1,\ 4,\ 9,\ 12 \\
-)\quad 2,\ 3,\ 6,\ 11 \\
\hline
1,\ 2,\ 6,\ 6,\ -11
\end{array}
$$

$K_{B,C}=\max\{1,\ 2,\ 6,\ 6,\ -11\}$天$=6$天

3）$K_{C,D}$：

$$
\begin{array}{r}
2,\ 3,\ 6,\ 11 \\
-)\quad 4,\ 6,\ 9,\ 12 \\
\hline
2,\ -1,\ 0,\ 2,\ -12
\end{array}
$$

$K_{C,D}=\max\{2,\ -1,\ 0,\ 2,\ -12\}$天$=2$天

4）$K_{D,E}$：

$$
\begin{array}{r}
4,\ 6,\ 9,\ 12 \\
-)\quad 3,\ 7,\ 9,\ 10 \\
\hline
4,\ 3,\ 2,\ 3,\ -10
\end{array}
$$

$K_{D,E}=\max\{4,\ 3,\ 2,\ 3,\ -10\}$天$=4$天

（3）计算流水施工工期

$$T=\sum K_{i,i+1}+\sum t_n+\sum Z_{i,i+1}-\sum C_{i,i+1}$$

$$=(4+6+2+4)\text{天}+(3+4+2+1)\text{天}+2\text{天}+1\text{天}-1\text{天}=28\text{天}$$

（4）绘制流水施工进度计划，如图 2-16 所示。

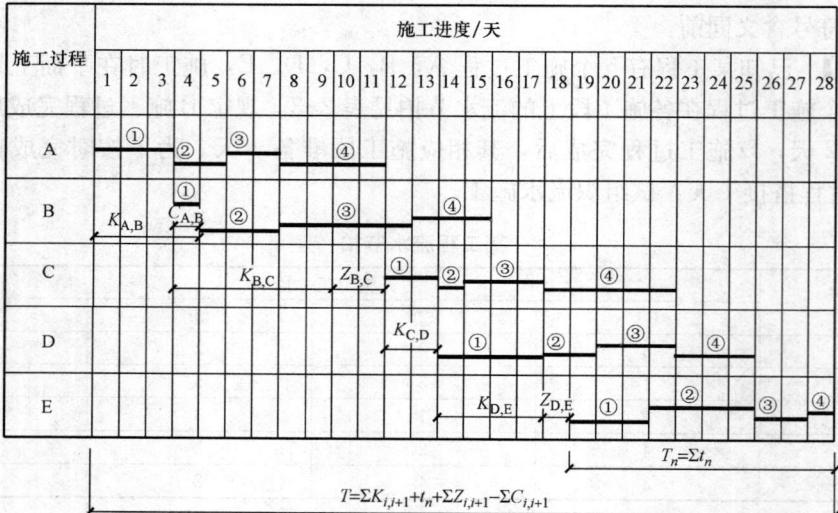

图 2-16　无节奏流水施工进度计划

3. 适用范围

无节奏流水施工适用于各种不同结构和规模的工程施工组织。由于它不像有节奏流水施

工那样有一定的时间约束，在进度安排上比较灵活和自由，因此，无节奏流水是实际工程普遍采用的一种施工组织方式。

2.4　流水施工组织的应用

流水施工是一种科学的施工组织方法。编制施工进度计划时，应根据施工对象的特点，选择适当的流水施工方式组织施工，以达到均衡、连续、有节奏的施工目的。下面用比较常见的工程实例来阐述流水施工的应用。

【例 2-9】 某 4 层现浇钢筋混凝土框架结构住宅楼，建筑面积为 3205.9m²。基础为钢筋混凝土条形基础；主体工程为现浇框架结构；装饰工程为铝合金窗、夹板门，内墙为中级抹灰，普通涂料刷白，外墙为浅色面砖贴面，楼地面贴地板砖，顶棚为中级抹灰；屋面用 200mm 厚加气混凝土块做保温层，上做 SBS 改性沥青防水层；设备安装及水、暖、电工程配合土建施工。具体劳动量见表 2-4。

表 2-4　　　　　　　　　某四层现浇框架结构住宅楼劳动量

序号	分项工程名称	劳动量/工日	序号	分项工程名称	劳动量/工日
	基础工程			屋面工程	
1	开挖基础土方	300	14	加气混凝土保温隔热层	240
2	混凝土垫层	60	15	屋面找平层	50
3	基础钢筋绑扎	80	16	屋面防水层	54
4	基础模板支设	110		装饰工程	
5	基础混凝土浇筑	120	17	楼地面及楼梯地砖	956
6	回填土	150	18	顶棚抹灰	482
	主体工程		19	内墙中级抹灰	1168
7	脚手架	200	20	外墙面砖	626
8	柱筋	133	21	铝合金窗扇安装	80
9	柱、梁、板模板（含楼梯）	2352	22	胶合板门	164
10	柱混凝土	182	23	油漆	69
11	梁、板筋（含楼梯）	450	24	室外	
12	梁、板混凝土（含楼梯）	978		水电安装	
13	拆模板	398			

该工程由基础、主体、屋面、装饰及水电安装五个分部工程组成。因各分部工程的工程量差异较大，应采用分别流水法，先组织各分部工程的流水施工，然后再考虑各分部之间的相互搭接施工。

（1）基础工程。包括基础挖方、混凝土垫层、基础钢筋绑扎、基础模板支设、基础混凝土浇筑、回填土等施工过程。考虑工作面的因素，将基础工程平面划分为两个施工段组织异节拍流水施工，流水节拍和流水施工工期计算如下：

1）基础挖方劳动量为 300 工日，施工班组人数为 25 人，采用两班制。其流水节拍计算如下：

$$t_{挖} = \frac{300}{25 \times 2 \times 2} 天 = 3 天$$

2）混凝土垫层劳动量为 60 工日，施工班组人数为 20 人，采用一班制，垫层需养护 1 天。其流水节拍计算如下：

$$t_{垫} = \frac{60}{20 \times 1 \times 2} 天 = 1.5 天 \quad 取 2 天$$

3）基础钢筋绑扎劳动量为 80 工日，施工班组人数为 20 人，采用一班制。其流水节拍计算如下：

$$t_{绑} = \frac{80}{20 \times 1 \times 2} 天 = 2 天$$

4）基础模板支设劳动量为 110 工日，施工班组人数为 20 人，采用一班制。其流水节拍计算如下：

$$t_{模} = \frac{110}{20 \times 1 \times 2} 天 = 2.75 天 \quad 取 3 天$$

5）浇筑基础混凝土劳动量为 120 工日，施工班组人数为 20 人，采用一班制，其完成后需养护 1 天。其流水节拍计算如下：

$$t_{浇} = \frac{120}{20 \times 1 \times 2} 天 = 3 天$$

6）回填土劳动量为 150 工日，施工班组人数为 20 人，采用一班制。其流水节拍计算如下：

$$t_{回} = \frac{150}{20 \times 1 \times 2} 天 = 3.75 天 \quad 取 4 天$$

基础工程采用异节拍流水施工作业，各施工过程之间的流水步距分别为：

$$K_{挖、垫} = 2 \times 3 天 - (2-1) \times 2 天 = 4 天$$
$$K_{垫、绑} = 2 天 + 1 天 = 3 天 \quad 其中养护 1 天$$
$$K_{绑、模} = 2 天$$
$$K_{模、浇} = 3 天$$
$$K_{浇、回} = 3 天 + 1 天 = 4 天 \quad 其中养护 1 天$$

基础工程采用不等节拍流水施工作业，其工期计算如下：

$$T_{基础} = K_{挖、垫} + K_{垫、绑} + K_{绑、模} + K_{模、浇} + K_{浇、回} + T_{回}$$
$$= 4 天 + 3 天 + 2 天 + 3 天 + 4 天 + 4 天 \times 2 = 24 天$$

（其中 $T_{回}$ 为最后一个施工过程的总时间）

（2）主体工程。包括搭拆脚手架，安装柱、梁、板模板（含楼梯），绑扎柱钢筋，浇筑柱子混凝土，梁、板、楼梯钢筋绑扎，浇筑梁、板、楼梯混凝土，拆模板等施工过程。主体工程由于有层间关系，要保证施工过程的流水施工，必须使 $m \geqslant n$，否则，施工班组会出现窝工现象。该工程中平面上划分为 6 个施工段，即 $m=6$ 主导施工过程是安装柱、梁、板模板，要组织主体工程流水施工，就要保证主导施工过程连续作业，其他施工过程的施工班组与工地统一安排。所以主体工程采用有间断的异节拍流水施工作业，具体组织如下：

1）绑扎柱钢筋劳动量为 133 工日，施工班组人数为 14 人，采用一班制。其流水节拍计算如下：

$$t_{柱筋} = \frac{133}{14 \times 1 \times 6} 天 = 1.58 天 \quad 取 2 天$$

2）主导施工过程的柱、梁、板模板劳动量为 2352 工日，施工班组人数为 15 人，采用三班制。其流水节拍计算如下：

$$t_{模板} = \frac{2352}{15 \times 3 \times 6} 天 = 8.71 天 \quad 取 9 天$$

3）浇筑柱子混凝土劳动量为 182 工日，施工班组人数为 11 人，采用一班制。其流水节拍计算如下：

$$t_{柱混凝土} = \frac{182}{11 \times 1 \times 6} 天 = 2.75 天 \quad 取 3 天$$

4）梁、板、楼梯钢筋绑扎劳动量为 450 工日，施工班组人数为 20 人，采用一班制。其流水节拍计算如下：

$$t_{梁板筋} = \frac{450}{20 \times 1 \times 6} 天 = 3.75 天 \quad 取 4 天$$

5）梁、板、楼梯混凝土浇筑劳动量为 978 工日，施工班组人数为 18 人，采用二班制。其流水节拍计算如下：

$$t_{梁板混凝土} = \frac{978}{18 \times 2 \times 6} 天 = 4.52 天 \quad 取 5 天$$

6）模板拆除待梁板混凝土浇筑 12 天后进行，拆模板劳动量为 398 工日，施工班组人数为 17 人，采用一班制。其流水节拍计算如下：

$$t_{拆模} = \frac{398}{17 \times 1 \times 6} 天 = 3.9 天 \quad 取 4 天$$

主体工程采用有间断的异节拍流水施工，保证主导工程的连续作业，其工期计算如下：

$$T_{主体} = t_{柱筋} + mt_{模板} + t_{柱混凝土} + t_{梁板筋} + t_{梁板混凝土} + t_{养护} + t_{拆模}$$
$$= 2 天 + 6 \times 9 天 + 3 天 + 4 天 + 5 天 + 12 天 + 4 天 = 84 天$$

（3）屋面工程。包括加气混凝土保温隔热层、屋面找平层、屋面防水层三个施工过程。由于屋面防水要求较高，不宜分段施工。

1）混凝土保温隔热层劳动量为 240 工日，施工班组人数为 30 人，一班制施工，其施工持续时间为

$$t_{隔热} = \frac{240}{30 \times 1} 天 = 8 天$$

2）屋面找平层劳动量为 50 工日，施工班组人数为 15 人，一班制施工，其施工持续时间为

$$t_{找平} = \frac{50}{15 \times 1} 天 = 3.3 天 \quad 取 4 天$$

3）屋面防水层待屋面找平层干燥 12 天后进行，即 $t_{间隔} = 12$ 天屋面防水层劳动量为 54 工日，施工班组人数为 15 人，一班制施工，其施工持续时间为

$$t_{防水} = \frac{54}{15 \times 1} 天 = 3.6 天 \quad 取 4 天$$

屋面工程采用依次施工的组织方式，其工期计算如下：

$$T_{屋面} = t_{隔热} + t_{找平} + t_{间隔} + t_{防水} = 8 天 + 4 天 + 12 天 + 4 天 = 28 天$$

（4）装饰工程。包括楼地面及楼梯地砖、顶棚抹灰、内墙中级抹灰、外墙面砖、铝合金窗扇安装、胶合板门、油漆等分项工程。装饰阶段施工过程多，劳动量不同，故采用异节拍流水施工，每一层划分为一个施工段，共 4 段，即 $m = 4$。

1）楼地面及楼梯地砖劳动量为 956 工日，施工班组人数为 35 人，一班制施工，其施工持续时间为

$$t_{楼地面} = \frac{956}{35 \times 1 \times 4} 天 = 6.8 天 \quad 取 7 天$$

2）顶棚抹灰待楼地面完成8天后进行，顶棚抹灰劳动量为482工日，施工班组人数为20人，一班制施工，其施工持续时间为

$$t_{顶棚} = \frac{482}{20 \times 1 \times 4} \text{天} = 6 \text{天}$$

3）内墙中级抹灰劳动量为1168工日，施工班组人数为40人，一班制施工，其施工持续时间为

$$t_{内墙} = \frac{1168}{40 \times 1 \times 4} \text{天} = 7.3 \text{天} \quad 取 8 \text{天}$$

4）外墙面砖劳动量为626工日，施工班组人数为35人，一班制施工，其施工持续时间为

$$t_{外墙} = \frac{626}{35 \times 1 \times 4} \text{天} = 4.5 \text{天} \quad 取 5 \text{天}$$

5）铝合金窗扇安装劳动量为80工日，施工班组人数为20人，一班制施工，其施工持续时间为

$$t_{窗} = \frac{80}{20 \times 1 \times 4} \text{天} = 1 \text{天}$$

6）胶合板门劳动量为164工日，施工班组人数为20人，一班制施工，其施工持续时间为

$$t_{门} = \frac{164}{20 \times 1 \times 4} \text{天} = 2 \text{天}$$

7）油漆劳动量为69工日，施工班组人数为20人，一班制施工，其施工持续时间为

$$t_{油漆} = \frac{69}{20 \times 1 \times 4} \text{天} = 0.8 \text{天} \quad 取 1 \text{天}$$

装饰装修工程采用异节拍流水施工作业，各施工过程之间的流水步距分别为：

$K_{楼、顶} = 4 \times 7 \text{天} - (4-1) \times 6 \text{天} + 8 \text{天} = 18 \text{天}$　　其中楼地面的养护时间为8天

$K_{顶、内墙} = 6 \text{天}$

$K_{内、外} = 4 \times 8 \text{天} - (4-1) \times 5 \text{天} = 17 \text{天}$

$K_{外墙、窗} = 4 \times 5 \text{天} - (4-1) \times 1 \text{天} = 17 \text{天}$

$K_{窗、门} = 1 \text{天}$

$K_{门、油漆} = 4 \times 2 \text{天} - (4-1) \times 1 \text{天} = 5 \text{天}$

其工期计算如下：

$$T_{装修} = K_{楼、顶} + K_{顶、内墙} + K_{内、外} + K_{外墙、窗} + K_{窗、门} + K_{门、油漆} + T_{油漆}$$
$$= 18 \text{天} + 6 \text{天} + 17 \text{天} + 17 \text{天} + 1 \text{天} + 5 \text{天} + 4 \times 1 \text{天} = 68 \text{天}$$

（其中 $T_{油漆}$ 为最后一个施工过程的总时间）

（5）总工期计算

1）基础工程回填土第一段施工完毕后，主体工程绑扎钢筋可提前进入第一段施工，即基础工程和主体工程搭接时间为4天。

2）装饰工程可以和屋面工程同时开始，即平行施工。

故该工程的总工期为

$$T = T_{基础} + T_{主体} + T_{屋面} + T_{装修} - \sum C_{基础、主体} - \sum C_{屋面、装修}$$
$$= 24 \text{天} + 84 \text{天} + 28 \text{天} + 68 \text{天} - 4 \text{天} - 28 \text{天} = 172 \text{天}$$

该工程流水施工进度如图2-17所示。

施工进度/天

序号	施工过程	劳动量/工日数	人数	班制	天数	施工进度（3 6 9 12 15 18 21 24 27 30 33 36 39 42 45 48 51 54 57 60 63 66 69 72 75 78 81 84 87 90 93 96 99 102 105 108 111 114 117 120 123 126 129 142 145 148 151 154 157）
	基础工程					
1	基础挖方	300	25	2	3	
2	混凝土垫层	60	20	1	4	
3	基础钢筋绑扎	80	20	1	4	
4	基础模板支设	110	20	1	6	
5	混凝土浇筑	120	20	1	6	
6	回填土	150	20	1	8	
	主体工程					
7	脚手架	200				
8	柱筋	133	14	1	12	
9	柱梁板模板	2352	15	3	18	
10	柱混凝土	182	15	1	18	
11	梁板钢筋	450	20	1	24	
12	梁板混凝土	978	20	2	15	
13	拆模板	398	17	1	24	
	层面工程					
14	保温隔热层	240	30	1	8	
15	找平层	50	15	1	4	
16	防水层	54	15	1	4	
	装饰工程					
17	楼地面及地砖	956	35	1	28	
18	顶棚抹灰	482	20	1	24	
19	内墙抹灰	1168	40	1	32	
20	外墙	626	35	1	20	
21	窗安装	80	20	1	4	
22	胶合板门	164	20	1	8	
23	油漆	69	20	1	4	
24	水电安装					

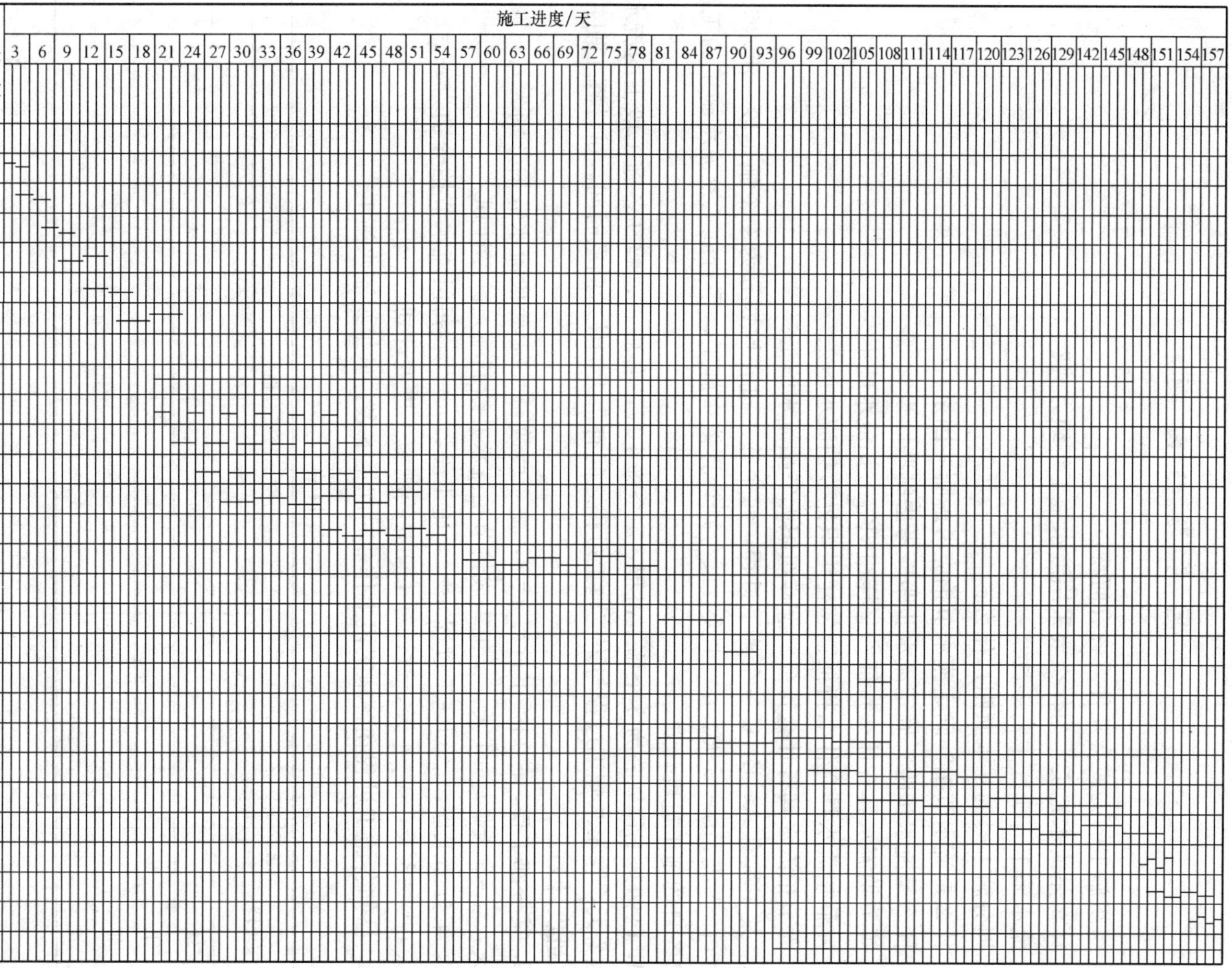

图 2-17　［例 2-9］工程流水施工进度

思 考 题 与 习 题

1. 组织施工的方式有几种？各有何特点？

2. 什么是流水施工？为什么要采用流水施工组织方式？

3. 流水施工有哪些主要参数？

4. 划分施工段的基本原则是什么？

5. 什么是流水节拍？确定流水节拍应考虑哪些因素？

6. 什么是流水步距？确定流水步距应考虑哪些因素？

7. 等节拍流水具有什么特征？怎样组织等节拍流水施工？

8. 异节拍流水具有什么特征？怎样组织异节拍流水施工？

9. 无节拍流水具有什么特征？怎样组织无节拍流水施工？

10. 某工程有 A、B、C 三个施工过程，每个施工过程均划分为 4 个施工段。流水节拍分别为 $t_A = 3$ 天，$t_B = 5$ 天，$t_C = 4$ 天。试分别计算依次施工、平行施工及流水施工的工期，并绘出各自的施工进度计划。

11. 已知某工程划分为 5 个施工过程，5 个施工段。各施工过程在各施工段上的流水节拍均为 2 天，在第二施工过程与第三施工过程之间有 1 天的技术间歇时间。试计算工期并绘制流水进度计划。

12. 某分部工程，已知施工过程 $n=4$，施工段数 $m=4$，每段流水节拍分别为 $t_1 = 2$ 天，$t_2 = 6$ 天，$t_3 = 8$ 天，$t_4 = 4$ 天。试组织成倍节拍流水并绘制施工进度计划。

13. 某分部工程，已知施工过程 $n=4$，施工段数 $m=5$，每段流水节拍分别为 $t_1 = 2$ 天，$t_2 = 5$ 天，$t_3 = 3$ 天，$t_4 = 4$ 天。试计算工期并绘制施工进度计划。

14. 已知各施工过程在各施工段上作业时间见下表，试组织流水施工。

题 14 表

施工段	施工过程/天			
	①	②	③	④
Ⅰ	5	4	2	3
Ⅱ	3	4	5	3
Ⅲ	4	5	6	2
Ⅳ	3	6	3	3

第 3 章 网络计划技术

20世纪50年代中后期以来，随着世界经济的迅猛发展，生产的现代化、社会化已经达到一个新的水平，而生产中的组织与管理工作也越来越复杂，以往的横道图计划已无法对大型、复杂的计划进行准确的判定和管理，为适应生产发展和科技进度，迫切需要一种更先进、更科学的新的计划管理方法，于是国外陆续出现了一些用网络图形表达计划管理的新方法，国际上把这种方法统称为"网络计划技术"。

3.1 网络计划的概念

3.1.1 基本概念

建筑工程施工进度计划是通过施工进度图表来表达建筑产品的施工过程、工艺顺序和相互间搭接的逻辑关系。我国长期以来一直是应用流水施工基本原理，采用横道图表的形式来编制工程项目施工进度计划。这种表达方式简单明了，直观易懂，容易掌握，便于检查和计算资源需求状况。但它在表现内容上有许多不足，例如，不能全面而准确地反映出各项工作之间相互制约、相互依赖、相互影响的关系；不能反映出整个计划（或工程）中的主次部分，即其中的关键工作；难以在有限的资源下合理组织施工挖掘计划的潜力，不能准确评价计划经济指标；更重要的是不能应用现代计算机技术。这些不足从根本上限制了横道图进度计划的适应范围。

网络计划技术是以工作所需的工时为基础，用"网络图"反映工作之间的互相关系和整个工程任务的全貌，通过数学计算，找出对全局有决定性影响的各项关键工作，据此对任务做出切实可行的全面规划和安排。

在建筑施工中，网络计划方法主要是用来编制工程项目施工的进度计划和建筑施工业的生产计划，并通过对计划的优化、调整和控制，达到缩短工期、提高效率、节约劳力、降低消耗的项目施工目标。

3.1.2 基本原理及表达方法

网络计划方法的基本原理是：首先应用网络图形来表达一项计划（或工程）中各项工作的开展顺序及其相互间的关系，然后通过计算找出计划中的关键工作及关键线路，继而通过不断改进网络计划，寻求最优方案，并付诸实施，最后在执行过程中进行有效的控制和监督。

网络计划的表达形式是网络图。所谓网络图是指由箭线和节点组成的、用来表示工作流程的有向、有序的网状图形。网络图中，按节点和箭线所代表的含义不同，可分为双代号网络图和单代号网络图两大类。

（1）双代号网络图。以箭线及其两端节点的编号表示工作的网络图称为双代号网络图。

即用两个节点一根箭线代表一项工作，工作名称写在箭线上面，工作持续时间写在箭线下面，在箭线前后的衔接处画上节点编上号码，并以节点编号 i 和 j 代表一项工作名称，如图 3-1 所示。

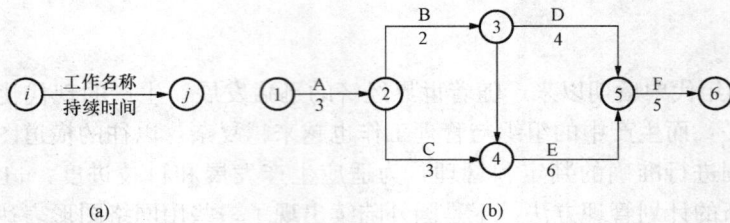

图 3-1　双代号网络图

（a）工作的表示方法；（b）工程的表示方法

（2）单代号网络图。以节点及其编号表示工作，以箭线表示工作之间的逻辑关系的网络图称为单代号网络图。即每一个节点表示一项工作，节点所表示的工作名称、持续时间和工作代号等标注在节点内，如图 3-2 所示。

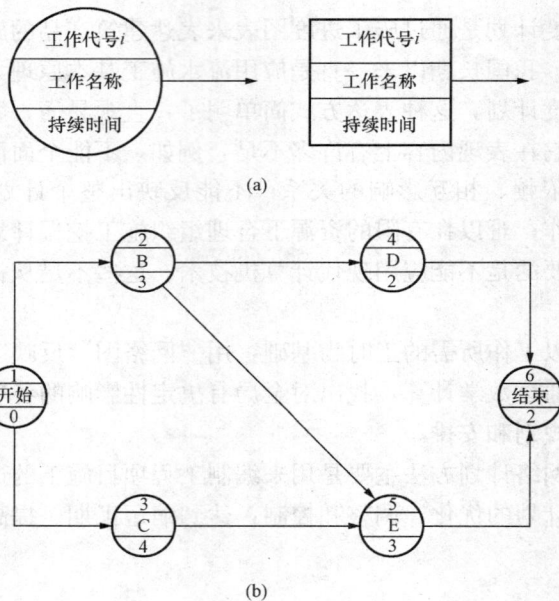

图 3-2　单代号网络图

（a）工作的表示方法；（b）工程的表示方法

3.1.3　分类

用网络图表达任务构成、工作顺序并加注工作时间参数的进度计划称为网络计划。网络计划的种类很多，可以从不同的角度进行分类，常用的分类方法如下：

（1）按网络计划层次分类。根据计划的工程对象不同和使用范围大小，网络计划可分为局部网络计划、单位工程网络计划和综合网络计划。

1）局部网络计划：以一个分部工作或施工段为对象编制的网络计划。

2）单位工程网络计划：以一个单位工程为对象编制的网络计划。

3）综合网络计划：以一个建筑项目或建筑群为对象编制的网络计划。

（2）按网络计划时间表达方式分类。根据计划时间的表达不同，网络计划可分为时标网络计划和非时标网络计划。

1）时标网络计划：工作的持续时间以时间坐标为尺度绘制的网络计划，如图 3-3 所示。

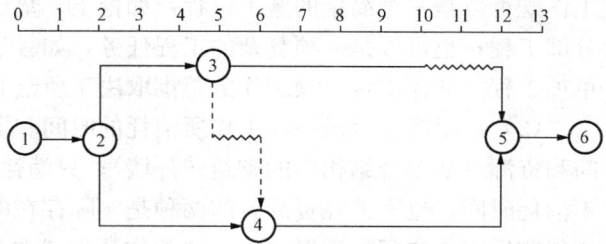

图 3-3　双代号时标网络图

2）非时标网络计划：工作的持续时间以数字形式标注在箭线下面绘制的网络计划，如图 3-1 所示。

3.1.4　特点

网络计划技术与传统的计划管理方法相比较，具有明显优点，主要表现为：

（1）利用网络图模型，明确表达各项工作的逻辑关系，直观性强，可形象反映工程全貌。

（2）通过网络图时间参数计算、确定关键工作和关键线路，主次、缓急清楚，便于抓住主要矛盾；可利用非关键线路上的工作潜力，加速关键作业进程，缩短工期，降低工程成本。

（3）掌握机动时间，可估计各项作业所需时间和资源，进行资源合理分配。

（4）运用计算机辅助手段运算和画图，缩短计划编制时间，方便网络计划的调整与控制。

3.2　双代号网络计划

用一根箭杆表示一个施工过程，过程的名称标注在箭杆的上方，持续时间标注在箭杆的下方，箭尾表示施工过程的开始，箭头表示施工过程的结束。在箭杆两端分别画一个圆圈作为节点，并在节点内编号，用箭尾节点和箭头节点编号作为这个施工过程的代号。由于施工过程均用两个代号标识，因此，该表示方法通常称为双代号表示方法，如图 3-4 所示。用这种表示方法将计划中的全部工作根据他们的先后顺序和相互关系从左到右绘制而成的网状图形就叫做双代号网络图，如图 3-1 所示。用这种网络图表示的计划叫做双代号网络计划。

图 3-4　双代号表示方法

3.2.1　组成双代号网络图的基本要素

双代号网络图的基本要素是箭线、节点及线路。其含义和特性如下。

1. 箭线

网络图中一端带箭头的实线即为箭线。在双代号网络图中，它与其两端的节点表示一项工作。箭线表达的内容有以下几个方面：

（1）一根箭线表示一项工作或表示一个施工过程。根据网络计划的性质和作用的不同，工作既可以是一个简单的施工过程，如挖土、垫层等分项工程，或者基础工程、主体工程等分部工程；也可以是一项复杂的工程任务，如教学楼、宿舍等单位工程，或者教学楼工程等单项工程。如何确定一项工作的范围取决于所绘制的网络计划的作用（控制性或指导性）。

（2）一根箭线表示一项工作所消耗的时间和资源。工作通常可以分为三种：需要消耗时间和资源（如混合结构中的砌筑砖外墙）；只消耗时间而不消耗资源（如混凝土的养护）；既不消耗时间，也不消耗资源。前两种是实际存在的工作，后一种是人为的虚设工作，只表示相邻前后工作之间的逻辑关系，通常称其为"虚工作"以虚箭线表示。

（3）在无时间坐标的网络图中，箭线的长度不代表时间的长短，画图时原则上是任意的，但必须满足网络图的绘制规则。在有时间坐标的网络图中，其箭线的长度必须根据完成该项工作所需时间长短按比例绘制。

（4）箭线的方向表示工作进行的方向和前进的路线，箭尾表示工作的开始，箭头表示工作的结束。

（5）箭线可以画成直线、折线和斜线。必要时，箭线也可以画成曲线，但应以水平直线为主。

2. 节点

网络图中箭线端部的圆圈或其他形状的封闭图形就是节点。在双代号网络图中，它表示工作之间的逻辑关系，节点表达的内容有以下几个方面：

（1）节点表示前面工作结束和后面工作开始的瞬间，所以节点不需要消耗时间和资源。

（2）箭线的箭尾节点表示该工作的开始，箭线的箭头节点表示该工作的结束。

（3）根据节点在网络图中的位置不同可以分为起点节点、终点节点和中间节点。起点节点是网络图的第一个节点，表示一项任务的开始。终点节点是网络图的最后一个节点，表示一项任务的完成。除起点节点和终点节点以外的节点称为中间节点，中间节点都有双重的含义，既是前面工作的箭头节点，也是后面工作的箭尾节点，如图3-5所示。

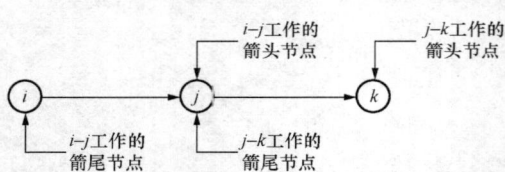

图 3-5 节点示意图

3. 节点编号

网络图中的每个节点都有自己的编号，以便赋予每项工作以代号，便于计算网络图的时间参数和检查网络图是否正确。

（1）节点编号必须满足三条基本规则：①箭头节点编号大于箭尾节点编号；②在一个网络图中，所有节点不能出现重复编号；③编号的号码可以按自然数顺序进行，也可以非连续编号，以便适应网络计划调整中增加工作的需要，编号留有余地。

（2）节点编号顺序是：箭尾节点编号在前，箭头节点编号在后；凡是箭尾节点没编号，箭头节点不能编号。

4. 线路

网络图中从起点节点开始，沿箭头方向顺序通过一系列箭线与节点，最后达到终点节点的通路称为线路。一个网络图中，从起点节点到终点节点，一般都存在着许多条线路，如图3-6中有四条线路，每条线路都包含若干项工作，这些工作的持续时间之和就是该线路的时间长度，即线路上总的工作持续时间。

线路上总的工作持续时间最长的线路称为关键线路。如图 3-6 所示，线路 1-2-3-5-6 总的工作持续时间最长，即为关键线路。其余线路称为非关键线路。位于关键线路上的工作称为关键工作。关键工作完成快慢直接影响整个计划工期的实现。

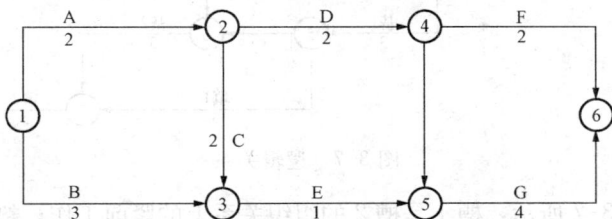

图 3-6　双代号网络图

一般来说，一个网络图中至少有一条关键线路。关键线路也不是一成不变的，在一定的条件下，关键线路和非关键线路会相互转化。例如，当采取技术组织措施，缩短关键工作的持续时间，或者非关键工作持续时间延长时，就有可能使关键线路发生转移。网络计划中，关键工作的比重往往不宜过大，网络计划愈复杂，工作节点就愈多，则关键工作的比重应该越小，这样有利于抓住主要矛盾。

非关键线路都有若干机动时间（即时差），它意味着工作完成日期容许适当挪动而不影响工期。时差的意义就在于可以使非关键工作在时差允许范围内放慢施工进度，将部分人、财、物转移到关键工作上去，以加快关键工作的进程；或者在时差允许范围内改变工作开始和结束时间，以达到均衡施工的目的。

关键线路宜用粗箭线、双箭线或彩色箭线标注，以突出其在网络计划中的重要位置。

3.2.2　绘制双代号网络图的基本规则

正确绘制工程的网络图是网络计划应用的关键。因此，绘图时必须做到以下两点：首先，绘制的网络图必须正确表达过程之间的逻辑关系；其次，必须遵守双代号网络图的绘制规则。

1. 网络图的逻辑关系

工作之间相互制约或依赖的关系称为逻辑关系。工作之间的逻辑关系包括工艺关系和组织关系。

（1）工艺关系。工艺关系是指生产工艺上客观存在的先后顺序关系，或者是非生产性工作之间由工作程序决定的先后顺序关系。例如，建筑工程施工时，先做基础，后做主体；先做结构，后做装修。

工艺关系是不能随意改变的。如图 3-7 所示，槽 1→垫 1→基 1→填 1 为工艺关系。

（2）组织关系。组织关系是指在不违反工艺关系的前提下，人为安排的工作的先后顺序关系。例如，建筑群中各个建筑物的开工顺序的先后、施工对象的分段流水作业等。组织顺序可以根据具体情况，按安全、经济、高效的原则统筹安排。如图 3-7 所示，槽 1→槽 2，垫 1→垫 2 等为组织关系。

2. 紧前工作、紧后工作、平行工作

（1）紧前工作。紧排在本工作之前的工作称为本工作的紧前工作。本工作和紧前工作之间

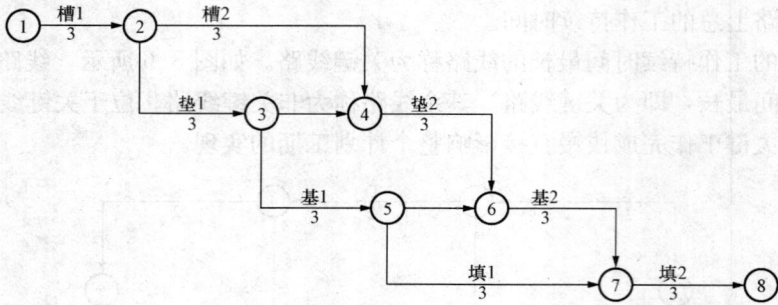

图 3-7　逻辑关系

可能有虚工作。如图 3-7 所示，槽 1 是槽 2 的组织关系上的紧前工作；垫 1 和垫 2 之间虽有虚工作，但垫 1 仍然是垫 2 的组织关系上的紧前工作。槽 1 则是垫 1 的工艺关系上的紧前工作。

（2）紧后工作。紧排在本工作之后的工作称为本工作的紧后工作。本工作和紧后工作之间可能有虚工作。如图 3-7 所示，垫 2 是垫 1 的组织关系上的紧后工作。垫 1 是槽 1 的工艺关系上的紧后工作。

（3）平行工作。可与本工作同时进行称为本工作的平行工作。如图 3-7 所示，槽 2 是垫 1 的平行工作。

（4）虚工作及其应用。双代号网络计划中，只表示前后相邻工作之间的逻辑关系，既不占用时间，也不耗用资源的虚拟的工作称为虚工作。虚工作用虚箭线表示；起着联系、区分、断路三个作用。

1）联系作用。虚工作不仅能表达工作间的逻辑连接关系，而且能表达不同幢号的房间之间的相互联系。例如，工作 A、B、C、D 之间的逻辑关系为：工作 A 完成后可同时进行 B、D 两项工作，工作 C 完成后进行工作 D。不难看出，A 完成后其紧后工作为 B；C 完成后其紧后工作为 D，很容易表达，但 D 又是 A 的紧后工作，为把 A 和 D 联系起来，必须引入虚工作 2-5，逻辑关系才能正确表达，如图 3-8 所示。

2）区分作用。双代号网络计划是用两个代号表示一项工作。如果两项工作用同一代号，则不能明确表示出该代号表示哪一项工作。因此，不同的工作必须用不同代号。如图 3-9 (a) 出现"双同代号"是错误的，图 3-9 (b)、图 3-9 (c) 是两种不同的区分方式，图 3-9 (d) 则多画了一个不必要的虚工作。

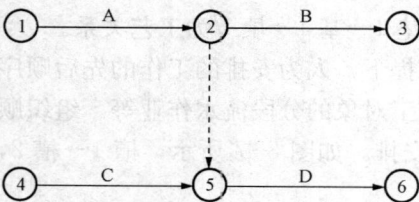

图 3-8　虚工作的应用

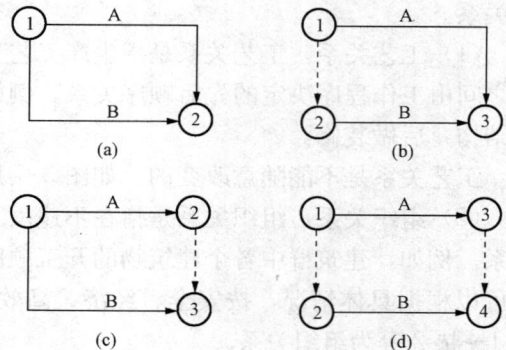

图 3-9　虚工作的区分作用
(a) 错误；(b) 正确；(c) 正确；(d) 多余的虚工作

3）断路作用。如图 3-10 所示为某基础工程挖基槽（A）、垫层（B）、基础（C）、回填土（D）四项工作的流水施工网络图。该网络图中出现了 A_2 与 C_1，B_2 与 D_1，A_3 与 C_2、D_1，B_3 与 D_2 等四处把并无联系的工作联系上了，即出现了多余联系的错误。

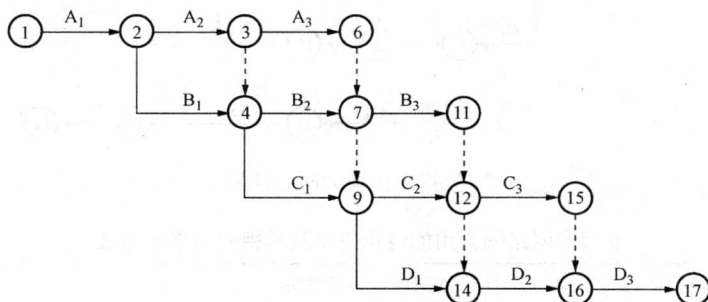

图 3-10 逻辑关系错误的网络图

为了正确表达工作间的逻辑关系，在出现逻辑错误的圆圈（节点）之间增设新节点（即虚工作），切断毫无关系的工作之间的联系，这种方法称为断路法。如图 3-11 中，增设节点 5，虚工作 4-5 切断了 A_2 与 C_1 之间的联系；同理，增设节点 8、节点 10、节点 13，虚工作 7-8、9-10、12-13 等也都起到了相同的断路作用。然后，去掉多余的虚工作，经调整后的正确网络图如图 3-12 所示。

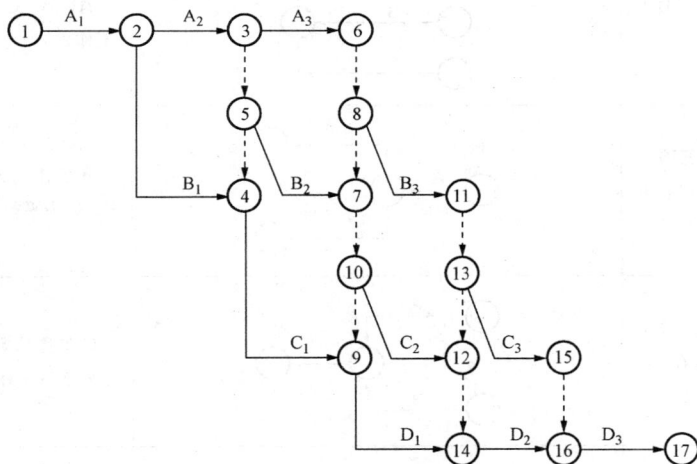

图 3-11 断路法切断多余联系

由此可见，网络图中虚工作是非常重要的，但在应用时要恰如其分，不能滥用，以必不可少为限。另外，增加虚工作后要进行全面检查，不要顾此失彼。

3. 绘制双代号网络图的基本规则

双代号网络图在绘制过程中，除正确表达逻辑关系外，还必须遵守以下绘图规则：

（1）双代号网络图必须正确表达过程的逻辑关系。双代号网络图常用的逻辑关系及其相应的表示方法见表 3-1。

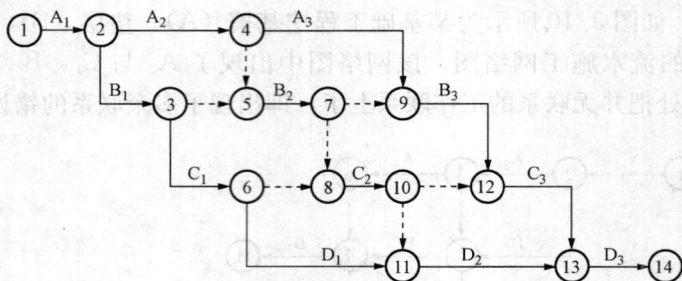

图 3-12　正确的网络计划

表 3-1　　　　　　　　　　　双代号网络图常用的逻辑关系及其相应的表示方法

序号	工作之间的逻辑关系	网络图中的表示方法	说明
1	有 A、B 两项工作按照依次施工方式进行		B 工作依赖着 A 工作，A 工作约束着 B 工作的开始
2	有 A、B、C 三项工作同时开始工作		A、B、C 三项工作称为平行工作
3	有 A、B、C 三项工作同时结束		A、B、C 三项工作称为平行工作
4	有 A、B、C 三项工作只有在 A 完成后 B、C 才能开始工作		A 工作制约着 B、C 工作开始，B、C 为平行工作
5	有 A、B、C 三项工作，C 工作只有在 A、B 完成后才能开始		C 工作依赖着 A、B 工作，A、B 为平行工作
6	有 A、B、C、D 四项工作，只有 A、B 完成后，C、D 才能开始		通过中间事件 j 正确地表达了 A、B、C、D 之间的关系
7	有 A、B、C、D 四项工作，只有 A 完成后，C、D 才能开始，A、B 完成后 D 才能开始		D 与 A 之间引入了逻辑连接（虚工作），只有这样才能正确表达它们之间的约束关系

序号	工作之间的逻辑关系	网络图中的表示方法	说明
8	有 A、B、C、D、E 五项工作，只有 A、B 完成后，C 才能开始，B、D 完成后 E 开始		虚工作 $i—j$ 反映出 C 工作受到 B 工作的约束，虚工作 $i—k$ 反映出 E 工作受到 B 工作的约束
9	有 A、B、C、D、E 五项工作，只有 A、B、C 完成后，D 才能开始，B、C 完成后 E 才能开始		这是前面序号 1、5 情况通过虚工作连接起来，虚工作表示 D 工作受到 B、C 工作制约
10	A、B、C 三项工作分三个施工段，流水施工		每个工种工程建立专业工作队，在每个施工段上进行流水作业，不同工种之间逻辑搭接关系表示

（2）双代号网络图中，严禁出现循环回路。所谓循环回路是指从一个节点出发，顺箭线方向又回到原出发点的循环线路。如图 3-13 所示，就出现了不允许出现的循环回路 2-3-4-5-6-7-2。

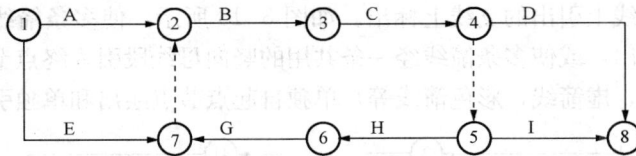

图 3-13　有循环回路的错误网络图

（3）双代号网络图中，在节点之间严禁出现带双向箭头或无箭头的连线，如图 3-14 所示。

图 3-14　错误的箭线画法

（a）双向箭头的连线；（b）无箭头的连线

（4）双代号网络图中，严禁出现没有箭头节点或没有箭尾节点的箭线，如图 3-15 所示。

（5）双代号网络图中的箭线（包括虚箭线）宜保持自左向右的方向，不宜出现箭头指向左方的水平箭线和箭头偏向左方的斜向箭线，如图 3-16 所示。若遵循这一原则绘制网络图，就不会有循环回路出现。

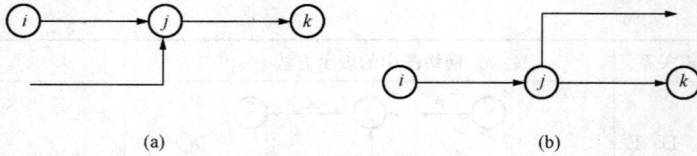

图 3-15 没有箭尾节点和箭头节点的箭线

(a) 没有箭尾节点的箭线；(b) 没有箭头节点的箭线

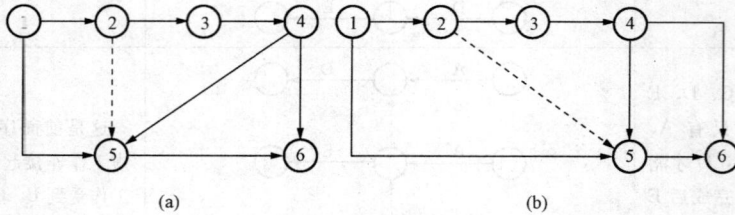

图 3-16 双代号网络图表达

(a) 较差；(b) 较好

（6）双代号网络图中，一项工作只有唯一的一条箭线和相应的一对节点编号。严禁在箭线上引入或引出箭线，如图 3-17 所示。

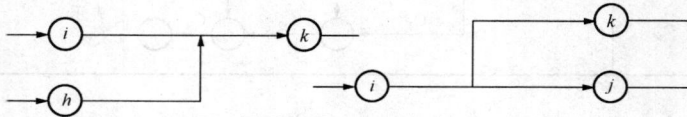

图 3-17 在箭线上引入和引出箭线的错误画法

（7）当网络图的某些节点有多条外向箭线或有多条内向箭线时，可用母线法绘制。当箭线线型不同时，可从母线上引出的支线上标出。如图 3-18 所示，使多条箭线经一条共用的竖向母线段从起点节点引出，或使多条箭线经一条共用的竖向母线段引入终点节点，特殊线型的箭线（粗箭线、双箭线、虚箭线、彩色箭线等）单独自起点节点绘出和单独引入终点节点。

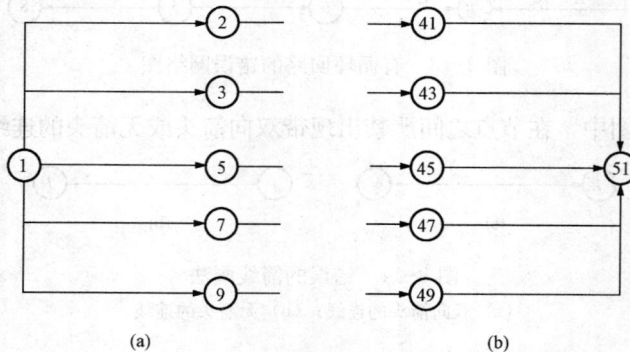

图 3-18 母线画法

(a) 使多条箭线经一条共用的竖向母线段从起点节点引出；

(b) 使多条箭线经一条共用的竖向母线段引入终点节点

（8）绘制网络图时，尽可能在构图时避免交叉。当交叉不可避免、且交叉少时，采用过桥法，当箭线交叉过多使用指向法，如图 3-19 所示。采用指向法时应注意节点编号指向的大小关系，保持箭尾节点的编号小于箭头节点编号。为了避免出现箭尾节点的编号大于箭头节点的编号情况，指向法一般只在网络图已编号后才用。

（9）双代号网络图中只允许有一个起点节点（该节点编号最小且没有内向箭线）；不是分期完成任务的网络图中，只允许有一个终点节点（该节点编号最大且没有外向工作）；而其他所有节点均是中间节点（既有内向箭线又有外向箭线）。如图 3-20（a）所示，网络图中有两个起点 1 和 2；有两个终点节点 12 和 13，还有没有内向箭线的节点 5 和没有外向箭线的节点 9，画法错误。应将节点 1、节点 2、节点 5 合并成一个起点节点，将节点 12、节点 13、节点 9 合并成一个终点节点，如图 3-20（b）所示。

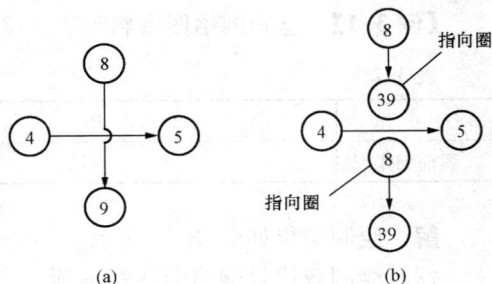

图 3-19 箭线交叉的表示方法
（a）过桥法；（b）指向法

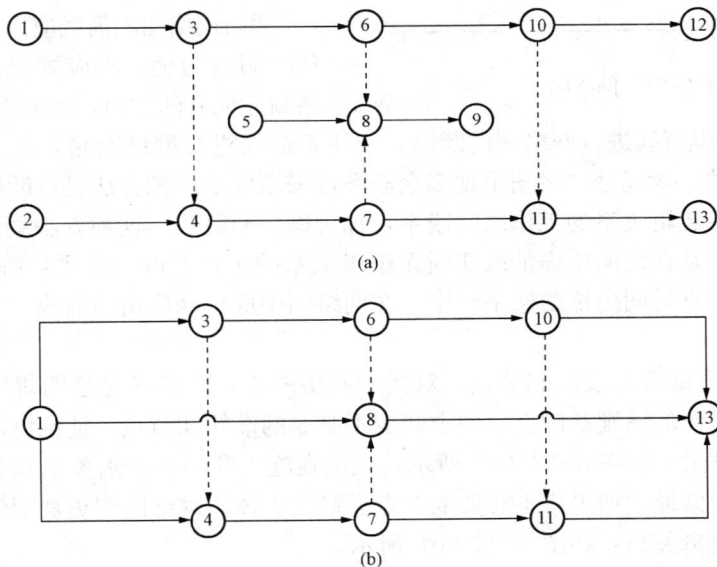

图 3-20 起点结点和终点节点表达
（a）错误表达；（b）正确表达

4. 双代号网络图的绘制步骤及要求

（1）绘制步骤。先根据网络图的逻辑关系，绘制出网络图草图，再结合绘图规则进行布局调整，最后形成正式网络图。当已知每一项工作的紧前工作时，可按下述步骤绘制双代号网络图：

1）根据已有的紧前工作找出每项工作的紧后工作。

2）首先绘制没有紧前工作的工作，这些工作与起点节点相连。

3）根据各项工作的紧后工作依次绘制其他各项工作。

4）合并没有紧后工作的箭线，即为终点节点。

5）确认无误，进行节点编号。

【例 3-1】 已知网络图资料见表 3-2，试绘制双代号网络图。

表 3-2   网络资料表

工　作	A	B	C	D	E	G
紧前工作	—	—	—	B	B	C、D

解 绘制结果如图 3-21 所示。

（2）绘制双代号网络图注意事项

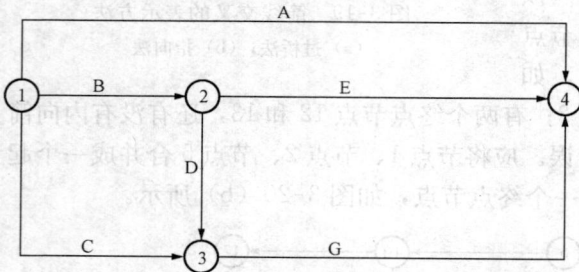

图 3-21　网络图

1）网络图布局要条理清楚，重点突出。虽然网络图主要用以表达各工作之间的逻辑关系，但为了使用方便，布局应条理清楚，层次分明，行列有序，同时还应突出重点，尽量把关键工作和关键线路布置在中心位置。

2）网络图的箭线应以水平线为主，竖线和斜线为辅，不应画成曲线。箭线应保持自左向右的方向，尽量避免反向箭线。

3）正确应用虚箭线进行网络图的断路。应用虚箭线进行网络断路，是正确表达工作之间逻辑关系的关键。双代号网络图出现多余联系可采用以下两种方法进行断路：一种是在横向用虚箭线切断无逻辑关系的工作之间联系，称为横向断路法，这种方法主要用于无时间坐标的网络；另一种是在纵向用虚箭线切断无逻辑关系的工作之间的联系，称为纵向断路法，这种方法主要用于有时间坐标的网络图中。在网络图中应正确应用虚箭线，力求减少不必要的虚箭线。

4）力求减少不必要的箭线和节点。双代号网络图中，应在满足绘图规则和两个节点一根箭线代表一项工作的原则基础上，力求减少不必要的箭线和节点，使网络图图面简洁，减少时间参数的计算量。如图 3-22（a）所示，该图在施工顺序、流水关系及逻辑关系上均是合理的，但它过于繁琐。如果将不必要的节点和箭线去掉，网络图则更加明快、简单，同时并不改变原有的逻辑关系，如图 3-22（b）所示。

3.2.3　双代号网络图时间参数的计算

根据工程对象各项工作的逻辑关系和绘图规则绘制网络图是一种定性的过程，只有进行时间参数的计算这样一个定量的过程，才使网络计划具有实际应用价值。

计算网络计划时间参数，目的主要有三个：①确定关键线路和关键工作，便于施工中抓住重点，向关键线路要时间；②明确非关键工作及其在施工中时间上有多大的机动性，便于挖掘潜力，统筹全局，部署资源；③确定总工期，做到工程进度心中有数。

时间参数的计算方法可分为工作计算法和节点计算法两种。每一种又可分为分析计算法（也叫公式法）、图上计算法、表上计算法、矩阵法和电算法等，其中分析法是其他方法的基础，必须熟练掌握。

1. 时间参数的概念及其符号

（1）工作持续时间：是指一项工作从开始到完成的时间，用 D_{i-j} 表示。

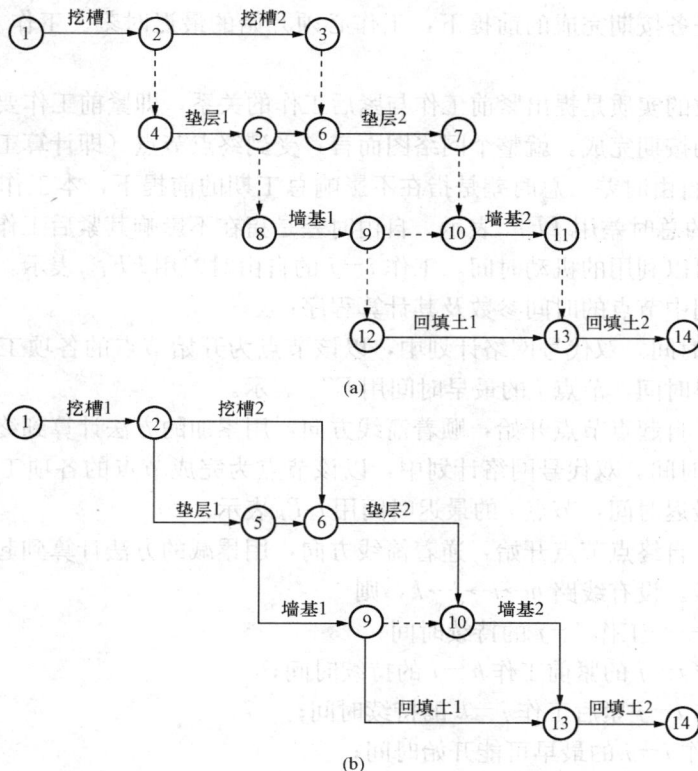

图 3-22　网络图简化

（a）简化前；（b）简化后

（2）工期：是指完成一项任务所需要的时间，一般有以下三种工期：

1）计算工期：是指根据时间参数计算所得到的工期，用 T_c 表示。

2）要求工期：是指任务委托人提出的指令性工期，用 T_r 表示。

3）计划工期：是指根据要求工期和计划工期所确定的作为实施目标的工期，用 T_p 表示。

当规定了要求工期时：$T_p \leqslant T_r$。

当未规定要求工期时：$T_p = T_c$。

（3）网络计划中工作的时间参数及其计算程序。网络计划中的时间参数有六个：最早开始时间、最早完成时间、最迟完成时间、最迟开始时间、总时差、自由时差。

1）最早开始时间和最早完成时间。最早开始时间是指各紧前工作全部完成后，该工作有可能开始的最早时刻。工作 $i-j$ 的最早开始时间用 ES_{i-j} 表示。最早完成时间是指各紧前工作全部完成后，该工作有可能完成的最早时刻。工作 $i-j$ 的最早完成时间用 EF_{i-j} 表示。

这类时间参数的实质是提出了紧后工作与紧前工作的关系，即紧后工作若提前开始，也不能提前到其紧前工作未完成之前。就整个网络图而言，受到起点节点的控制。

2）最迟完成时间和最迟开始时间。最迟完成时间是指在不影响整个任务按期完成的前提下，工作必须完成的最迟时刻。工作 $i-j$ 的最迟完成时间用 LF_{i-j} 表示。最迟开始时间是指在不影响整个任务按期完成的前提下，工作必须开始的最迟时刻。工作 $i-j$ 的最迟开始时间用 LS_{i-j} 表示。

这类时间参数的实质是提出紧前工作与紧后工作的关系，即紧前工作要推迟开始，不能影响其紧后工作的按期完成。就整个网络图而言，受到终点节点（即计算工期）的控制。

3）总时差和自由时差。总时差是指在不影响总工期的前提下，本工作可以利用的机动时间。工作 $i-j$ 的总时差用 TF_{i-j} 表示。自由时差是指在不影响其紧后工作最早开始时间的前提下，本工作可以利用的机动时间。工作 $i-j$ 的自由时差用 FF_{i-j} 表示。

（4）网络计划中节点的时间参数及其计算程序：

1）节点最早时间。双代号网络计划中，以该节点为开始节点的各项工作的最早开始时间，称为节点最早时间。节点 i 的最早时间用 ET_i 表示。

计算程序为：自起点节点开始，顺着箭线方向，用累加的方法计算到终点节点。

2）节点最迟时间。双代号网络计划中，以该节点为完成节点的各项工作的最迟完成时间，称为节点的最迟时间，节点 i 的最迟时间用 LT_i 表示。

计算程序为：自终点节点开始，逆着箭线方向，用累减的方法计算到起点节点。

（5）常用符号。设有线路 $h \rightarrow i \rightarrow j \rightarrow k$，则

D_{i-j}（Day）——工作 $i-j$ 的持续时间；

D_{h-i}——工作 $i-j$ 的紧前工作 $h-i$ 的持续时间；

D_{j-k}——工作 $i-j$ 紧后工作 $j-k$ 的持续时间；

ES_{i-j}——工作 $i-j$ 的最早可能开始时间；

EF_{i-j}——工作 $i-j$ 的最早可能完成时间；

LF_{i-j}——在总工期已经确定的情况下，工作 $i-j$ 的最迟必须完成时间；

LS_{i-j}——在总工期已经确定的情况下，工作 $i-j$ 的最迟必须开始时间；

ET_i——节点 i 的最早时间；

LT_i——节点 i 的最迟时间；

TF_{i-j}——工作 $i-j$ 的总时差；

FF_{i-j}——工作 $i-j$ 的自由时差。

2. 按节点法计算时间参数（参数表示在图上）

按节点计算法计算时间参数，其计算结果应标注在节点之上，如图 3-23 所示。

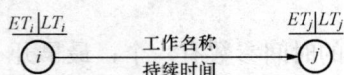

图 3-23 按节点计算法的标注内容

下面以图 3-24 为例，说明其计算步骤：

（1）计算各节点最早时间。节点的最早时间是以该节点为开始节点的工作的最早开始时间，其计算程序为：自起点节点开始，顺着箭线方向，用累加的方法计算到终点节点。其计算有三种情况：

1）起点节点 i 如未规定最早时间，其值应等于零，即

$$ET_i = 0(i = 1) \tag{3-1}$$

2）当节点 j 只有一条内向箭线时，最早时间应为：

$$ET_j = ET_i + D_{i-j} \tag{3-2}$$

3）当节点 j 有多条内向箭线时，其最早时间应为：

$$ET_j = \max\{ET_i + D_{i-j}\} \tag{3-3}$$

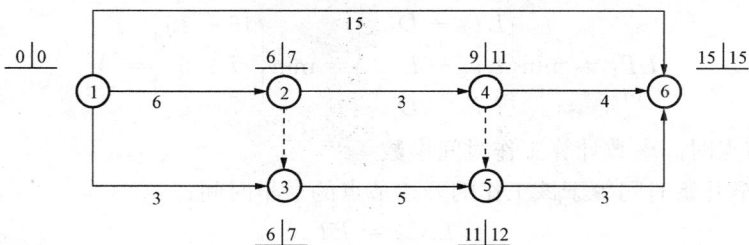

图 3-24　网络计划计算

终点节点 n 的最早时间即为网络计划的计算工期，即

$$T_c = ET_n \qquad (3-4)$$

如图 3-24 所示的网络计划中，各节点最早时间计算如下：

$$ET_1 = 0$$

$$ET_2 = ET_1 + D_{1-2} = 0 + 6$$

$$ET_3 = \max \begin{Bmatrix} ET_2 + D_{2-3} \\ ET_1 + D_{1-3} \end{Bmatrix} = \max \begin{Bmatrix} 6+0 \\ 0+3 \end{Bmatrix} = 6$$

$$ET_4 = ET_2 + D_{2-4} = 6 + 3 = 9$$

$$ET_5 = \max \begin{Bmatrix} ET_4 + D_{4-5} \\ ET_3 + D_{3-5} \end{Bmatrix} = \max \begin{Bmatrix} 9+0 \\ 6+5 \end{Bmatrix} = 11$$

$$ET_6 = \max \begin{Bmatrix} ET_1 + D_{1-6} \\ ET_4 + D_{4-6} \\ ET_5 + D_{5-6} \end{Bmatrix} = \max \begin{Bmatrix} 0+15 \\ 9+4 \\ 11+3 \end{Bmatrix} = 15$$

（2）计算各节点最迟时间。节点最迟时间是以该节点为完成节点的工作的最迟完成时间，其计算程序为：自终点节点开始，逆着箭线方向，用累减的方法计算到起点节点。其计算有两种情况：

1）终点节点的最迟时间应等于网络计划的计划工期，即

$$LT_n = T_p \qquad (3-5)$$

若分期完成的节点，则最迟时间等于该节点规定的分期完成的时间。

2）当节点 i 只有一个外向箭线时，最迟时间为：

$$LT_i = LT_j - D_{i-j} \qquad (3-6)$$

3）当节点 i 有多条外向箭线时，其最迟时间为：

$$LT_i = \min\{LT_j - D_{i-j}\} \qquad (3-7)$$

如图 3-24 所示的网络计划中，各节点的最迟时间计算如下：

$$LT_6 = T_p = T_c = ET_6 = 15$$

$$LT_5 = LT_6 - D_{5-6} = 15 - 3 = 12$$

$$LT_4 = \min \begin{Bmatrix} LT_6 - D_{4-6} \\ LT_5 - D_{4-5} \end{Bmatrix} = \min \begin{Bmatrix} 15-4 \\ 12-0 \end{Bmatrix} = 11$$

$$LT_3 = LT_5 - D = 12 - 5 = 7$$

$$LT_2 = \min \begin{Bmatrix} LT_4 - D_{2-4} \\ LT_3 - D_{2-3} \end{Bmatrix} = \min \begin{Bmatrix} 11-3 \\ 7-0 \end{Bmatrix} = 7$$

$$LT_1 = \min \begin{Bmatrix} LT_6 - D_{4-6} \\ LT_2 - D_{4-5} \\ LT_3 - D_{1-3} \end{Bmatrix} = \min \begin{Bmatrix} 15-15 \\ 7-6 \\ 7-3 \end{Bmatrix} = 0$$

（3）根据节点时间参数计算工作时间参数

1）工作最早开始时间等于该工作的开始节点的最早时间：

$$ES_{i-j} = ET_i \tag{3-8}$$

2）工作的最早完成时间等于该工作的开始节点的最早时间加持续时间：

$$EF_{i-j} = ET_i + D_{i-j} \tag{3-9}$$

3）工作最迟完成时间等于该工作的完成节点的最迟时间：

$$LF_{i-j} = LT_j \tag{3-10}$$

4）工作最迟开始时间等于该工作的完成节点的最迟时间减持续时间：

$$LS_{i-j} = LT_j - D_{i-j} \tag{3-11}$$

5）工作总时差等于该工作的完成节点最迟时间减该工作开始节点的最早时间再减持续时间：

$$TF_{i-j} = LT_j - ET_i - D_{i-j} \tag{3-12}$$

6）工作自由时差等于该工作的完成节点最早时间减该工作开始节点的最早时间再减持续时间：

$$FF_{i-j} = ET_j - ET_i - D_{i-j} \tag{3-13}$$

如图 3-24 所示网络计划中，根据节点时间参数计算工作的六个时间参数如下：

1）工作最早开始时间：

$$ES_{1-6} = ES_{1-2} = ES_{1-3} = ET_1 = 0$$
$$ES_{2-4} = ET_2 = 6$$
$$ES_{3-5} = ET_3 = 6$$
$$ES_{4-6} = ET_4 = 9$$
$$ES_{5-6} = ET_5 = 11$$

2）工作最早完成时间：

$$EF_{1-6} = ET_1 + D_{1-6} = 0 + 15 = 15$$
$$EF_{1-2} = ET_1 + D_{1-2} = 0 + 6 = 6$$
$$EF_{1-3} = ET_1 + D_{1-3} = 0 + 3 = 3$$
$$EF_{2-4} = ET_2 + D_{2-4} = 6 + 3 = 9$$
$$EF_{3-5} = ET_3 + D_{3-5} = 6 + 5 = 11$$
$$EF_{4-6} = ET_4 + D_{4-6} = 9 + 4 = 13$$
$$EF_{5-6} = ET_5 + D_{5-6} = 11 + 3 = 14$$

3）工作最迟完成时间：

$$LF_{1-6} = LT_6 = 15$$
$$LF_{1-2} = LT_2 = 7$$
$$LF_{1-3} = LT_3 = 7$$
$$LF_{2-4} = LT_4 = 11$$

$$LF_{3-5} = LT_5 = 12$$
$$LF_{4-6} = LT_6 = 15$$
$$LF_{5-6} = LT_6 = 15$$

4）工作最迟开始时间：

$$LS_{1-6} = LT_6 - D_{1-6} = 15 - 15 = 0$$
$$LS_{1-2} = LT_2 - D_{1-2} = 7 - 6 = 1$$
$$LS_{1-3} = LT_3 - D_{1-3} = 7 - 3 = 4$$
$$LS_{2-4} = LT_4 - D_{2-4} = 11 - 3 = 8$$
$$LS_{3-5} = LT_5 - D_{3-5} = 12 - 5 = 7$$
$$LS_{4-6} = LT_6 - D_{4-6} = 15 - 4 = 11$$
$$LS_{5-6} = LT_6 - D_{5-6} = 15 - 3 = 12$$

5）总时差：

$$TF_{1-6} = LT_6 - ET_1 - D_{1-6} = 15 - 0 - 15 = 0$$
$$TF_{1-2} = LT_2 - ET_1 - D_{1-2} = 7 - 0 - 6 = 1$$
$$TF_{1-3} = LT_3 - ET_1 - D_{1-3} = 7 - 0 - 3 = 4$$
$$TF_{2-4} = LT_4 - ET_2 - D_{2-4} = 11 - 6 - 3 = 2$$
$$TF_{3-5} = LT_5 - ET_3 - D_{3-5} = 12 - 6 - 5 = 1$$
$$TF_{4-6} = LT_6 - ET_4 - D_{4-6} = 15 - 9 - 4 = 2$$
$$TF_{5-6} = LT_6 - ET_5 - D_{5-6} = 15 - 11 - 3 = 1$$

6）自由时差：

$$FF_{1-6} = ET_6 - ET_1 - D_{1-6} = 15 - 0 - 15 = 0$$
$$FF_{1-2} = ET_2 - ET_1 - D_{1-2} = 6 - 0 - 6 = 0$$
$$FF_{1-3} = ET_3 - ET_1 - D_{1-3} = 6 - 0 - 3 = 3$$
$$FF_{2-4} = ET_4 - ET_2 - D_{2-4} = 9 - 6 - 3 = 0$$
$$FF_{3-5} = ET_5 - ET_3 - D_{3-5} = 11 - 6 - 5 = 0$$
$$FF_{4-6} = ET_6 - ET_4 - D_{4-6} = 15 - 9 - 4 = 2$$
$$FF_{5-6} = ET_6 - ET_5 - D_{5-6} = 15 - 11 - 3 = 1$$

3. 关键工作和关键线路的确定

（1）关键工作的确定。网络计划中机动时间最少的工作称为关键工作，因此，网络计划中工作总时差最小的工作也就是关键工作。在计划工期等于计算工期时，总时差为零的工作就是关键工作。当计划工期小于计算工期时，关键工作的总时差为负值，说明应采取更多措施以缩短计算工期。当计划工期大于计算工期时，关键工作的总时差为正值，说明计划已留有余地，进度控制就比较主动。

（2）关键线路的确定方法

1）利用关键工作判断。网络计划中，自始至终全部由关键工作（必要时经过一些虚工作）组成或线路上总的工作持续时间最长的线路应为关键线路。

2）利用标号法判断。标号法是一种快速寻求网络计划计算工期和关键线路的方法。它利用节点计算法的基本原理，对网络计划中的每个节点进行标号，然后利用标号值确定网络计划的计算工期和关键线路。

以图 3-25 所示网络计划为例，说明用标号法确定计算工期和关键线路的步骤：

①确定节点标号值（@，b_j）：节点的标号宜用双标号法，即用源节点（得出标号值的节点）@作为第一标号，用标号值作为第二标号 b_j。

a. 网络计划起点节点的标号值为零。本例中，节点 1 的标号值为零，即：$b_1 = 0$。

b. 其他节点的标号值等于以该节点为完成节点的各项工作的开始节点标号值加其持续时间所得之和的最大值，即

$$b_j = \max\{b_i + D_{i-j}\} \tag{3-14}$$

式中　b_j——工作 $i-j$ 的完成节点 j 的标号值；

　　　b_i——工作 $i-j$ 的开始节点 i 的标号值；

　　D_{i-j}——工作 $i-j$ 的持续时间。

c. 本例中各节点标号值如图 3-25 所示。

②确定计算工期。网络计划的计算工期就是终点节点的标号值。本例中，其计算工期为终点节点 6 的标号值 16。

③确定关键线路。自终点节点开始，逆着箭线跟踪源节点即可确定。本例中，从终点节点 6 开始跟踪源节点分别为 5、4、3、2、1，即得关键线路 1-2-3-4-5-6。

4. 按工作计算法计算时间参数

按工作计算法计算时间参数应在确定了各项工作的持续时间之后进行。虚工作也必须视同工作进行计算，其持续时间为零。时间参数的计算结果应标注在箭线之上，如图 3-26 所示。

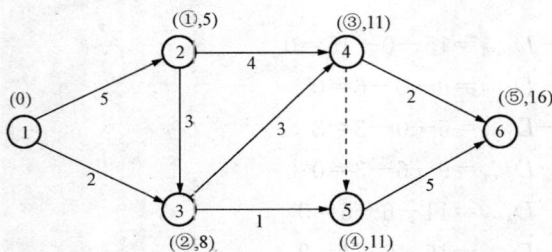

图 3-25　标号法确定关键线路　　　　图 3-26　按工作计算法的标注内容

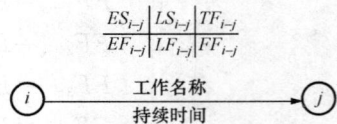

下面以某双代号网络计划（见图 3-27）为例，说明其计算步骤。

（1）计算各工作的最早开始时间和最早完成时间。工作的最早开始时间是表示该工作所有紧前工序都完成后，该工作最早可能开工的时间。根据每一项工作紧前工序情况不同，其计算公式也不相同。各项工作的最早完成时间等于其最早开始时间加上工作持续时间，即

$$EF_{i-j} = ES_{i-j} + D_{i-j} \tag{3-15}$$

计算工作最早时间参数时，一般有以下三种情况：

1）当工作以起点节点为开始节点时，其最早开始时间为零（或规定时间），即

$$ES_{i-j} = 0 \tag{3-16}$$

2）当工作只有一项紧前工作时，该工作的最早开始时间应为其紧前工作的最早完成时间，即

$$ES_{i-j} = EF_{h-i} = ES_{h-i} + D_{h-i} \tag{3-17}$$

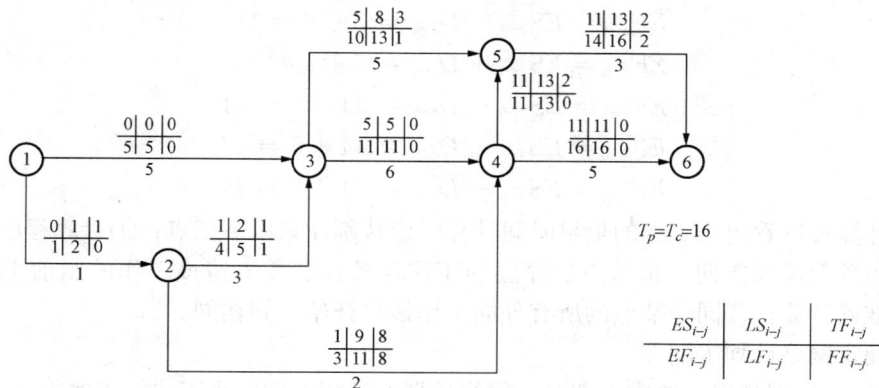

图 3-27 某双代号网络图的计算

3）当工作有多个紧前工作时，该工作的最早开始时间应为其所有紧前工作最早完成时间的最大值，即

$$ES_{i-j} = \max\{EF_{h-i}\} = \{ES_{h-i} + D_{h-i}\} \tag{3-18}$$

因此，计算工作最早开始时间时，应从最左边的第一项无紧前工序的工作开始，依次进行累加，直到最后一个工序。可简单归纳为："从左到右，沿线累加，逢圈取大"。

工作的最早完成时间（EF_{i-j}），表示该工作从最早开始时间算起最早可以完成的时刻。因此，它的计算公式可以表示为以下公式

$$EF_{i-j} = ES_{i-j} + D_{i-j} \tag{3-19}$$

可见，工作最早完成的时间不是独立存在的，它是依附于最早开始时间而存在。

如图 3-27 所示的网络计划中，各工作的最早开始时间和最早完成时间计算如下：

工作的最早开始时间：

$$ES_{1-2} = ES_{1-3} = 0$$

$$ES_{2-3} = ES_{1-2} + D_{1-2} = 0 + 1 = 1$$

$$ES_{2-4} = ES_{2-3} = 1$$

$$ES_{3-4} = \max \begin{Bmatrix} ES_{1-3} + D_{1-3} \\ ES_{2-3} + D_{2-3} \end{Bmatrix} = \max \begin{Bmatrix} 0 + 5 \\ 0 + 1 \end{Bmatrix} = 5$$

$$ES_{3-5} = ES_{3-4} = 5$$

$$ES_{4-5} = \max \begin{Bmatrix} ES_{3-4} + D_{3-4} \\ ES_{2-4} + D_{2-4} \end{Bmatrix} = \max \begin{Bmatrix} 5 + 6 \\ 1 + 2 \end{Bmatrix} = 11$$

$$ES_{4-6} = ES_{4-5} = 11$$

$$ES_{5-6} = \max \begin{Bmatrix} ES_{3-5} + D_{3-5} \\ ES_{4-5} + D_{4-5} \end{Bmatrix} = \max \begin{Bmatrix} 5 + 5 \\ 11 + 0 \end{Bmatrix} = 11$$

工作的最早完成时间：

$$EF_{1-2} = ES_{1-2} + D_{1-2} = 0 + 1 = 1$$

$$EF_{1-3} = ES_{1-3} + D_{1-3} = 0 + 5 = 5$$

$$EF_{2-3} = ES_{2-3} + D_{2-3} = 1 + 3 = 4$$

$$EF_{2-4} = ES_{2-4} + D_{2-4} = 1 + 2 = 3$$

$$EF_{3-4} = ES_{3-4} + D_{3-4} = 5 + 6 = 11$$
$$EF_{3-5} = ES_{3-5} + D_{3-5} = 5 + 5 = 10$$
$$EF_{4-5} = ES_{4-5} + D_{4-5} = 11 + 0 = 11$$
$$EF_{4-6} = ES_{4-6} + D_{4-6} = 11 + 5 = 16$$
$$EF_{5-6} = ES_{5-6} + D_{5-6} = 11 + 3 = 14$$

上述计算可以看出，工作的最早时间计算时应特别注意以下三点：①计算程序，即从起点节点开始顺着箭线方向，按节点次序逐项工作计算；②要弄清该工作的紧前工作是哪几项，以便准确计算；③同一节点的所有外向工作最早开始时间相同。

（2）确定网络计划工期

1）当网络计划规定了要求工期时，网络计划的计划工期应小于或等于要求工期，即

$$T_p \leqslant T_r \qquad (3-20)$$

2）当网络计划未规定要求工期时，网络计划的计划工期应等于计算工期，即以网络计划的终点节点为完成节点的各个工作的最早完成时间的最大值，如网络计划的终点节点的编号为 n，则计算工期 T_c 为

$$T_p = T_c = \max\{EF_{i-n}\} \qquad (3-21)$$

如图 3-27 所示，网络计划的计算工期为

$$T_c = \max \begin{Bmatrix} ES_{4-6} + D_{4-6} \\ ES_{5-6} + D_{5-6} \end{Bmatrix} = \max \begin{Bmatrix} 16 \\ 14 \end{Bmatrix} = 16$$

（3）计算各工作的最迟完成时间和最迟开始时间。工作最迟完成时间是指在不影响计划工期的前提下，该工作最迟必须完成的时刻。工作的最迟开始时间等于其最迟完成时间减去工作持续时间，即

$$LS_{i-j} = LF_{i-j} - D_{i-j} \qquad (3-22)$$

计算工作最迟完成时间参数时，一般有以下三种情况：

1）当工作的终点节点为完成节点时，其最迟完成时间为网络计划的计划工期，即

$$LF_{i-n} = T_p \qquad (3-23)$$

2）当工作只有一项紧后工作时，该工作的最迟完成时间应为其紧后工作的最迟开始时间，即

$$LF_{i-j} = LS_{j-k} = LF_{j-k} - D_{j-k} \qquad (3-24)$$

3）当工作有多项紧后工作时，该工作的最迟完成时间应为其多项紧后工作最迟开始时间的最小值，即

$$LF_{i-j} = \min\{LS_{j-k}\} = \min\{LF_{j-k} - D_{j-k}\} \qquad (3-25)$$

因此，计算工作最迟完成时间时，应从结束于终点节点的无紧后工序的工作开始，可归纳为："从右到左，逆线相减，逢圈取小"。这里"逢圈取小"指的是有多个紧后工序的工作，它的最迟结束时间应取多个紧后工序最迟开始时间的最小值。

工作最迟开始时间（LS_{i-j}），表示在不影响该工作最迟必须结束的情况下，该工作最迟必须开始时刻。因此，已知工作最迟结束时间，减去该工作的持续时间即可算出它的最迟开始时间。计算公式为

$$LS_{i-j} = LF_{i-j} - D_{i-j} \qquad (3-26)$$

图 3-27 所示的网络计划中，各工作的最迟完成时间和最迟开始时间计算如下：

工作的最迟完成时间：

$$LF_{4-6}=T_c=16$$
$$LF_{5-6}=LF_{4-6}=16$$
$$LF_{3-5}=LF_{5-6}-D_{5-6}=16-3=13$$
$$LF_{4-5}=LF_{3-5}=13$$
$$LF_{2-4}=\min\begin{Bmatrix}ES_{4-5}+D_{4-5}\\ES_{4-6}+D_{4-6}\end{Bmatrix}=\min\begin{Bmatrix}13-0\\16-5\end{Bmatrix}=11$$
$$LF_{3-4}=LF_{2-4}=11$$
$$LF_{1-3}=\min\begin{Bmatrix}ES_{3-4}+D_{3-4}\\ES_{3-5}+D_{3-5}\end{Bmatrix}=\min\begin{Bmatrix}11-6\\13-5\end{Bmatrix}=5$$
$$LF_{2-3}=LF_{1-3}=5$$
$$LF_{1-2}=\min\begin{Bmatrix}ES_{2-3}+D_{2-3}\\ES_{2-4}+D_{2-4}\end{Bmatrix}=\min\begin{Bmatrix}5-3\\11-2\end{Bmatrix}=2$$

工作的最迟开始时间：

$$LS_{4-6}=LF_{4-6}-D_{4-6}=16-5=11$$
$$LS_{5-6}=LF_{5-6}-D_{5-6}=16-3=13$$
$$LS_{3-5}=LF_{3-5}-D_{3-5}=13-5=8$$
$$LS_{4-5}=LF_{4-5}-D_{4-5}=13-0=13$$
$$LS_{2-4}=LF_{2-4}-D_{2-4}=11-2=9$$
$$LS_{3-4}=LF_{3-4}-D_{3-4}=11-6=5$$
$$LS_{1-3}=LF_{1-3}-D_{1-3}=5-5=0$$
$$LS_{2-3}=LF_{2-3}-D_{2-3}=5-3=2$$
$$LS_{1-2}=LF_{1-2}-D_{1-2}=2-1=1$$

上述计算可以看出，工作的最迟时间计算时应特别注意以下三点：①计算程序，即从终点开始逆着箭线方向，按节点次序逐项工作计算；②要弄清该工作紧后工作有哪几项，以便正确计算；③同一节点的所有内向工作最迟完成时间相同。

（4）计算各工作的总时差。工作总时差是指在不影响总工期即不影响紧后工作的最迟必须开始或完成的前提下，该工作存在的机动时间（富余时间）。一项工作可以利用的时间范围是从该工作最早开始时间到最迟完成时间，即工作从最早开始时间或最迟开始时间开始，均不会影响总工期。而工作实际需要的持续时间是 D_{i-j}，扣去 D_{i-j} 后，余下的一段时间就是工作可以利用的机动时间，即为总时差。所以总时差等于最迟开始时间减去最早开始时间，或最迟完成时间减去最早完成时间，即

$$TF_{i-j}=LS_{i-j}-ES_{i-j} \tag{3-27}$$

或

$$TF_{i-j}=LF_{i-j}-EF_{i-j} \tag{3-28}$$

如图 3-27 所示的网络图中，各工作的总时差计算如下：

$$TF_{1-2}=LS_{1-2}-ES_{1-2}=1-0=1$$
$$TF_{1-3}=LS_{1-3}-ES_{1-3}=0-0=0$$

$$TF_{2-3} = LS_{2-3} - ES_{2-3} = 2 - 1 = 1$$
$$TF_{2-4} = LS_{2-4} - ES_{2-4} = 9 - 1 = 8$$
$$TF_{3-4} = LS_{3-4} - ES_{3-4} = 5 - 5 = 0$$
$$TF_{3-5} = LS_{3-5} - ES_{3-5} = 8 - 5 = 3$$
$$TF_{4-5} = LS_{4-5} - ES_{4-5} = 13 - 11 = 2$$
$$TF_{4-6} = LS_{4-6} - ES_{4-6} = 11 - 11 = 0$$
$$TF_{5-6} = LS_{5-6} - ES_{5-6} = 13 - 11 = 2$$

通过计算不难看出总时差有如下特性：

1）凡是总时差为最小的工作就是关键工作；由关键工作连接构成的线路为关键线路；关键线路上各工作时间之和即为总工期。

2）当网络计划的计划工期等于计算工期时，凡总时差大于零的工作为非关键工作，凡是具有非关键工作的线路即为非关键线路。非关键线路与关键线路相交时的相关节点把非关键线路划分成若干个非关键线路段，各段有各段的总时差，相互没有关系。

3）总时差的使用具有双重性，它既可以被该工作使用，但又属于某非关键线路所共有。当某项工作使用了全部或部分总时差时，则将引起通过该工作的线路上所有工作总时差重新分配。

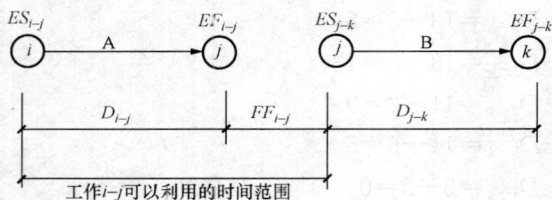

图 3-28　自由时差的计算简图

（5）计算各工作的自由时差。

如图 3-28 所示，在不影响其紧后工作最早开始时间的前提下，一项工作可以利用的时间范围是从该工作最早开始时间至其紧后工作最早开始时间。而工作实际需要的持续时间是 D_{i-j}，那么扣去 D_{i-j} 后，尚有的一段时间就是自由时差。其计算如下：

1）当工作有紧后工作时，该工作的自由时差等于紧后工作的最早可能开始时间减该工作最早可能结束时间，即

$$FF_{i-j} = ES_{j-k} - EF_{i-j} \tag{3-29}$$

或

$$FF_{i-j} = ES_{j-k} - ES_{i-j} - D_{i-j} \tag{3-30}$$

2）当以终点节点（$j = n$）为箭头节点的工作时，其自由时差应按网络计划的计划工期 T_p 确定，即

$$FF_{i-n} = T_p - EF_{i-n} \tag{3-31}$$

或

$$FF_{i-n} = T_p - ES_{i-n} - D_{i-n} \tag{3-32}$$

如图 3-27 所示的网络图中，各工作的自由时差计算如下：

$$FF_{1-2} = ES_{2-3} - ES_{1-2} - D_{1-2} = 1 - 0 - 1 = 0$$
$$FF_{1-3} = ES_{3-4} - ES_{1-3} - D_{1-3} = 5 - 0 - 5 = 0$$
$$FF_{2-3} = ES_{3-4} - ES_{2-3} - D_{2-3} = 5 - 1 - 3 = 1$$
$$FF_{2-4} = ES_{4-5} - ES_{2-4} - D_{2-4} = 11 - 1 - 2 = 8$$
$$FF_{3-4} = ES_{4-5} - ES_{3-4} - D_{3-4} = 11 - 5 - 6 = 0$$

$$FF_{3-5} = ES_{5-6} - ES_{3-5} - D_{3-5} = 11 - 5 - 5 = 1$$

$$FF_{4-5} = ES_{5-6} - ES_{4-5} - D_{4-5} = 11 - 11 - 0 = 0$$

$$FF_{4-6} = T_p - ES_{4-6} - D_{4-6} = 16 - 11 - 5 = 0$$

$$FF_{5-6} = T_p - ES_{5-6} - D_{5-6} = 16 - 11 - 3 = 2$$

通过计算不难看出自由时差有如下特性：

1）自由时差为某非关键工作独立使用的机动时间，利用自由时差，不会影响其紧后工作的最早开始时间。

2）非关键工作的自由时差必小于或等于其总时差。

3.2.4 双代号时标网络图

1. 特点及应用

双代号时标网络计划是带有时间坐标的网络计划，它综合应用横道图的时间坐标和网络计划的原理，是在横道图基础上引入网络计划中各工作之间逻辑关系的表达方法。时间坐标的网络计划简称时标网络计划。如图 3-29 所示的双代号网络计划，若改画为时标网络计划，如图 3-30 所示。采用时标网络计划，既解决了横道计划中各项工作不明确、时间指标无法计算的缺点，又解决了双代号网络计划时间不直观，不能明确看出各工作开始和完成的时间等问题。

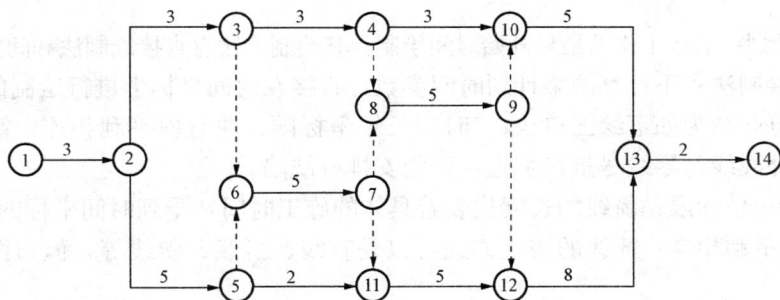

图 3-29 双代号网络计划

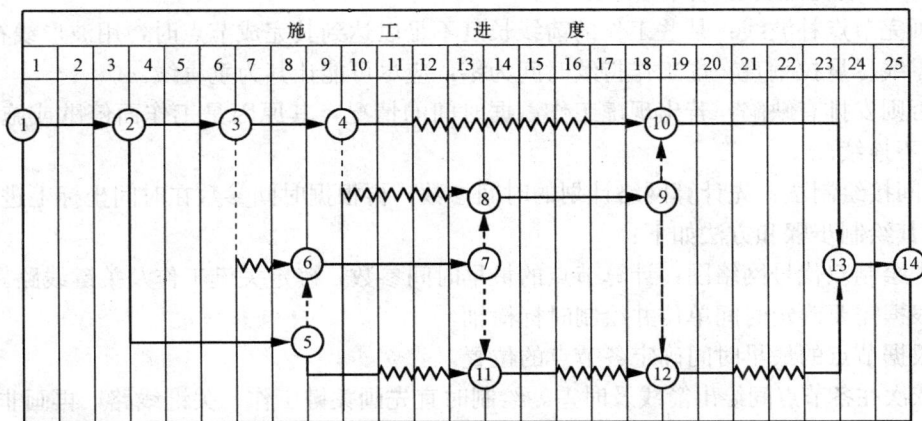

图 3-30 时标网络计划

（1）时标网络计划的特点

1）时标网络计划中，箭线的长短与时间有关。

2）可直接显示各工作的时间参数和关键线路，而不必计算。

3）由于受到时间坐标的限制，所以时标网络计划不会产生闭合回路。

4）可以直接在时标网络图的下方绘出资源动态曲线，便于分析，平衡调度。

5）由于箭线的长度和位置受时间坐标的限制，因而调整和修改不太方便。

（2）时标网络计划的一般规定

1）双代号时标网络计划必须以水平时间坐标为尺度表示工作时间。时标的时间单位应根据需要在编制网络计划之前确定，可为小时、天、周、月或季。

2）时标网络计划应以实箭线表示实工作，以虚箭线表示虚工作，以波形线表示工作的自由时差。

3）时标网络计划中所有符号在时间坐标上的水平投影位置，都必须与其时间参数相对应。节点中心必须对准相应的时标位置。虚工作必须以垂直方向的虚箭线表示，有自由时差时应加波形线表示。

2. 绘制

由于从时标网络图中可以明确地看出关键线路、关键工作以及工作的时差，并能直接看出各工作的起止时间，给施工管理带来极大的方便，因此双代号网络计划通常被绘制成时标网络图。

时标网络计划一般按工作的最早开始时间绘制。其绘制方法有直接绘制法和间接绘制法。

（1）直接绘制法：不计算网络计划时间参数，直接在时间坐标上进行绘制的方法。其绘制步骤和方法可归纳为如下绘图口诀："时间长短坐标限，曲直斜平利相连；箭线到齐画节点，画完节点补波线；零线尽量拉垂直，否则安排有缺陷。"

1）时间长短坐标限：箭线的长度代表着具体的施工时间，受到时间坐标的制约。

2）曲直斜平利相连：箭线的表达方式可以是直线、折线、斜线等，但布图应合理，直观清晰。

3）箭线到齐画节点：工作的开始节点必须在该工作的全部紧前工作都画出后，定位在这些紧前工作最晚完成的时间刻度上。

4）画完节点补波线：某些工作的箭线长度不足以达到其完成节点时，用波形线补足。

5）零线尽量拉垂直：虚工作持续时间为零，应尽可能让其为垂直线。

6）否则安排有缺陷：若出现虚工作占据时间的情况，其原因是工作面停歇或施工作业队组工作不连续。

（2）间接绘制法：先计算网络计划的时间参数，再根据时间参数在时间坐标上进行绘制的方法。其绘制步骤和方法如下：

1）先绘制双代号网络图，计算节点的最早时间参数，确定关键工作及关键线路。

2）根据需要确定时间单位并绘制时标横轴。

3）根据节点的最早时间确定各节点的位置。

4）依次在各节点间绘出箭线及时差。绘制时宜先画关键工作、关键线路，再画非关键工作。如箭线长度不足以达到工作的完成节点时，用波形线补足，箭头画在波形线与节点连接处。

5）用虚箭线连接各有关节点，将有关的工作连接起来。

【例 3-2】 某双代号网络计划如图 3-31 所示，试绘制时标网络图。

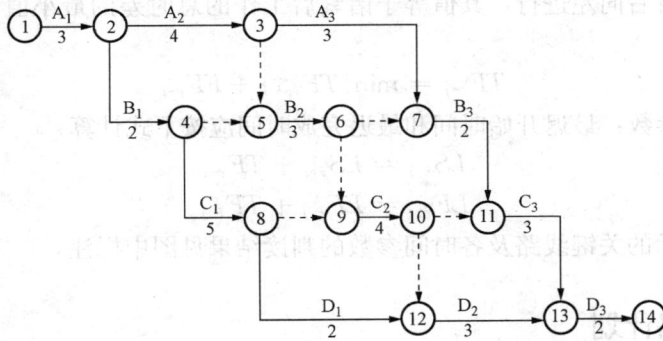

图 3-31 双代号网络图

解 按直接绘制的方法，绘制出时标网络计划如图 3-32 所示。

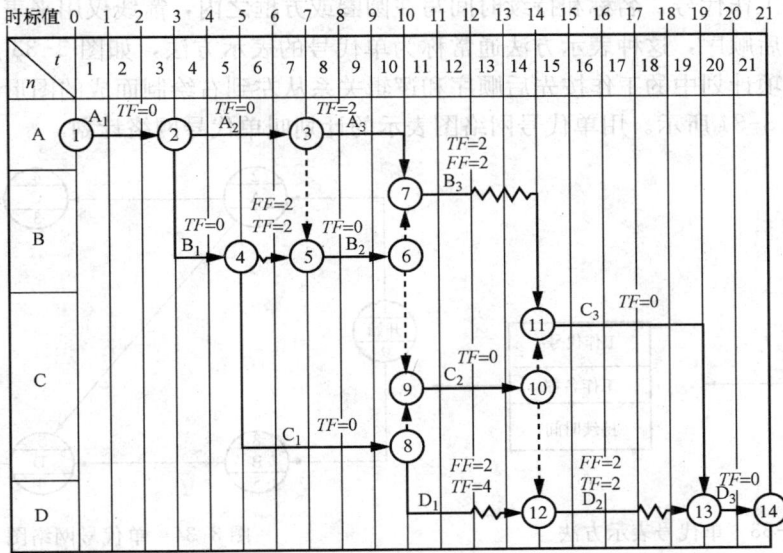

图 3-32 时标网络计划

3. 时间参数的确定

（1）关键线路的确定。自终点节点逆箭线方向朝起点节点观察，自始至终不出现波形线的线路为关键线路。

（2）工期的确定。时标网络计划的计算工期，应是其终点节点与起点节点所在位置的时标值之差。

（3）时间参数的判读

1）最早时间参数

①最早开始时间：箭尾节点所对应的时标值。

②最早完成时间：若实箭线抵达箭头节点，则最早完成时间就是箭头节点时标值；若实箭线未抵达箭头节点，则其最早完成时间为实箭线末端所对应的时标值。

2）自由时差：波形线的水平投影长度即为该工作的自由时差。

3）总时差：自右向左进行，其值等于诸紧后工作的总时差的最小值与本工作的自由时差之和。即

$$TF_{i-j} = \min\{TF_{j-k}\} + FF_{i-j} \qquad (3-33)$$

4）最迟时间参数：最迟开始时间和最迟完成时间应按下式计算：

$$LS_{i-j} = ES_{i-j} + TF_{i-j} \qquad (3-34)$$

$$LF_{i-j} = EF_{i-j} + TF_{i-j} \qquad (3-35)$$

如图 3-32 所示的关键线路及各时间参数的判读结果见图中标注。

3.3 单代号网络计划

单代号网络图是网络计划的另外一种表示方法，也是由节点、箭线和线路组成。但是，构成单代号网络图的基本符号的含义与双代号网络图不尽相同，同时用一个圆圈或方框代表一项工作，将工作代号、名称和持续时间写在圆圈或方框之内，箭线仅用来表示工作之间的逻辑关系和先后顺序，这种表示方法通常称为单代号的表示方法，如图 3-33 所示。用这种表示方法把一项计划中的工作按先后顺序和逻辑关系从左到右绘制而成的图形，就叫单代号网络图，如图 3-34 所示。用单代号网络图表示的计划叫单代号网络计划。

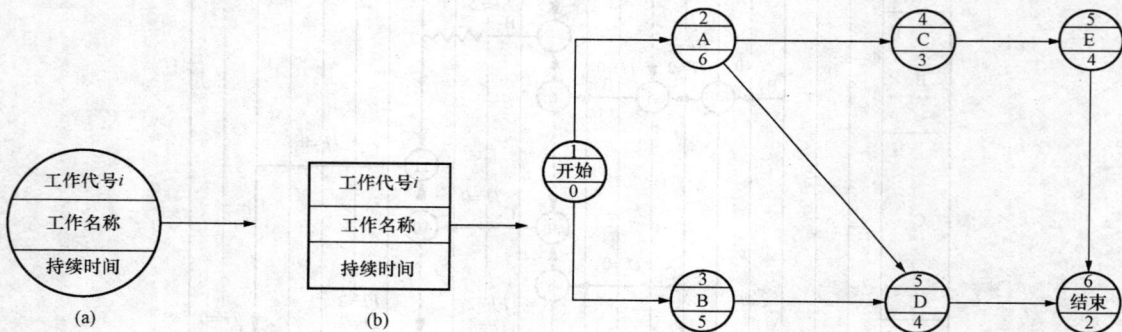

图 3-33 单代号表示方法
（a）用一个圆圈代表一项工作；（b）用一个
方框代表一项工作

图 3-34 单代号网络图

3.3.1 组成单代号网络图的基本要素

单代号网络图的基本符号是箭线、节点及线路。

（1）箭线。单代号网络图中，箭线表示紧邻工作之间的逻辑关系，既不消耗时间，也不消耗资源，与双代号网络计划中虚箭线的含义相同。箭线应画成水平直线、折线或斜线。箭线水平投影的方向应自左向右，表达工作的进行方向。

（2）节点。单代号网络图中每一个节点表示一项工作。节点所表示的工作名称、持续时间和工作代号等应标注在节点内。

（3）线路。单代号网络图的线路与双代号网络图的线路的含义是相同的，即从网络计划的起始节点到结束节点之间的若干通道。从网络计划的起始节点到结束节点之间持续时间最

长的线路为关键线路。

3.3.2 单代号网络图与双代号网络图的比较

（1）单代号网络图绘制方便，不必增加虚工作。在此点上，弥补了双代号网络图的不足。所以，近年来在国外，特别是欧洲新发展起来的几种形式的网络计划，如决策网络计划（DCPM）、图示评审技术（GERT）等，都是采用单代号表示法表示的。

（2）单代号网络图具有便于说明、容易被非专业人员所理解和易于修改的优点。这对于推广应用统筹法编制工程进度计划，进行全面科学管理是有益的。

（3）双代号网络图表示工程进度比用单代号网络图更为形象，特别是在应用带时间坐标网络图中。

（4）双代号网络图在应用计算机进行计算和优化过程方面更为简便，这是因为双代号网络图中用两个代号代表一项工作，可直接反映其紧前或紧后工作的关系。而单代号网络图就必须按工作逐个列出其紧前、紧后工作关系，这在计算机中需占用更多的存储单元。

由于单代号和双代号网络图有上述各自的优缺点，故两种表示法在不同情况下，其表现的繁简程度是不同的。有些情况下，应用单代号表示法较为简单，有些情况下，使用双代号表示法则更为清楚。因此，单代号和双代号网络图是两种互为补充、各具特色的表现方法。

3.3.3 绘制单代号网络图的基本规则

1. 正确表达各种逻辑关系

单代号网络图在绘制过程中，首先要正确表达逻辑关系。

根据工程计划中各种工作在工艺上、组织上的先后顺序和逻辑关系，用单代号表达方式正确表达出来，常见单代号网络逻辑关系表达方法见表 3-3。

表 3-3   **单代号网络图逻辑关系示例表**

序 号	工作间的逻辑关系	单代号的表示方法
1	A、B 两项工作，依次进行施工	
2	A、B、C 三项工作，同时开始施工	
3	A、B、C 三项工作，同时结束施工	
4	A、B、C 三项工作，有 A 完成之后，B、C 才能开始	

续表

序　号	工作间的逻辑关系	单代号的表示方法
5	A、B、C 三项工作，C 工作只能在 A、B 完成之后开始	
6	A、B、C、D 四项工作，当 A、B 完成之后，C、D 才能开始	

2. 绘制单代号网络图的基本规则

同双代号网络图的绘制一样，绘制单代号网络图也必须遵循一定的逻辑规则。当违背了这些规则时，就可能出现逻辑关系混乱、无法判别各工作之间的直接后继关系；无法进行网络图的时间参数计算。这些基本规则主要是：

（1）在网络图的开始和结束增加虚拟的起点节点和终点节点。这是为了保证单代号网络计划有一个起点和一个终点，这也是单代号网络图所特有的。

（2）网络图中不允许出现循环回路。

（3）网络图中不允许出现有重复编号的工作，一个编号只能代表一项工作。

（4）在网络图中除起点节点和终点节点外，不允许出现其他没有内向箭线的工作节点和没有外向箭线的工作节点。

（5）为了计算方便，网络图的编号应是后继节点编号大于前导节点编号。

3. 单代号网络图的绘制

单代号网络图的绘制步骤与双代号网络图的绘制步骤基本相同，主要包括两部分：

（1）列出工作一览表及各工作的直接前导、后继工作名称，根据工程计划中各工作在工艺上、组织上的逻辑关系来确定其直接前导、后继工作名称。

（2）根据上述关系绘制网络图。先绘制草图，然后对一些不必要的交叉进行整理，给出简化网络图。在绘制之前，要先给出一个虚设的起点节点，网络图绘制最后要有一个虚设的终点节点。当然，在十分熟练的情况下，可以一次绘成。

3.3.4　单代号网络图时间参数的计算

1. 计算的公式与规定

（1）工作最早开始时间的计算应符合下列规定：

1）工作 i 的最早开始时间 ES_i 应从网络图的起点节点开始，顺着箭线方向依次逐个计算。

2）起点节点的最早开始时间 ES_1 如无规定时，其值等于零，即

$$ES_1 = 0（1 为起始节点）\tag{3-36}$$

$$ES_i = \max\{ES_h + D_h\}（i 为中间节点）\tag{3-37}$$

3）其他工作的最早开始时间 ES_i 应为

$$ES_i = \max\{ES_h + D_h\}\tag{3-38}$$

式中 ES_h——工作 i 的紧前工作 h 的最早开始时间；

   D_h——工作 i 的紧前工作 h 的持续时间。

（2）工作 i 的最早完成时间 EF_i 的计算应符合下式规定：

$$EF_i = ES_i + D_i \tag{3-39}$$

（3）网络计划计算工期 T_c 的计算应符合下式规定：

$$T_c = EF_n \tag{3-40}$$

式中 EF_n——终点节点 n 的最早完成时间。

（4）网络计划的计划工期 T_p 应按下列情况分别确定：

1）当已规定了要求工期 T_r 时

$$T_p \leqslant T_r \tag{3-41}$$

2）当未规定要求工期时

$$T_p = T_c \tag{3-42}$$

（5）相邻两项工作 i 和 j 之间的时间间隔 $LAG_{i,j}$ 的计算应符合下式规定：

$$LAG_{i,j} = ES_j - EF_i \tag{3-43}$$

式中 ES_j——工作 j 的最早开始时间。

（6）工作总时差的计算应符合下列规定：

1）工作 i 的总时差 TF_i 应从网络图的终点节点开始，逆着箭线方向依次逐项计算。当部分工作分期完成时，有关工作的总时差必须从分期完成的节点开始逆向逐项计算。

2）终点节点所代表的工作 n 的总时差 TF_n 值为零，即

$$TF_n = 0 \tag{3-44}$$

分期完成的工作的总时差值为零。

3）其他工作的总时差 TF_i 的计算应符合下式规定：

$$TF_i = \min\{LAG_{i,j} + TF_j\} \tag{3-45}$$

式中 TF_j——工作 i 的紧后工作 j 的总时差。

当已知各项工作的最迟完成时间 LF_i 或最迟开始时间 LS_i 时，工作的总时差 TF_i 计算也应符合下列规定：

$$TF_i = LS_i - ES_i \tag{3-46}$$

或

$$TF_i = LF_i - EF_i \tag{3-47}$$

（7）工作 i 的自由时差 FF_i 的计算应符合下列规定：

$$FF_i = \min\{LAG_{i,j}\} \tag{3-48}$$

$$FF_i = \min\{ES_j - EF_i\} \tag{3-49}$$

或符合下式规定：

$$FF_i = \min\{ES_j - ES_i - D_i\} \tag{3-50}$$

（8）工作最迟完成时间的计算应符合下列规定：

1）工作 i 的最迟完成时间 LF_i 应从网络图的终点节点开始，逆着箭线方向依次逐项计算。当部分工作分期完成时，有关工作的最迟完成时间应从分期完成的节点开始逆向逐项计算。

2）终点节点所代表的工作 n 的最迟完成时间 LF_n 应按网络计划的计划工期 T_p 确定，即

$$LF_n = T_p \qquad (3-51)$$

分期完成那项工作的最迟完成时间应等于分期完成的时刻。

3）其他工作 i 的最迟完成时间 LF_i 应为

$$LF_i = \min\{LF_j - D_j\} \qquad (3-52)$$

式中 LF_j——工作 i 的紧后工作 j 的最迟完成时间；

D_j——工作 i 的紧后工作 j 的持续时间。

（9）工作 i 的最迟开始时间 LS_i 的计算应符合下列规定：

$$LS_i = LF_i - D_i \qquad (3-53)$$

2. 计算示例

【例 3-3】 试计算如图 3-35 所示单代号网络计划的时间参数。

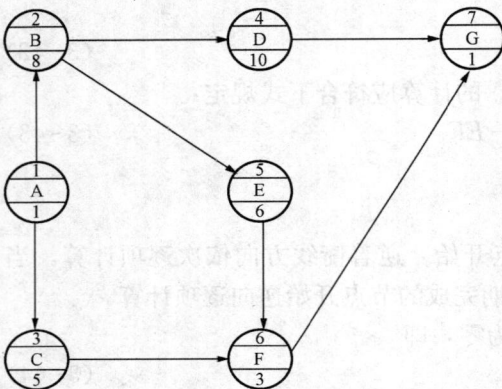

解 计算结果如图 3-36 所示。现对其计算方法说明如下：

（1）工作最早开始时间的计算。工作的最早开始时间从网络图的起点节点开始，顺着箭线方向自左至右，依次逐个计算。因起点节点的最早开始时间未作规定，故

$$ES_1 = 0 \qquad (3-54)$$

其后续工作的最早开始时间是其各紧前工作的最早开始时间与其持续时间之和，并取其最大值，其计算公式为

$$ES_i = \max\{ES_h + D_h\} \qquad (3-55)$$

由此得到

图 3-35 单代号网络计划

$$ES_2 = ES_1 + D_1 = 0 + 1 = 1$$
$$ES_3 = ES_1 + D_1 = 0 + 1 = 1$$
$$ES_4 = ES_2 + D_2 = 1 + 8 = 9$$
$$ES_5 = ES_2 + D_2 = 1 + 8 = 9$$
$$ES_6 = \max\{ES_3 + D_3, ES_5 + D_5\} = \max\{1 + 5, 9 + 6\} = 15$$
$$ES_7 = \max\{ES_4 + D_4, ES_6 + D_6\} = \max\{9 + 10, 15 + 3\} = 19$$

（2）工作最早完成时间的计算。每项工作的最早完成时间是该工作的最早开始时间与其持续时间之和，其计算公式为

$$EF_i = ES_i + D_i \qquad (3-56)$$

因此可得

$$EF_1 = ES_1 + D_1 = 0 + 1 = 1$$
$$EF_2 = ES_2 + D_2 = 1 + 8 = 9$$
$$EF_3 = ES_3 + D_3 = 1 + 5 = 6$$
$$EF_4 = ES_4 + D_4 = 9 + 10 = 19$$
$$EF_5 = ES_5 + D_5 = 9 + 6 = 15$$
$$EF_6 = ES_6 + D_6 = 15 + 3 = 18$$
$$EF_7 = ES_7 + D_7 = 19 + 1 = 20$$

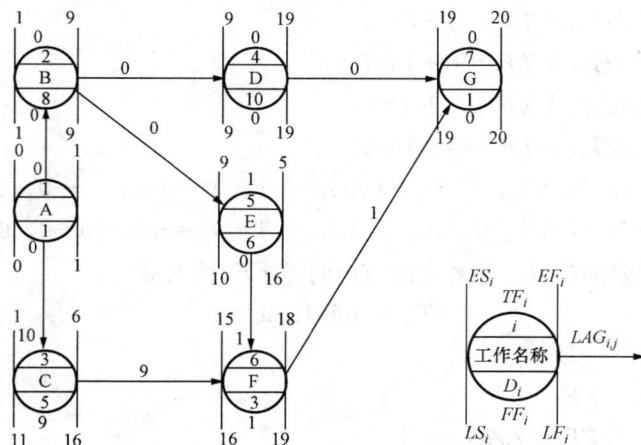

图 3-36　单代号网络计划的时间参数计算结果

（3）网络计划的计算工期。按公式 $T_c = EF_n$ 计算，由此得到

$$T_c = EF_7 = 20$$

（4）网络计划计划工期的确定。由于本计划没有要求工期，故 $T_p = T_c = 20$。

（5）相邻两项工作之间时间间隔的计算。相邻两项工作的时间间隔，是后项工作的最早开始时间与前项工作的最早完成时间的差值，它表示相邻两项工作之间有一段时间间歇，相邻两项工作 i 与 j 之间的时间间隔 $LAG_{i,j}$ 按公式 $LAG_{i,j} = ES_j - EF_i$ 计算。

因此可得到

$$LAG_{1,2} = ES_2 - EF_1 = 1 - 1 = 0$$
$$LAG_{1,3} = ES_3 - EF_1 = 1 - 1 = 0$$
$$LAG_{2,4} = ES_4 - EF_2 = 9 - 9 = 0$$
$$LAG_{2,5} = ES_5 - EF_2 = 9 - 9 = 0$$
$$LAG_{3,6} = ES_6 - EF_3 = 15 - 6 = 9$$
$$LAG_{5,6} = ES_6 - EF_5 = 15 - 15 = 0$$
$$LAG_{4,7} = ES_7 - EF_4 = 19 - 19 = 0$$
$$LAG_{6,7} = ES_7 - EF_6 = 19 - 18 = 1$$

（6）工作总时差的计算。每项工作的总时差，是该项工作在不影响计划工期前提下所具有的机动时间。它的计算应从网络图的终点节点开始，逆着箭线方向依次计算。终点节点所代表的工作的总时差 TF_n 值，由于本例没有给出规定工期，故应为零，即：$TF_n = 0$，故 $TF_7 = 0$。

其他工作的总时差 TF_i 可按公式计算。

当已知各项工作的最迟完成时间 LF_i 或最迟开始时间 LS_i 时，工作的总时差 TF_i 也可按公式 $TF_i = LS_i - ES_i$ 或公式 $TF_i = LF_i - EF_i$ 计算。

按公式

$$TF_i = \min\{LAG_{i,j} + TF_j\} \tag{3-57}$$

计算的结果是

$$TF_6 = LAG_{6,7} + TF_7 = 1 + 0 = 1$$
$$TF_5 = LAG_{5,6} + TF_6 = 0 + 1 = 1$$
$$TF_4 = LAG_{4,7} + TF_7 = 0 + 0 = 0$$
$$TF_3 = LAG_{3,6} + TF_6 = 9 + 1 = 10$$
$$TF_2 = \min\{LAG_{2,4} + TF_4, \ LAG_{2,5} + TF_5\} = \min\{0+0, \ 0+1\} = 0$$
$$TF_1 = \min\{LAG_{1,2} + TF_2, \ LAG_{1,3} + TF_3\} = \min\{0+0, \ 0+10\} = 0$$

（7）工作自由时差的计算。工作 i 的自由时差 FF_i 由公式

$$FF_i = \min\{LAG_{i,j}\} \tag{3-58}$$

可算得

$$FF_7 = 0$$
$$FF_6 = LAG_{6,7} = 1$$
$$FF_5 = LAG_{5,6} = 0$$
$$FF_4 = LAG_{4,7} = 0$$
$$FF_3 = LAG_{3,6} = 9$$
$$FF_2 = \min\{LAG_{2,4}, \ LAG_{2,5}\} = \min\{0, \ 0\} = 0$$
$$FF_1 = \min\{LAG_{1,2}, \ LAG_{1,3}\} = \min\{0, \ 0\} = 0$$

（8）工作最迟完成时间的计算。工作 i 的最迟完成时间 LF_i 应从网络图的终点节点开始，逆着箭线方向依次逐项计算。终点节点 n 所代表的工作的最迟完成时间 LF_n，应按公式 $LF_n = T_p$ 计算：

$$LF_7 = T_p = 20$$

其他工作 i 的最迟完成时间 LF_i 按公式

$$LF_i = \min\{LF_j - D_j\} \tag{3-59}$$

计算得到

$$LF_6 = LF_7 - D_7 = 20 - 1 = 19$$
$$LF_5 = LF_6 - D_6 = 19 - 3 = 16$$
$$LF_4 = LF_7 - D_7 = 20 - 1 = 19$$
$$LF_3 = LF_6 - D_6 = 19 - 3 = 16$$
$$LF_2 = \min\{LF_4 - D_4, LF_5 - D_5\} = \min\{19 - 10, 16 - 6\} = 9$$
$$LF_1 = \min\{LF_2 - D_2, LF_3 - D_3\} = \min\{9 - 8, 16 - 5\} = 1$$

（9）工作最迟开始时间的计算。工作 i 的最迟开始时间 LS_i 按公式 $LS_i = LF_i - D_i$ 进行计算，因此可得：

$$LS_7 = LF_7 - D_7 = 20 - 1 = 19$$
$$LS_6 = LF_6 - D_6 = 19 - 3 = 16$$
$$LS_5 = LF_5 - D_5 = 16 - 6 = 10$$
$$LS_4 = LF_4 - D_4 = 19 - 10 = 9$$
$$LS_3 = LF_3 - D_3 = 16 - 5 = 11$$
$$LS_2 = LF_2 - D_2 = 9 - 8 = 1$$
$$LS_1 = LF_1 - D_1 = 1 - 1 = 0$$

3. 关键工作和关键线路的确定

（1）关键工作的确定。网络计划中机动时间最少的工作称为关键工作，因此，网络计划中工作总时差最小的工作也就是关键工作。在计划工期等于计算工期时，总时差为零的工作就是关键工作。当计划工期小于计算工期时，关键工作的总时差为负值，说明应采取更多措施以缩短计算工期。当计划工期大于计算工期时，关键工作的总时差为正值，说明计划已留有余地，进度控制就比较主动。

（2）关键线路的确定。网络计划中自始至终全由关键工作组成的线路称为关键线路。在肯定型网络计划中是指线路上工作总持续时间最长的线路。关键线路在网络图中宜用粗线、双线或彩色线标注。

单代号网络计划中将相邻两项关键工作之间的间隔时间为 0 的关键工作连接起来而形成的自起点节点到终点节点的通路就是关键线路。因此，上例中的关键线路是 1-2-4-7。

3.3.5　单代号搭接网络图

1. 概念

单代号搭接网络计划是综合单代号网络图与搭接施工的原理使二者有机结合起来应用的一种网络计划表示方法。在前面所述的网络计划技术中，组成网络计划的各项工作之间的连接关系是任何一项工作在它的紧前工作全部结束后才能开始。但是，在实际工作中，并不都是如此。在建筑工程施工中，为了缩短工期，许多工作采用平行搭接的方式进行。例如钢筋混凝土预制柱有三道施工过程：支模板、绑扎钢筋和浇混凝土。当分三个施工段施工时，各施工段之间的工作搭接，若用普通网络来表示，必须使用虚箭杆才能严格表示它们的逻辑关系，如图 3-37 所示。

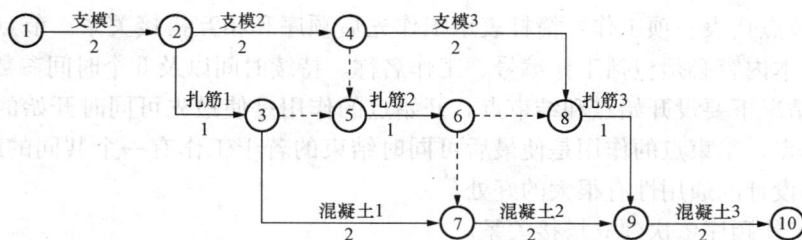

图 3-37　钢筋混凝土预制桩网络计划

当施工段和施工过程较多时，虚箭杆也相应多了，这不仅增加了绘图和计算工作量。还会使画面复杂，不易被人们理解和掌握。近十多年来，国外陆续出现了一些能够反映各种搭接关系的网络计划技术，它能更好地表达建筑施工组织的特点。以上面的钢筋混凝土预制柱为例，其横道图和单代号搭接网络图如图 3-38 和图 3-39 所示。

图 3-39 表示该钢筋混凝土预制桩工程分为三个施工段施工，木模开始 2 天后可以进行第一段的钢筋绑扎，但它比木模晚 1 天结束；当钢筋绑扎 1 天后就可以开始浇捣第一段的混凝土，浇捣混凝土要比绑扎晚 2 天结束。由于绑扎钢筋的时间只需 3 天，比木模的施工时间短，因此，扎钢筋工序可以根据实际情况，做连续安排或间断安排。

2. 表达方式

（1）单代号搭接网络图属工作节点网络图，它的绘图要点和逻辑规则可概括为：

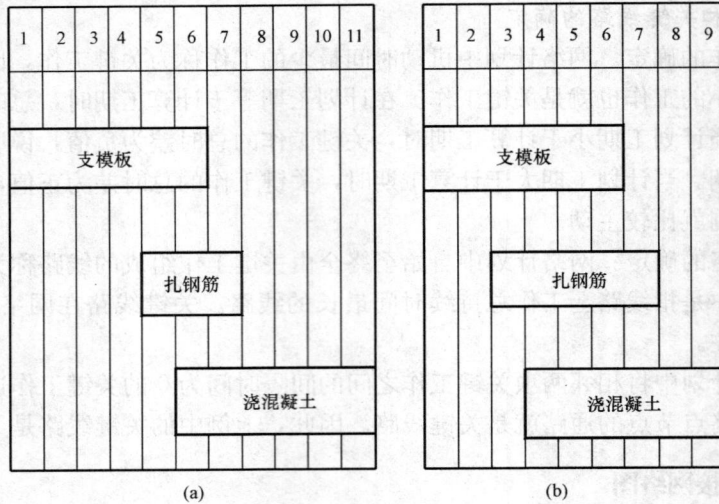

图 3-38 钢筋混凝土预制桩工程网络计划

(a) 工作连续；(b) 工作间断

图 3-39 钢筋混凝土预制桩单代号搭接网络计划图

1）一个节点代表一项工作，箭杆表示工作先后顺序和相互搭接关系。节点可以用不同的形式，但基本内容必须包括工作编号、工作名称、持续时间以及 6 个时间参数。

2）一般情况下要设开始点和结束点。开始点的作用是使最先可同时开始的若干工作有一个共同的起点；结束点的作用是使最后可同时结束的若干工作有一个共同的终点。这样，对计算机程序设计的通用性有很大的好处。

3）根据工作顺序依次建立搭接关系。

4）不能出现闭合回路。

5）每项工作的开始都须和开始点建立直接或间接的关系。

6）每项工作的结束都必须和结束点建立直接或间接的关系。

（2）单代号搭接网络图基本的搭接关系有五种：

1）结束到开始的关系（FTS）：两项工作之间的关系通过前项工作结束到后项工作开始之间的时距（LT）来表达。当时距为零时，表示两项工作之间没有间歇。这就是普通网络图中的逻辑关系。

2）开始到开始的关系（STS）：前后两项工作关系用其相继开始的时距 LT_i 来表达。就是说，前项工作 i 开始后，要经过 LT_i 时间后，后面 j 工作才能进行。

3）结束到结束的关系（FTF）：两项工作之间的关系用前后工作相继结束的时距 LT_i 来表示。就是说，前项工作 i 结束后，经过 LT_i 时间，后项工作 j 才能结束。

4）开始到结束的关系（STF）：两项工作之间的关系用前项工作开始到后项工作的结束

之间的时距 LT_i 和 LT_j 来表达。就是说，后项工作 j 的最后一部分，它的延续时间 LT_j 要在前项工作 i 开始进行到 LT_i 时间后，才能接着进行。

5）混合搭接关系：当两项工作之间同时存在上述四种基本关系中的两种关系时，这种具有双重约束的关系，叫做"混合搭接关系"。除了常见的 STS 和 FTF 外、还有 STS 和 STF 以及 FTF 和 FTS 两种混合搭接关系。

五种基本搭接关系的表达方法见表 3-4。

表 3-4 单代号搭接网络图基本搭接表达方法

搭接关系	横道图	时距参数	单代号搭接网络图	实　例
FTS		LT		混凝土浇捣完后 7 天砌墙
STF		LT_i		地坪混凝土浇捣开始 3 天后抹面
FTF		LT_j		女儿墙砌完后 7 天，屋面防水层完工
STF		LT_i, LT_j		扎钢筋 2 天后，输电线管再进行 3 天完工
混合（以 STS 和 FTF 为例）		LT_i, LT_j		基础挖土 3 天后，开始浇混凝土垫层，挖土结束后 2 天，混凝土垫层结束

【例 3-4】 某工程有 A、B、C、D、E、F、G 七项工作，其逻辑及搭接关系见表 3-5，绘制单代号搭接网络计划图，结果如图 3-40 所示。

表 3-5 逻辑关系及搭接关系

工作名称	紧前工作	搭接关系	作业时间
A	开始	一般搭接	6
B	A	$STS=2$	7
C	A	$STS=7$	10

工作名称	紧前工作	搭接关系	作业时间
D	A	一般搭接	10
	B	$FTS=3$	
E	B	$FTF=10$	15
F	C	$FTF=15$	20
G	D	$FTF=2STS=3$	10
	E	一般搭接	
	F	$STS=2$	

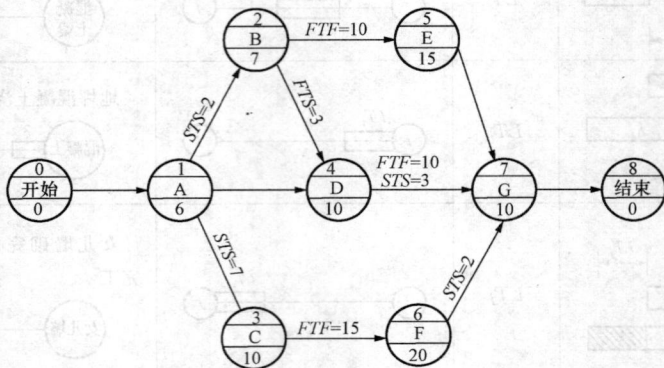

图 3-40 某分部工程单代号搭接网络计划图

3.4 网络计划的编制与应用

3.4.1 网络计划的编制步骤

大型工程在施工前一定要做好施工组织设计，根据组织施工的原则和实际条件，从整个建筑物施工全局出发，选择最有效的施工方案和方法，这是大家所熟知的。

网络计划是用网络图代替横道图在施工方案已确定的基础上来安排施工进度计划的。网络图编制施工进度计划与横道图相比，有相同之处，也有其特殊性。

（1）熟悉图纸、调查研究、分析情况。与制定横道图的计划一样，计划编制前需全面熟悉和审查图纸，与设计单位和建设单位联系，了解设计意图和主要构造；摸清工程有关的自然、技术、经济条件；充分估计劳动力、材料及机械设备使用和供应的情况；了解上级单位的指示及协作单位的情况；做好资料的收集工作。

（2）确定施工方案。网络图是表达计划安排的一种方法，是由施工方法所决定的。因此只有某项工程在一定的自然条件、物资条件、技术条件下用什么方法施工确定以后，才可着手编制网络计划。

（3）确定工作项目。网络图中工作项目划分的粗细程度，是根据网络图的用途而定的。一般来说，供领导掌握使用的网络图，工作项目可划分得粗些，图面简单，便于抓住关键。

而在工地上供基层管理人员及工人班组使用的网络图，项目要划分得细一些，便于施工。也可以做分部、分项的网络图，按分部工程或施工阶段编制网络计划。

（4）确定施工顺序。确定施工顺序对编制进度计划来说是关键。根据施工方案和多年的施工经验及各项工作之间在工艺上组织上的制约关系，确定工程各施工项目的先后顺序。

（5）计算各项工作的持续时间。首先要根据图纸计算出每项工作的工作量，如果分层分段施工，则工程量的计算也分层分段来算。然后根据定额查出某项工作所需工时数，再根据劳动力安排情况，确定工作天数，即该工作的持续时间。

（6）制定工作项目一览表。以上项目可以汇总成表，以便于画图，见表 3-6。表中工作项目一项，一定要按施工先后顺序填写。第四栏可以是紧前工作，也可以填紧后工作，根据施工顺序来填写，目的是确定网络计划中工作之间的制约关系。表中的工作编号，可以在绘制网络图以后按照编号的要求统一编注和填写。

表 3-6　　　　　　　　　　　　　　　工作项目一览表

工作编号		工作项目	紧前工作	工程量		产量定额	劳动量		劳动力安排		作业班数	机械需要量		工作持续时间
箭尾编号	箭头编号			单位	数量		工日	台班	专业名称	每班工人数		名称	数量	
1	2	3	4	5	6	7	8	9	10	11	12	13	14	15

（7）绘制网络计划的初始方案。具备上述条件以后，就可以着手绘制网络图，一般先绘制草图，重点应放在工作之间的逻辑关系上，并要全面地正确地反映各项工作之间的顺序关系。然后再绘制正式的初始方案，要求网络布局整齐、清晰、美观。最后在图上填入节点编号、工作名称及持续时间。

（8）计算网络计划时间参数。

（9）调整与优化网络计划。

（10）绘制正式网络计划。

3.4.2　施工网络图的排列方法

为了使网络计划更条理化和形象化，在绘网络图时应根据不同的工程情况、不同的施工组织方法及使用要求等，灵活选用排列方法，以便简化层次，使各项工作之间在工艺上及组织上的逻辑关系准确清晰，便于施工组织者和施工人员掌握，也便于计算和调整。

（1）混合排列。这种排列方法可以使网络图形看起来对称美观，但在同一水平方向既有不同工种的作业，也有不同施工段的作业，如图 3-41 所示，一般用于画较简单的网络图。

（2）按流水段排列。这种排列方法是把同一施工段的作业排在同一水平线上，能够反映出建筑工程分段施工的特点，突出表示工作面的利用情况，如图 3-42 所示。这是建筑工地习惯使用的一种表达方式。

（3）按工种排列。这种排列方法是把相同工种的工作排在同一条水平线上，能够突出不同工种的工作情况，如图 3-43 所示，是建筑工地上常用的一种表达方式。

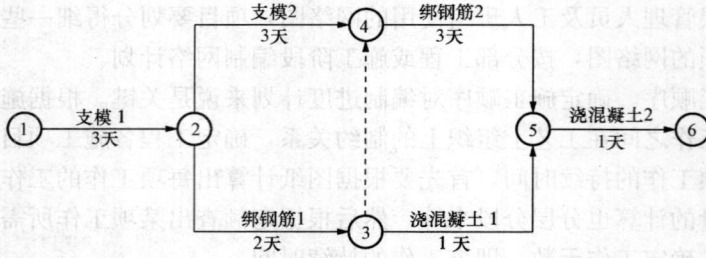

图 3-41　混合排列

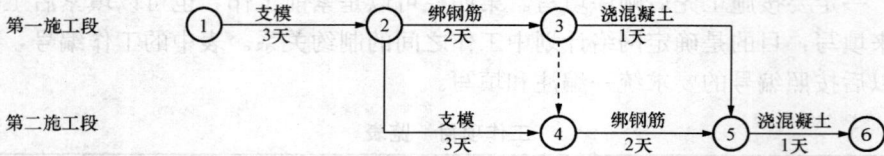

图 3-42　按流水段排列

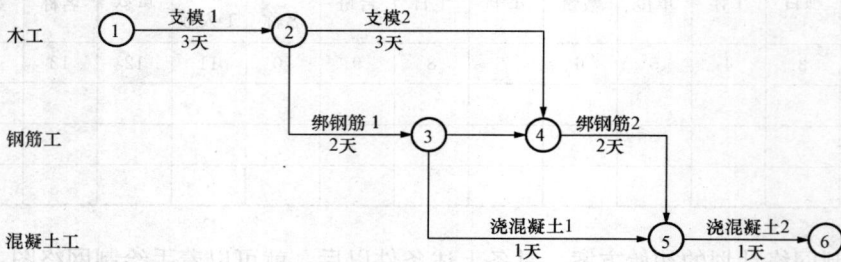

图 3-43　按工种排列

（4）按楼层排列。图 3-44 是一个一般内装修工程的三项工作按楼层由上到下进行的施工网络计划。在分段施工中，当若干项工作沿着建筑物的楼层展开时，其网络计划一般都可以按楼层排列。

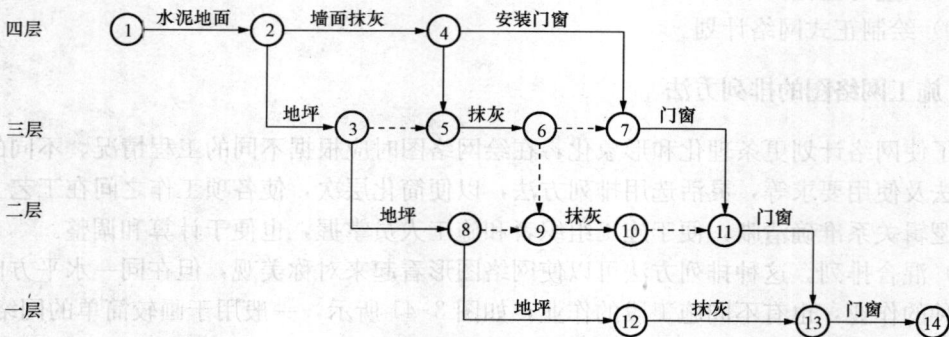

图 3-44　按楼层排列

（5）按施工专业或单位排列。有许多施工单位参加完成一项单位工程的施工任务时，为了便于各施工单位对自己负责的部分有更直观的了解，而将网络计划按施工单位排列，如图 3-45 所示。

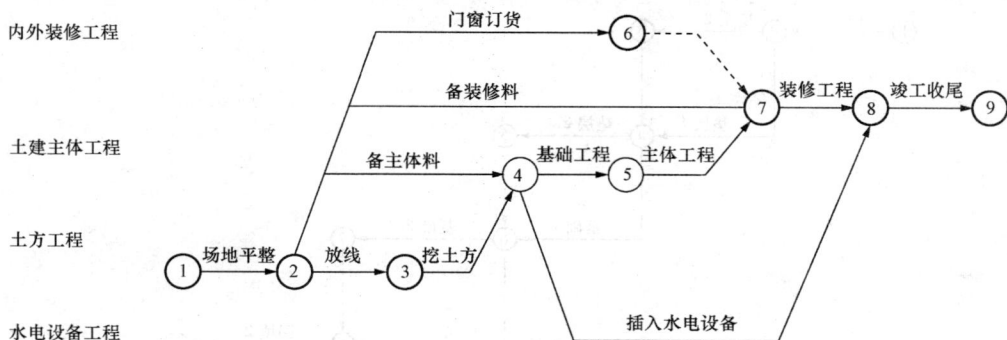

图 3-45 按施工专业排列

3.4.3 网络计划应用实例

网络计划的应用根据工程对象不同分为分部工程网络计划、单位工程网络计划、群体工程网络计划。若根据综合应用原理不同可分为时间坐标网络计划、单代号搭接网络计划、流水网络计划。

(1) 网络计划在不同工程对象中的应用。无论是分部工程和单位工程以及群体工程网络计划，其编制步骤一般是：

1) 确定施工方案或施工方法。

2) 开列施工过程或单项工程。

3) 计算各施工过程或单项工程的劳动量、持续时间、机械台班。

4) 绘制网络计划图并调整。

5) 计算时间参数及优化。

(2) 分部工程网络计划。在编制分部工程网络计划时，既要考虑各施工过程之间的工艺关系，又要考虑组织施工中它们之间的组织关系。只有考虑这些逻辑关系后，才能正确构成施工网络计划。如图 3-46 所示为某工程的基础、装饰分部工程的施工网络计划。

(3) 单位工程网络计划。编制单位工程网络计划时，首先熟悉图纸，对工程对象进行分析，了解建设要求和现场施工条件。选择施工方案，确定合理的施工顺序和主要施工方法，根据各施工过程之间的逻辑关系，绘制网络图。其次，分析各施工过程在网络图中的地位，通过计算时间参数，确定关键施工过程、关键线路与非关键工作的机动时间。最后，统筹考虑，调整计划，制订出最优的计划方案。

【例 3-5】 某五层教学楼，框架结构，建筑面积 2500m²，平面形状一字形，钢筋混凝土条形基础。主体为现浇框架结构。围护墙为空心砖砌筑。室内底层地面为缸砖，标准层地面为水泥砂浆地面，内墙、顶棚为中级抹灰，面层为涂料，外墙镶贴面砖。屋面用柔性防水。

本工程的基础、主体均分为三段施工，屋面不分段，内装修每层为一段，外装修自上而下一次完成。其劳动量见表 3-7，该工程的网络计划如图 3-47 所示。

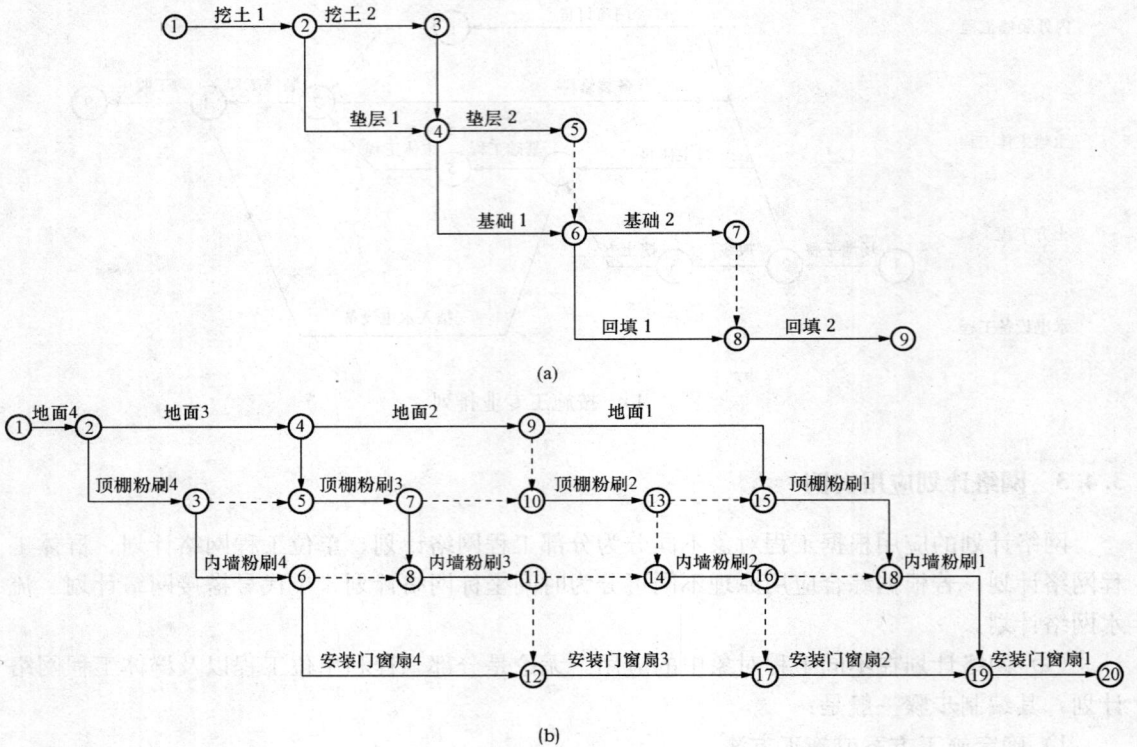

挖土1　挖土2

垫层1　垫层2

基础1　基础2

回填1　回填2

(a)

地面4　地面3　地面2　地面1

顶棚粉刷4　顶棚粉刷3　顶棚粉刷2　顶棚粉刷1

内墙粉刷4　内墙粉刷3　内墙粉刷2　内墙粉刷1

安装门窗扇4　安装门窗扇3　安装门窗扇2　安装门窗扇1

(b)

图 3-46　施工段按水平方向排列

(a) 基础分部工程网络计划；(b) 装饰分部工程网络计划

表 3-7　　　　　　　　　　　　　　　劳动量一览表

序号	分部分项名称	劳动量		工作持续天数	每天工作班数	每班工人数
		单位	数量			
一	基础工程					
1	基础挖土	工日	300	15	1	20
2	基础垫层	工日	45	3	1	15
3	基础现浇混凝土	工日	567	18	1	30
4	基础墙（素混凝土）	工日	90	6	1	15
5	基础及地坪回填土	工日	120	6	1	20
二	主体工程					
1	柱筋	工日	178	4.5	1	8
2	柱、梁、板模板（含梯）	工日	2085	21	1	20
3	柱混凝土	工日	445	3	1.5	20
4	梁板筋（含梯）	工日	450	7.5	1	12
5	梁板混凝土（含梯）	工日	1125	3	3	20
6	砌墙	工日	2595	25.5	1	25
7	拆模	工日	671	10.5		20
8	搭架子	工日	360			6
三	屋面工程					
1	屋面防水	工日	105	7.5	1	15

续表

序号	分部分项名称	劳动量		工作持续天数	每天工作班数	每班工人数
		单位	数量			
2	屋面隔热	工日	240	12	1	20
四	装饰工程					
1	外墙粉刷	工日	450	15	1	30
2	安装门窗扇	工日	60	5	1	12
3	顶棚粉刷	工日	300	10	1	30
4	内墙粉刷	工日	600	20	2	30
5	楼地面、楼梯、扶手粉刷	工日	450	15	1	30
6	106 涂料	工日	50	5	1	10
7	油漆、玻璃	工日	70	7.5	1	10
8	水电安装	工日		3	1	10
9	拆脚手架、拆井架	工日		2	1	6
10	扫尾	工日			1	

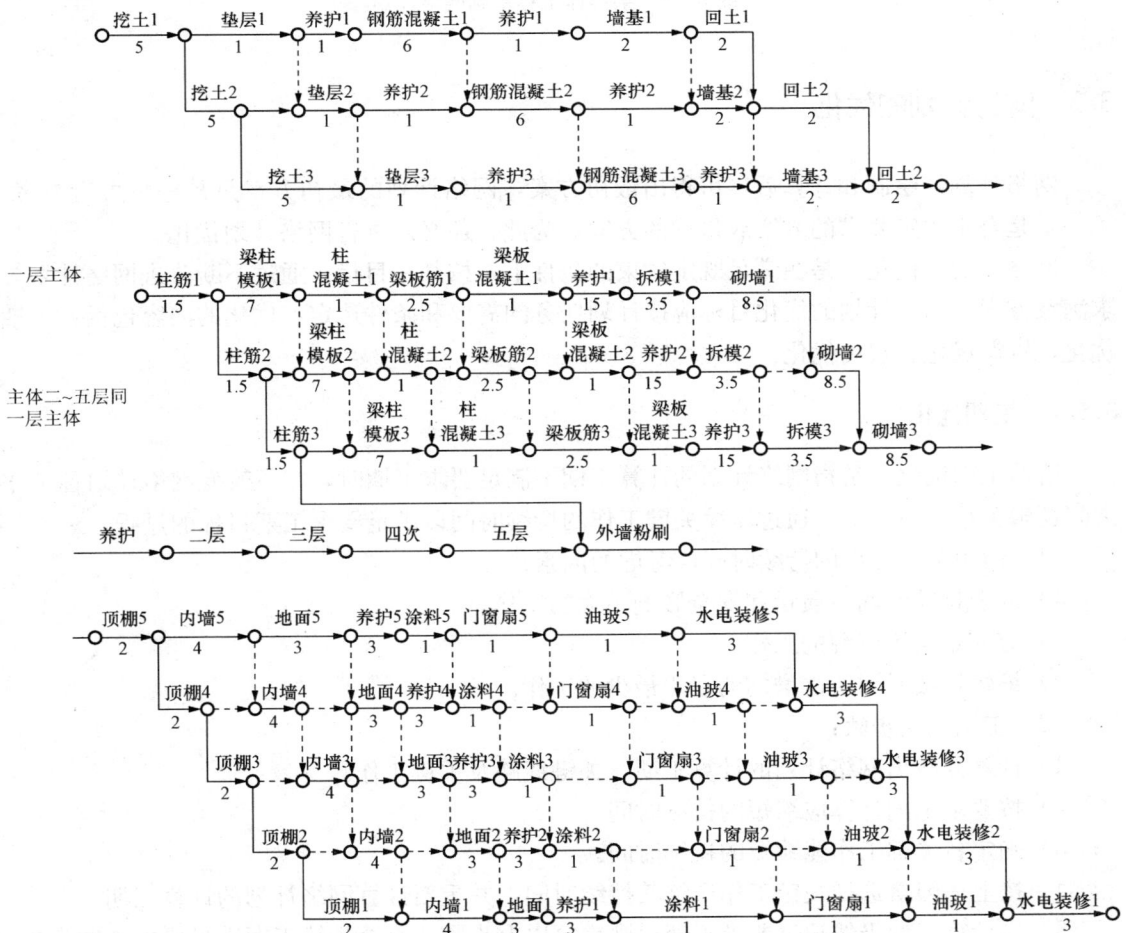

图 3-47　某单位工程施工网络计划

（4）群体工程网络计划。对于建筑群体工程，采用网络编制计划时，其步骤同单位工程的网络计划一样，但须把每一幢视为一个施工段。

【例 3-6】某小区有三幢相同的住宅楼，每幢的基础的工艺流程为：挖土（5 天）→垫层（3 天）→养护（5 天）→钢筋混凝土基础（6 天）→养护（1 天）→素混凝土墙基（2 天）→回填土（1 天）。

三幢住宅楼的基础网络计划如图 3-48 所示。

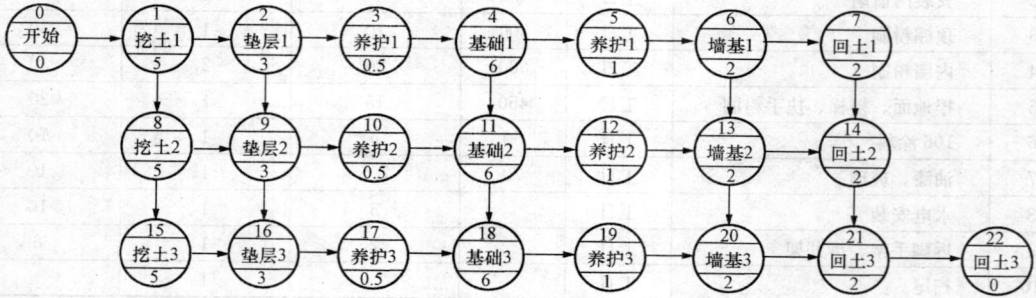

图 3-48 某群体工程基础网络计划

3.5 网络计划的优化

网络计划经绘制和计算后，可得出最初方案。网络计划的最初方案只是一种可行方案，不一定是合乎规定要求的方案或最优的方案。为此，还必须进行网络计划优化。

网络计划的优化，是在满足既定约束的条件下，按某一目标，通过不断改进网络计划寻求满意方案。网络计划的优化目标应按计划任务的需要和条件选定，优化的内容包括：工期优化、资源优化、费用优化。

3.5.1 工期优化

所谓工期优化，是指网络计划的计算工期不满足要求工期时，在不改变网络计划各工作之间逻辑关系的前提下，通过压缩关键工作的持续时间以满足要求工期目标的过程。

（1）缩短关键工作的持续时间应考虑的因素：

1）缩短持续时间对质量和安全影响不大的工作。

2）有充足备用资源的工作。

3）缩短持续时间所需增加的费用最少的工作。

（2）工期优化步骤：

1）计算并找出网络计划的计算工期、关键线路及关键工作。

2）按要求工期计算应缩短的持续时间。

3）确定各关键工作能缩短的持续时间。

4）按上述因素选择关键工作压其持续时间，并重新计算网络计划的计算工期。

5）当计算工期仍然超过要求工期时则重复以上步骤，直至计算工期满足要求工期为止。

6）当所有关键工作的持续时间都已达到期能缩短的极限而工期仍不能满足要求时，应对原组织方案进行调整或对要求工期重新审定。

【例 3-7】 某网络计划如图 3-49 所示，图中括号内数据为工作最短持续时间，假定要求工期为 100 天，优化的步骤如下：

第一步，用工作正常持续时间计算节点的最早时间和最迟时间以找出网络计划的关键工作及关键线路（也可用标号法确定）。如图 3-50 所示。其中关键线路用双箭线表示，为①→③→④→⑥，关键工作为 1—3，3—4，4—6。

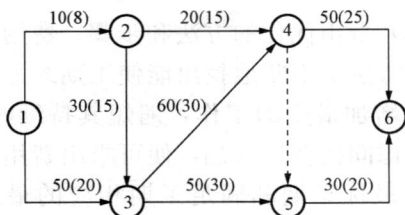

图 3-49 某网络计划

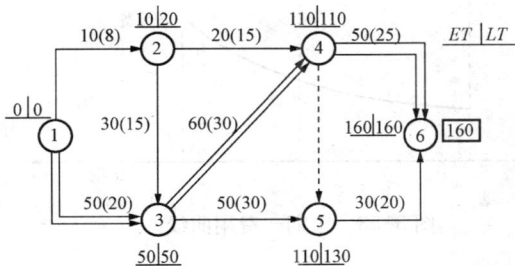

图 3-50 某网络计划的节点时间

第二步，计算需缩短时间。根据图 3-50 所计算的工期需要缩短时间 60 天。根据图 3-49 中的数据，关键工作 1—3 可压缩 30 天；关键工作 3—4 可压缩 30 天；关键工作 4—6 可压缩 25 天。这样，原关键线路总计可压缩的工期为 85 天。由于只需压缩 60 天，且考虑到前述原则，因缩短工作 4—6 增加劳动力较多，故仅压缩 10 天，另外两项工作则分别压缩 20 天和 30 天，重新计算网络计划工期如图 3-51 所示，图中标出了新的关键线路，工期为 120 天。

第三步，一次压缩后不能满足工期要求，再作第二次压缩。

按要求工期尚需压缩 20 天，仍根据前述原则，选择工作 2—3，3—5 较宜。用最短工作持续时间置换工作 2—3 和工作 3—5 的正常持续时间，重新计算网络计划，如图 3-52 所示。对其进行计算，可知已满足工期要求。

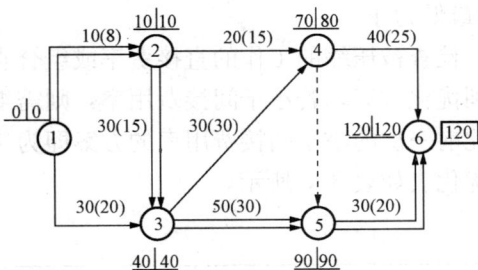

图 3-51 某网络计划第一次调整结果

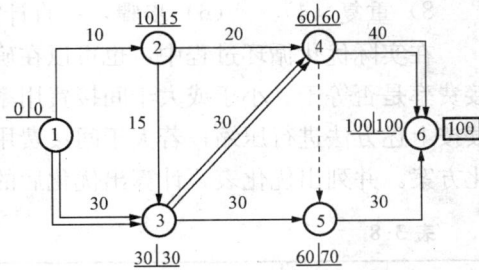

图 3-52 优化后的某网络计划

3.5.2 费用优化

费用优化又称为时间成本优化，是寻求最低成本时的最优工期安排，或按要求工期寻求最低成本的计划安排过程。在网络计划中，工期与费用的均衡是一个重要的问题，如何计划以较短的工期和最少的费用完成，就必须研究时间和费用的关系，以寻求与最低费用相对应的最优工期方案或者按要求工期寻求最低费用的优化压缩方案。

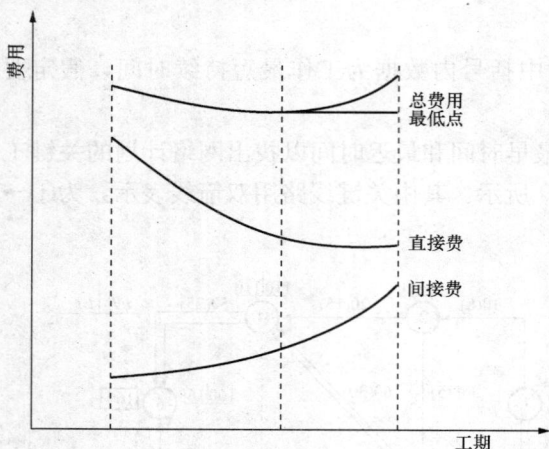

图 3-53　工期—费用曲线

（1）工期与费用的关系。工程项目的总费用由直接费用和间接费用组成。缩短工期会引起直接费用的增加和间接费用的减少，延长工期会引起直接费用的减少和间接费用的增加。工期与费用的关系如图 3-53 所示。费用优化寻求的目标是直接费用和间接费用总和（工程总费用）最小时的工期，即最优工期。

（2）费用优化的方法和步骤。费用优化的基本方法是不断地找出能使工期缩短且直接费用增加最少的工作，缩短其持续时间，同时考虑间接费用增加，便可求出费用最低相应的最优工期和满足工期相应的最低费用。费用优化可按下列步骤进行：

1）按工作的正常持续时间计算工程总直接费。工程总直接费等于组成该工程的全部工作的直接费之和。

2）计算各项工作的直接费率。

3）找出网络计划中的关键线路并求出计算工期。

4）在网络计划中找出费率（或组合费率）最低的一项关键工作或一组关键工作，作为缩短持续时间的对象。

5）缩短找出的关键工作的持续时间，其缩短值必须符合不能压缩成非关键工作和其持续时间不小于最短持续时间的原则。

6）计算相应增加的总费用 C_i。

7）考虑工期变化带来的间接费用及其他损益，在此基础上计算总费用。

8）重复（4）～（6）步骤，一直计算到总费用最低为止。

在实际优化循环过程中，也可以在确定方案后，检查被压缩的工作的直接费率或组合直接费率是否等于、小于或大于间接费用率，就可得到优化方案；若小于间接费用率，则需继续按上述方法进行压缩；若大于间接费用率，则在此前一次的小于间接费用率的方案即为优化方案。并列出优化表，计算出优化后的总费用。优化表如表 3-8 所示。

表 3-8　　　　　　　　　　　　　　　　优 化 表

压缩次数	被缩工作代号	被缩工作名称	直接费用率或组合直接费率	*费率差（正或负）	缩短时间	费用变化（正或负）	工期	优化点
①	②	③	④	⑤	⑥	⑦＝⑤×⑥	⑧	⑨

*费率差＝（直接费率或组合直接费率－间接费率）。

优化后的工程总费用＝初始网络计划的总费用－费用变化合计的绝对值。

下面结合实例说明费用优化的计算步骤。

【例3-8】 图3-54所示初始网络计划的工期比指令工期长6天，请进行合理压缩，使满足指令工期的要求，而增加费用最省。

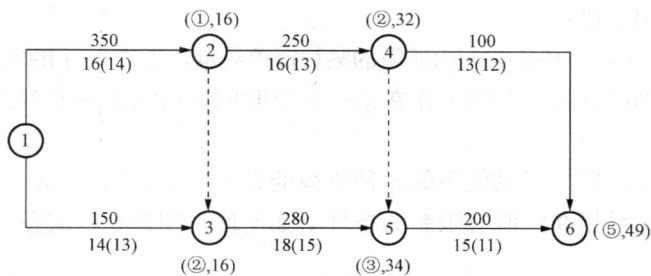

图 3-54 初始网络图

解 （1）计算时间参数，找关键线路：1-2-3-5-6。

（2）压缩关键工作5-6，$\Delta C = 200$ 天

压缩时间：$\Delta t_1 = 15$ 天 -11 天 $= 4$ 天

增加费用：$\Delta s_1 = 200 \times 4$ 元 $= 800$ 元

（3）此时关键线路有两条：1-2-3-5-6 和 1-2-4-6。

压缩费率最小的工作组，即1-2，$\Delta C = 350$ 天

压缩时间：$\Delta t_2 = 16$ 天 -14 天 $= 2$ 天

增加费用：$\Delta s_2 = 350 \times 2$ 元 $= 700$ 元

此时，工期压缩6天已完成，共增加费用

$S = \Delta s_1 + \Delta s_2 = 800$ 元 $+ 700$ 元 $= 1500$ 元

调整后的网络图见图3-55。

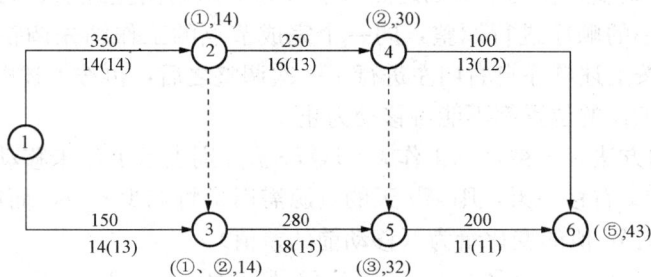

图 3-55 调整后的网络图

3.5.3 资源优化

资源是指为完成任务所需的人力、材料、机械设备和资金等的通称。一项工程任务的完成，所需资源量基本是不变的，不可能通过资源优化将其减少。但在许多情况下，由于受多种因素的制约，在一定时间内资源供应过分集中而造成现场拥挤，使管理变得复杂，而且还会增加二次搬运费和暂时工程量，造成工程的直接费和间接费的增加等不必要的经济损失。因此，就需要根据工期要求和资源的供需情况对网络计划进行调整，通过改变某些工作的开始和完成时间，使资源按时间的分布符合优化目标。

通常，资源优化有两种不同目标：一种是在资源供应有限制的条件下，寻求工期最短的计划方案，称为"资源有限，工期最短"；另一种是在工期不变的情况下，力求资源消耗均衡，称为"工期固定，资源均衡"优化。

资源优化中常用术语：

资源强度：一项工作在单位时间内所需的某种资源数量。工作 $i-j$ 的资源强度用 r_{i-j} 表示。

资源需用量：网络计划中各项工作在某一单位时间内所需某种资源数量之和，第 t 天资源需用量用 R_t 表示。

资源限量：单位时间内可供使用的某种资源的最大数量，用 R_a 表示。

工期—资源优化是指在资源有限制的条件下如何使工期最短，或在工期规定的条件下如何使资源均衡。

优化方法：利用时差，平衡各项工作对资源的要求。

(1) 均衡施工的意义和指标。均衡施工可以使各种资源的动态曲线尽可能不出现短时期高峰或低谷，因而可大大减少施工现场各种临时设施的规模，从而节省施工费用。均衡施工的指标一般用不均衡系数 K 表示：

$$K = \frac{R_{\max}}{R_m} \tag{3-60}$$

式中 $R_{\max}$——最大的资源需用量；

R_m——资源需用量的平均值。

K 值愈小，资源均衡性愈好（<1.5 最好）。

(2) 优化步骤

1) 确定关键线路及非关键工作的总时差。资源均衡优化应在时标网络计划上进行，为了满足工期固定的条件，在优化过程中不考虑关键工作的调整。

2) 调整顺序。调整宜自网络计划终点节点开始，从右向左逐次进行。按工作的完成节点的编号值从大到小的顺序进行调整，同一个完成节点的工作则先调整开始时间较迟的工作。在所有工作都按上述顺序自右向左进行了一次调整之后，再按上述顺序自右向左进行多次调整，直至所有工作的位置都不能再移动为止。

3) 调整移动的方法。设被移动工作 $k-1$，i、j 分别表示工作未移动前开始和完成的那一天。若该工作 $k-1$ 右移一天，则第 i 天的资源需用量将减少 r_{k-1}，而第 $j+1$ 天的资源需用量将增加 r_{k-1}，则 W 值的变化量为（移动前的差值）

$$\Delta W = \left[(R_i - r_{k-1})^2 + (R_{j+1} + r_{k-1})^2\right] - (R_i^2 + R_{j+1}^2) = 2r_{k-1}(R_{j+1} - R_i + r_{k-1})$$

式中 r_{k-1}——工作 $k-1$ 的资源数；

R_i——工作 $k-1$ 开始时间时网络图资源数；

R_{j+1}——工作 $k-1$ 完成时间时网络图资源数。

设 $\Delta W' = R_{j+1} - (R_i - r_{k-1}) < 0$，可将工作 $k-1$ 后移一天，多次重复至不能移动（即 $\Delta W' > 0$）为止。

如果 $\Delta W' > 0$，则

$$R_{j+1} + r_{k-1} \leqslant R_i \tag{3-61}$$

此时，还要考虑右移多天（在总时差允许范围内），计算该天（K）至以后各天的 $\Delta W'$ 的累计值：

$$\sum \Delta W' = \Delta W'_k + \Delta W'_{k+1} + \cdots$$

如果 $\sum \Delta W' \leqslant 0$，将工作右移至该天。

工作 $k-1$ 后移后，在继续后移其他工作。

【例 3-9】 已知网络计划如图 3-56 所示，图中箭线上方为资源强度，箭线下方为持续时间，网络计划下方为资源需用量。试对其进行工期固定——资源均衡的优化。

解 初始网络计划的不均衡系数为

$$K = \frac{R_{\max}}{R_m} = \frac{20}{11.86} = 1.69$$

（1）向右移工作 4-6，进行优化调整，按式（3-62）：

$R_{11} + r_{4-6} = 9 + 3 = R_7 = 12$，可右移 1 天；

$R_{12} + r_{4-6} = 5 + 3 = 8 < R_8 = 12$，可再右移 1 天；

$R_{13} + r_{4-6} = 5 + 3 = 8 < R_9 = 12$，可再右移 1 天；

$R_{14} + r_{4-6} = 5 + 3 = 8 < R_{10} = 12$，可再右移 1 天。

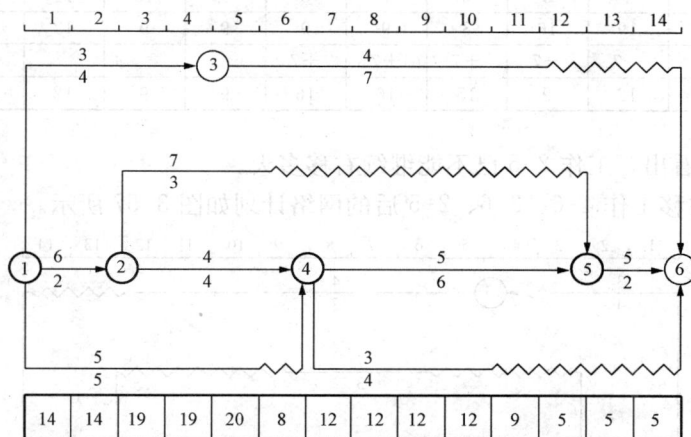

图 3-56 初始网络计划

至此已移到网络计划最后一天，移动后网络计划资源需用量变化见表 3-9。

表 3-9 移 4-6 调整表

1	2	3	4	5	6	7	8	9	10	11	12	13	14
14	14	19	19	20	8	12	12	12	12	9	5	5	5
						−3	−3	−3	−3	+3	+3	+3	+3
14	14	19	19	20	8	9	9	9	9	12	8	8	8

（2）向右移动工作 3-6：

$R_{12} + r_{3-6} = 8 + 4 = 12 < R_5 = 20$，可右移 1 天；

$R_{13} + r_{3-6} = 8 + 4 = 12 > R_6 = 8$，不能右移 1 天。

由图 3-58 可明显看出，工作 3-6 已不能再向右移动多天，移后资源需用量变化见表 3-10。

表 3-10   **移 3-6 调整表**

1	2	3	4	5	6	7	8	9	10	11	12	13	14
14	14	19	19	20	8	9	9	9	9	12	8	8	8
				−4							+4		
14	14	19	19	16	8	9	9	9	9	12	12	8	8

（3）向右移动工作 2-5：

$R_6 + r_{2-5} = 8 + 7 = 15 < R_3 = 19$，可右移 1 天；

$R_7 + r_{2-5} = 9 + 7 = 16 < R_4 = 19$，可再右移 1 天；

$R_8 + r_{2-5} = 9 + 7 = 16 < R_5 = 19$，可再右移 1 天；

$R_9 + r_{2-5} = 9 + 7 = 16 > R_6 = 8$，不能右移 1 天。

列出右移后调整资源量变化情况，如表 3-11 所示。

表 3-11   **移 2-5 调整表**

1	2	3	4	5	6	7	8	9	10	11	12	13	14
14	14	19	19	16	8	9	9	9	9	12	12	8	8
		−7	−7	−7	+7	+7	+7						
14	14	12	12	9	15	16	16	9	9	12	12	8	8

从表 3-11 可看出，工作 2-5 已不能继续右移多天。

绘出上阶段右移工作 4-6、3-6、2-5 后的网络计划如图 3-57 所示。

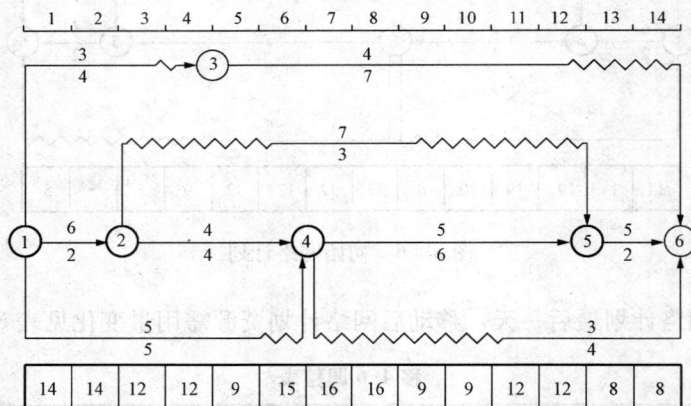

图 3-57   右移工作 4-6、3-6、2-5 后的网络计划

（4）向右移动工作 1-3：

$R_5 + r_{1-3} = 9 + 3 = 12 < R_1 = 14$，可右移 1 天；

已无自由时差，故不能再向右移。

（5）向右移动工作 1-4：

$R_6 + r_{1-4} = 15 + 5 = 20 > R_1 = 11$，不可右移 1 天；

向右移动一遍后的网络计划如图 3-58 所示。

（6）第二次右移动工作 3-6：

$R_{13} + r_{3-6} = 8 + 4 = 12 < R_6 = 15$，可右移 1 天；

$R_{14}+r_{3-6}=8+4=12<R_7=16$，可再右移 1 天。

至此已移至网络计划最后一天。

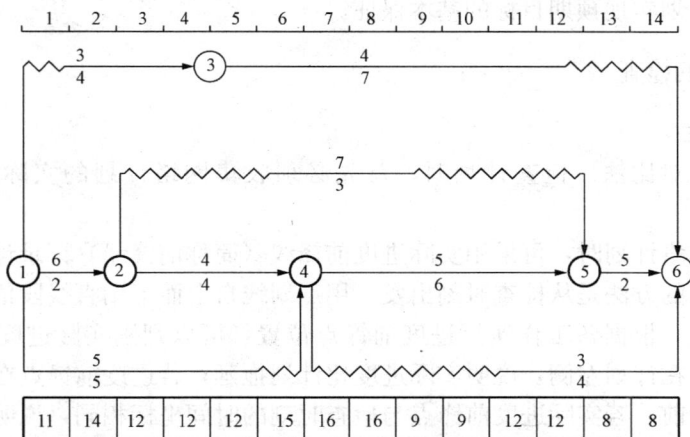

图 3-58 向右移动一遍后的网络计划

其他工作向右移都不能满足要求。至此已得出优化网络计划如图 3-59 所示。

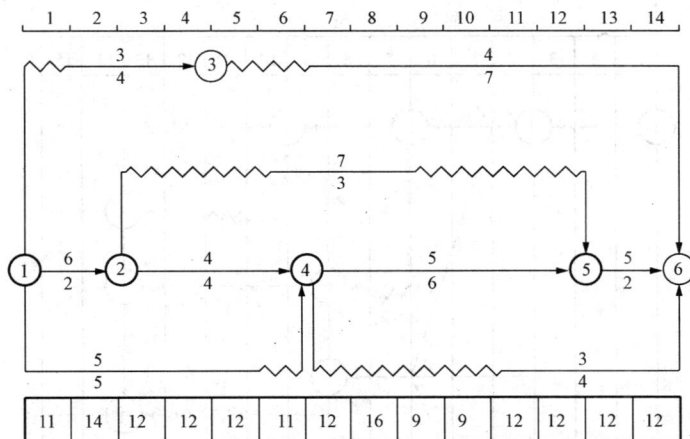

图 3-59 优化的网络计划

优化调整后的不均衡系数为

$$K = \frac{R_{max}}{R_m} = \frac{16}{11.86} = 1.35$$

其不均衡性降低

$$\frac{1.69 - 1.35}{1.69} \times 100\% = 20.12\%$$

3.6 网络计划实施中的调整与控制

利用网络计划对工程进度进行控制是网络计划技术的主要功能之一。任何一项计划在实施过程中都会遇到各种各样的客观因素的影响,比如,工程变更或施工机械及材料未及时进场等都可能影响进度。为了对计划进行有效的控制,就必须在计划执行过程中进行定期检查和调整,这是使计划实现预期目标的基本保证。

3.6.1 网络计划的检查

1. 检查的方法

检查的方法是对比法。检查计划时,首先必须收集网络计划的实际执行情况,并作记录。

当采用时标网络计划时,可采用实际进度前锋线(简称前锋线)记录计划执行情况。绘制实际进度前锋线的方法是从检查时刻出发,用点划线自上而下用直线段依次连接各项工作的实际进度前锋线。根据各工作实际进度前锋点位置,可以判别实际进度与计划进度的偏差。若进度前锋点在计划左侧,说明实际进度比计划拖延;若进度前锋点在计划右侧,说明实际进度比计划提前;若实际进度前锋点与检查时刻的时间坐标相同,说明实际进度与计划进度一致,如图 3-60 所示,2-3 工作拖延 1 天,2-5 工作提前 1 天。前锋线可用彩色标画,相邻的前锋线可采用不同颜色。

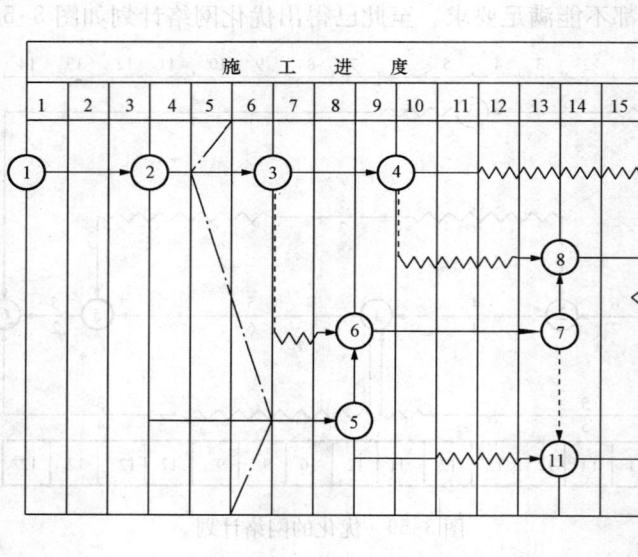

图 3-60 某带有实际进度前锋线的早时标网络计划
(图中的点划线为实际进度前锋线)

当采用无时标网络计划时,可采用直接在图上用文字或适当符号记录,或列表等方式记录。通过计算工序的时间参数,在与实际执行情况作一比较,直接在图上进行标注。

2. 对网络计划的检查时间及内容

网络计划检查应定期进行。检查周期的长短应视计划工期的长短和管理的需要决定,一般可以天、周、月、季度等为周期。在计划执行过程中,突遇意外情况,可进行应急检查,必要时也可作特别检查。

网络计划的检查必须包括以下内容:工作的开始时间、完成时间、持续时间、逻辑关系、实物工程量和工作量、关键线路和总工期、时差利用等。

3. 检查结果的分析判断

现以图 3-61 的记录为例进行检查分析，具体见表 3-12。

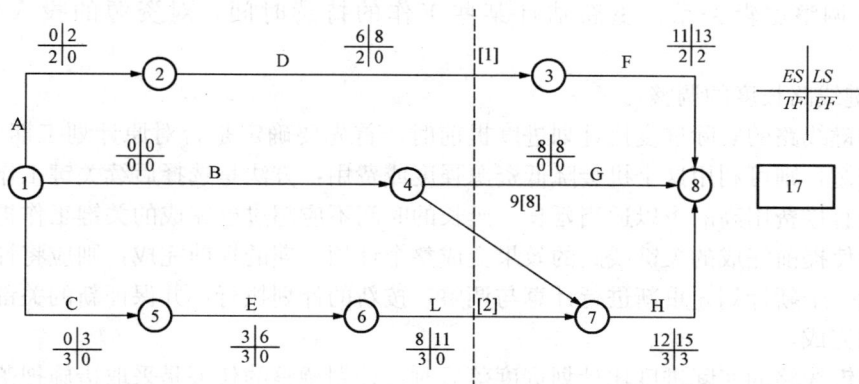

图 3-61 网络计划示例

表 3-12 　　　　　　　　　　　对图 **3-61** 的检查分析

工作编号	工作代号	检查时尚需时间/天	到计划最迟完成前尚有时间/天	原有时差/天	尚有时差/天	情况判断
2-3	D	1	13−10=3	2	3−1=2	正常
4-8	G	8	17−10=7	0	7−8=−1	拖期 1 天
6-7	L	2	15−10=5	3	5−2=3	正常

表 3-12 说明，在第 10 天检查时，工作 D 和 L 的原有总时差均保持不变，说明进度正常；然而工作 G 的总时差却减少了 1 天，说明进度拖期 1 天。值得注意的是，工作 G 处在关键线路上，尤其它是该线路上的最后一项工作，故如不在尚需的 8 天中赶上来，很有可能使整个计划拖期，影响进度控制目标的实现。

3.6.2 网络计划的调整

对网络计划进行检查之后，通过对检查结果的分析，可以看出各工作对于进度计划工期的影响。通过检查分析，如果进度偏离计划不十分严重，是可以通过解决矛盾，排除障碍，继续执行原计划顺序和时间安排。在经过努力后，确定不能按原计划实现时，再考虑对网络计划进行必要的调整，即适当延长工期或改变施工速度。网络计划的调整一般是不可避免的，但应慎重，尽量减少变更计划性的调整。

（1）对网络计划执行情况检查的结果应进行如下分析判断，为计划的调整提供依据。

1）对时标网络计划，宜利用已画出的实际进度前锋线分析计划的执行情况及其发展趋势，对未来的进度情况作出预测判断，找出偏离计划目标的原因及可供挖掘的潜力所在。

2）对无时标网络计划宜根据记录的情况对计划中的未完工作进行分析判断。

（2）网络计划的调整方法。网络计划调整时间一般应与网络计划检查时间相一致，或定期调整，或做应急调整，一般以定期调整为主。

网络计划的调整是一种动态调整，即计划在实施过程中，要根据情况的不断变化进行及时调整。调整的内容主要有：关键线路长度的调整；非关键工作时差的调整；增、减工作项目；调整逻辑关系；重新估计某些工作的持续时间；对资源的投入作局部调整等。

1）关键线路长度的调整：

①当关键线路的实际进度比计划进度提前时，首先要确定是否对原计划工期予以缩短。如果不拟缩短，则可利用这个机会降低资源强度或费用，方法是选择后续关键工作中资源占用量大的或直接费用高的予以适当延长，延长的时间不应超过已完成的关键工作提前的时间量；如果要使提前完成的关键线路的效果变成整个计划工期的提前完成，则应将计划的未完成部分作为一个新计划，重新进行计算与调整，按新的计划执行，并保证新的关键工作按新计算的时间完成。

②当关键线路的实际进度比计划进度落后时，计划调整的任务是采取措施把落后的时间抢回来，于是应在未完成的关键线路中选择资源强度小的缩短，重新计算未完成部分的时间参数，按新参数执行。这样做有利于减少赶工费用。

③当拖延时间发生在非关键线路上，但是，拖延时间超过总时差，此时，原来的非关键线路就变成了关键线路，此时按照关键线路的调整法进行即可。

2）非关键工作的时差调整。为了更充分地利用资源、更有效地降低成本，每次对计划进行调整之后，都应重新计算时间参数，绘制资源消耗量曲线，研究调整对计划全局的影响。之后，要对非关键工作在时差范围内进行调整，以便在不影响工期的情况下，使计划更完善。调整内容有：

①将工作在其最早开始时间与最迟完成时间范围内移动，来均衡资源使用。

②在自由时差或总时差范围内，适当延长某些工作的持续时间，以降低资源强度或直接费用。

③缩短某些工作的持续时间，以消除对后续工作的影响，满足后续工作的限制条件。

3）当网络计划在实施过程中，需增加某些工作项目时，应符合下列要求：

①尽量不打乱原网络计划中的逻辑关系，只对局部逻辑关系进行调整。

②重新计算时间参数，分析新增项目对网络计划的影响，必要时采取措施，以保证计划工期不变。

当发现某些工作的原计划持续时间有误，或实现条件不充分时，应重新确定其持续时间，并重新计算时间参数；当资源供应发生异常时，应采用资源优化方法对计划进行调整或采取应急措施，使其对工期的影响最小。

最后需要强调的是，网络计划控制是一种动态控制，是主动控制和被动控制相结合的控制。所谓主动控制，也叫事前控制，就是预先分析影响计划目标实现的各种不利因素，提前拟定和采取各项预防措施，以使计划目标得以实现。被动控制，也叫事后控制，就是在网络计划实施过程中，随时检查进度，分析偏差，进行调整，然后按调整后的网络计划指导施工。

两种控制，即主动控制和被动控制，对计划管理人员来说，缺一不可，它们都是使计划按期完工所必须采用的控制方式。

3.7　计算机在建筑施工计划管理中的应用

3.7.1　网络计划计算机应用现状

建筑企业在建筑施工时，占用了大量的劳动力，使用了大量的材料和构配件，投资巨大，周期长，可变因素多。为了保证生产有序合理地进行，必须重视建筑施工的计划管理，由于传统的横道图的缺陷，网络计划技术越来越显出它的优点。现代化施工生产需要及时准确地收集、整理、储存和检索各类信息，反映实际生产状况，这不仅要求我们迅速编制施工生产计划，而且在实施过程中对生产计划不断进行动态控制、调整和优化，合理安排各种资源，从而缩短工期，降低成本，这些都离不开网络计划技术的发展和计算机的应用，两者结合是实现计划管理科学化、现代化的重要手段。近几年来，网络计划计算机软件不断涌现，为网络计划技术在建筑施工中的应用开辟了广阔前景。

进度计划管理软件从使用角度可分以下两个层次：大型进度计划管理软件和中、小型进度计划管理软件。大型进度计划管理软件中，比较好的主要有：Primavera 公司的 Primavera Project Planner（即 P3）、Welcom Software Technology 公司的 Open Plan、Computer Aided Management 公司的 PARISS Enterprise、Lucas Management System Inc. 公司的 Artemis Prestige、Applied Business Technology Corp 公司的 Project Workbench。大型进度计划管理软件之间的区别主要在于它们的容量和使用的网络协调多个项目的能力不同。

中、小型进度计划管理软件目前常用的种类很多，主要有：Microsoft 公司的 Project 4/98/2000/2003、Primavera 公司的 Primavera Sure Trak Project Planner、Scitor 公司的 Project Scheduler、Symantec 公司的 Time Line、Computer Associates 公司的 CA Super Project、Leach Management Systems 公司的 CS Project、Asta Development Corporation Limited 公司的 ASTA Power Project。我国国内开发的进度计划管理软件基本属于该层次。市场上能够看到的国内软件主要有：北京梦龙科技开发公司的智能化项目管理软件 PERT、大连同洲电脑有限公司的 Tz Project、清华大学和同济大学等开发的进度计划管理软件。国内软件的共同特点是结合我国的实际情况，使用中文界面，有些软件提供单代号、双代号网络图的转换，一般均可输出国内比较通行的双代号网络图。

国内外各类网络计划管理软件，功能各异，但总体性能上有如下特点：

（1）都包括了进度计划时间参数计算和关键线路分析，以及资源均衡和优化等基本内容。

（2）具有图像屏幕显示、编辑、修改和输出功能。图形的显示和输出大致有 5 类：

1）横道图。

2）网络图（可带时标）。

3）资源直方图。

4）曲线。

5）其他图形。

（3）具有网络结构的自动生成功能。它可使上机的数据输入大大简化、实现数据共享。例如，自动识别工程设计的 CAD 工程图，从中提取网络计划所需的数据，自动生成网络计划等。

（4）具有网络的更新记录功能，帮助网络计划查询、比较、调整和更新。

（5）普遍采用屏幕菜单和窗口技术，给用户带来很大方便。

此外，有些软件还具备费用和进度综合管理功能，开发了决策网络、随机网络、搭接网络等新型网络技术。

3.7.2 网络计划软件的主要功能

网络计划技术在我国各行各业有着广泛应用，为了适应不同领域、不同层次、不同目标、不同对象的用户需要，立足于技术先进性，操作简单化，网络计划软件应覆盖面广、功能完善、使用方便，同时结合我国的现行管理体制、推动施工管理水平向更高阶段发展。

为此，网络计划软件系统应具备下列功能：

（1）原始数据的输入和校验。

（2）检查工作的逻辑关系，确定工作节点位置号。

（3）编制网络计划，包括多阶网络，协调总网络与子网络之间的关系。

（4）网络计划时间参数的计算，关键线路的判别。

（5）日历时间的转换。

（6）网络计划的优化，主要有工期优化、时间优化和资源优化。

（7）工程实际进度的统计分析。

（8）实际进度与计划的动态比较。

（9）工程进度变化趋势预测。

（10）资源调配和平衡，提供资源动态曲线。

阅读材料

P3 网络计划软件介绍

1. P3 软件的基本情况

（1）Primavera Project Planner 在多次评比中获得好评，并且在大型工程建设项目中获得了广泛的应用。

（2）Primavera 公司是著名的项目管理软件供应商，2000 年在软件 100 强中排名 32，2001 年以 7400 万美元的销售额列 25 位，是最大的项目管理软件供应商。

（3）P3（primavera project planner）是最早的、专业级的基于网络计划技术（CPM）的项目管理软件之一，1983 年始发第一版。

（4）P3 项目管理系列软件在项目管理市场占 60%，在工业界占 80%，在大型项目中有 92% 的市场份额。

（5）ENR（Engineer News-Record）评选的建筑企业 400 强中有 375 家使用，业主 200 强中有 150 家使用，属高端项目管理软件。

2. P3 软件的基本功能

（1）可同时管理多个项目。

（2）能有效的管理和控制大型、复杂项目。

（3）信息编码和工作结构分解（WBS）。

（4）计划的编制、跟踪和比较分析。

（5）费用管理。

（6）资源管理。

（7）丰富的报表和图表。

（8）可集成和二次开发。

3．国内 P3 软件的应用现状

（1）应用层次。大多用于计划的编制、跟踪和控制，部分进行了资源和费用的管理，较少进行集成和开发，软件的应用层次还比较低。

（2）应用范围（见表 3-13）。从上海普华公布的资料看，国内已经有 1800 家用户，但大多集中在石化、电力系统、交通等行业，其他行业也开始渗透，如房地产等。

表 3-13   **P3 软件应用范围**

应用单位	项目准备阶段	项目实施阶段
业主方	√	√
工程管理咨询单位	√	√
工程监理单位	√	√
主设计单位	√	√
工艺设备总集成商		√
施工总承包管理单位		√

思 考 题 与 习 题

1．什么是双代号表示方法？什么是单代号表示方法？

2．什么是双代号和单代号网络图？

3．组成双代号网络图的三要素是什么？试述各要素的含义和特征。

4．什么叫虚箭线？它与实箭线有什么不同？它在双代号网络图中起什么作用？

5．什么是逻辑关系？网络计划有哪几种逻辑关系？有何区别？试举例说明。

6．简述绘制双代号网络图的基本规则。

7．施工网络计划有哪几种排列方法？

8．试述节点时差、自由时差和总时差的含义和特点。

9．双代号网络图时间参数有哪些？应如何计算？

10．什么叫线路、关键工作、关键线路？

11．时标网络、单代号搭接网络各自有何特点？

12．试述工期优化、费用优化、资源优化的基本步骤。

13．使用双代号表示方法绘出下列各小题逻辑关系图：

（1）H 的紧前工序为 A、B；F 的紧前工序为 B、C；G 的紧前工序为 C、D。

（2）H 的紧前工序为 A、B；F 的紧前工序为 B、C、D；G 的紧前工序为 C、D。

（3）M 的紧前工序为 A、B、C；N 的紧前工序为 B、C、D。

（4）M 的紧前工序为 A、B、C；N 的紧前工序为 B、C、D；P 的紧前工序为 C、D、E。

14. 根据下表给出的各施工过程的逻辑关系，绘制双代号网络图并进行节点的编号。

题 14 表

施工过程	A	B	C	D	E	F	G	H	I	J	K
紧前工作	—	A	A	A	B	C	D	E、C	F	F、G	H、I、J
紧后工作	B、C、D	E	F、H	G	H	I、J	J	K	K	K	—
持续时间	2	3	4	5	6	2	2	5	5	6	3

15. 根据下表给出的数据，绘制双代号网络图，并计算各工序的时间参数：ES_{i-j}、EF_{i-j}、LF_{i-j}、LS_{i-j}、TF_{i-j}、FF_{i-j}。用图上计算法计算。

题 15 表

工作代号	持续时间/天	工作代号	持续时间/天	工作代号	持续时间/天
1—2	20	4—5	30	8—10	10
1—3	40	5—6	20	8—11	6
1—6	28	5—7	24	9—10	6
2—4	8	6—8	10	10—11	4
3—5	0	7—8	12	11—12	4
3—6	10	8—9	0	12—13	3

第4章 施 工 准 备

4.1 施工准备工作的内容

施工准备工作是为拟建工程的施工创造必要的技术、物资条件，统筹安排施工力量和部署施工现场，确保工程施工顺利进行，是建筑业企业生产经营管理的重要组成部分。

4.1.1 施工准备工作的分类及内容

1. 施工准备工作的分类

（1）按工程所处的施工阶段不同进行分类：

1）开工前的施工准备工作。它是在拟建工程正式开工之前所进行的带有全局性和总体性的施工准备。其作用是为工程开工创造必要的施工条件。它既包括全场性的施工准备，又包括单位工程施工条件准备。

2）各阶段施工前的施工准备。它是在工程开工后，某一单位工程或某个分部（分项）工程或某个施工阶段、某个施工环节施工前所进行的带有局部性和经常性的施工准备。其作用是为每个施工阶段创造必要的施工条件，一方面是开工前施工准备工作的深化和具体化，另一方面，要根据各施工阶段的实际需要和变化情况随时做出补充修正与调整。如一般框架结构建筑的施工，可以分为地基基础工程、主体结构工程、屋面工程、装饰装修工程等施工阶段，每个施工阶段的施工内容不同，所需要的技术条件、物资条件、组织措施要求和现场平面布置等方面也就不同，因此在每个施工阶段开始之前，都必须做好相应的施工准备。

（2）按施工准备工作的范围不同进行分类：

1）施工总准备（全场性施工准备）。它是以整个建设项目为对象而进行的各项施工准备。其作用是为整个建设项目的顺利施工创造条件，既为全场性的施工活动服务，也兼顾单位工程施工条件的准备。

2）单位工程施工条件准备。它是以一个建筑物或构筑物为对象而进行的各项施工准备。其作用是为单位工程的顺利施工创造条件，既为单项（单位）工程做好一切准备，又要为分部（分项）工程施工进行作业条件的准备。

3）分部（分项）工程作业条件准备。它是以一个分部（分项）工程或冬雨期施工工程为对象而进行的作业条件准备。

因此，施工准备工作具有整体性与阶段性的统一，且体现出连续性，必须有计划有步骤、分期分阶段地进行。

2. 施工准备工作的内容

施工准备工作的内容一般可以归纳为以下几个方面：调查研究与收集资料、技术资料准备、资源准备、施工现场准备、季节施工准备。

4.1.2　施工准备工作的要求

（1）施工准备工作应有组织、有计划、分阶段有步骤地进行：

1）建立施工准备工作的组织机构，明确相应的管理人员。

2）编制施工准备工作计划表，保证施工准备工作按计划落实。

3）将施工准备工作按工程的具体情况划分为开工前、地基基础工程、主体工程、屋面与装饰装修工程等时间区段、分期分阶段、有步骤进行。

（2）建立严格的施工准备工作责任制及相应的检查制度。由于施工准备工作项目多、范围广，因此必须建立严格的责任制，按计划将责任落实到有关部门及个人，明确各级技术负责人在施工准备中应负的责任，使各级技术负责人认真做好施工准备工作。

在施工准备工作实施过程中，应定期进行检查，可按周、半月、月度进行检查，主要检查施工准备工作计划的执行情况。如果没有完成计划的要求，应进行分析，找出原因，排除障碍，协调施工准备工作进度或调整施工准备工作计划。检查的方法可采用实际与计划对比法，或采用相关单位、人员责任制，检查施工准备工作情况，当场分析产生问题的原因，提出解决问题的方法。后一种方法解决问题及时，见效快，现场常采用。

（3）坚持按基本建设程序办事，严格执行开工报告制度。当施工准备工作情况达到开工条件要求时，应向监理工程师报送工程开工报审表及开工报告等有关资料，由总监理工程师签发，并报建设单位后，在规定的时间内开工。

（4）施工准备工作必须贯穿施工全过程。施工准备工作不仅要在开工前集中进行，而且工程开工后，也要及时全面地做好各施工阶段的准备工作，贯穿在整个施工过程中。

（5）施工准备工作要取得各协作单位的友好支持与配合。由于施工准备工作涉及面广，因此，除了施工单位自身努力做好外，还要取得建设单位、监理单位、设计单位、供应单位、银行、行政主管部门、交通运输等单位的协作，以缩短施工准备工作的时间，争取早日开工。

4.2　技术经济条件的调查与资料收集

施工准备工作的一项重要内容是对一项工程所涉及的自然条件和技术经济条件等施工资料进行调整研究，收集整理，这也是编制施工组织设计的重要依据。当施工单位进入一个新的城市或地区，对建设地区的技术经济条件、场地特征和社会情况等不太熟悉时，此项工作就显得尤为重要。调查研究收集资料的工作应有计划有目的地进行，事先要拟定详细的调查提纲。其调查的范围、内容、要求等，应根据拟建工程的规模、性质、复杂程序、工期以及对当地熟悉了解程度确定。调查时，除向建设单位、勘察设计单位、当地气象台站等有关部门、单位收集资料及有关规定外，还应到实地勘测，并向当地居民了解。对调查收集到的资料应注意整理归纳、分析研究，对其中特别重要的资料，必须复查其数据的真实性和可靠性。

4.2.1　对建设前期准备的调查

对建设前期准备的调查主要包括向建设单位和设计单位进行调查。

（1）向建设单位调查的主要内容有：

1）建设项目设计任务书、有关文件。

2）建设项目性质、规模、生产能力。

3）生产工艺流程、主要工艺设备名称及来源、供应时间、分批和全部到货时间。

4）建设期限、开工时间、交工先后顺序、竣工投产时间。

5）总投资概算、年度建设计划。

6）施工准备工作的内容、安排、工作进度表。

（2）向设计单位调查的主要内容有：

1）建设单位总平面规划。

2）工程地质勘察资料。

3）水文勘察资料。

4）项目建筑规模，建筑、结构、装修概况，总建筑面积、占地面积。

5）单位工程个数。

6）设计进度安排。

7）生产工艺设计特点。

8）地形测量图。

4.2.2 自然条件的调查

它包括建设地区的气象、建设场地的地形、工程地质和水文地质、施工现场地上和地下障碍物状况、周围民宅的坚固程度及其居民的健康状况等项调查；其作用是为制定施工方案、专项技术组织措施、冬雨期施工措施，进行施工平面规划布置等提供依据；为编制施工现场的"七通一平"计划提供依据，如地上建筑物的拆除、高压输电线路的搬迁、地下构筑物的拆除和各种管线的搬迁等项工作。为减少施工公害，如打桩工程应在打桩前，对居民的危房和居民中的心脏病患者采取保护性措施。自然条件调查情况如表 4-1 所示。

表 4-1　　　　　　　　　气象、地形、地质和水文调查内容表

序号	项目	调查内容	调查目的
1	气温	（1）年平均温度，最高、最低、最冷、最热月的逐月平均温度，结冰期，解冻期 （2）冬、夏室外温度 （3）小于或等于 $-3℃$、$0℃$、$+5℃$ 的天数、起止时间	（1）防暑降温 （2）冬期施工 （3）混凝土、灰浆强度增长 （4）全年正常施工天数
2	降雨	（1）雨季起止时间 （2）全年降水量，昼夜最大降水量，全年各月平均降水量 （3）年雷暴天数	（1）雨期施工 （2）工地排水、防洪 （3）防雷
3	风	（1）主导风向及频率 （2）大于或等于 8 级风全年天数，时间	（1）布置临时设施 （2）高空作业及吊装措施
4	地形	（1）区域地形图 （2）工程建设地区的城市规划 （3）该区的城市规划 （4）控制桩、水准点的位置 （5）地形地质的特征	（1）选择施工用地 （2）布置施工总平面图 （3）现场平整土方量计算 （4）障碍物及数量，现场清理

续表

序号	项目	调查内容	调查目的
5	地震	地震抗烈度大小	(1) 对地基影响 (2) 施工措施
6	地质	(1) 钻孔布置图 (2) 地质剖面图（土层特征及厚度） (3) 地质的稳定性、滑坡、流沙、冲沟 (4) 物理力学指标：天然含水率，天然孔隙比，塑性指数，压缩试验 (5) 最大冻结深度 (6) 地基土强度结论 (7) 地基土破坏情况，土坑、枯井、古墓、地下构筑物	(1) 土方施工方法的选择 (2) 地基处理方法 (3) 基础施工 (4) 障碍物拆除计划 (5) 复核地基基础设计
7	地下水	(1) 最高、最低水位及时间 (2) 流向、流速及流量 (3) 水质分析 (4) 抽水试验	(1) 土方施工 (2) 基础施工方案的选择 (3) 降低地下水位 (4) 侵蚀性介质及施工注意事项
8	地面水	(1) 临近的江河湖泊及距离 (2) 洪水、平水及枯水时期 (3) 流量、水位及航道深 (4) 水质分析	(1) 临时给水 (2) 航运组织 (3) 水工工程
9	周围环境及障碍物	(1) 施工区域现有建筑物、构筑物、沟渠、水系、树木、土堆、高压输变电线路等 (2) 临近建筑坚固程度及其中人员工作、生活、健康状况	(1) 及时拆迁、拆除 (2) 保护工作 (3) 合理布置施工平面 (4) 合理安排施工进度

4.2.3　建设地区的资源调查

它包括建设地区建筑生产企业、地方资源、交通运输、水电及其他能源、主要设备、三大材料和特种材料，以及它们的生产能力等项调查。资源调查情况见表 4-2～表 4-7。

表 4-2　　　　　　　　　　　地方建筑生产企业情况调查内容表

企业名称	产品名称	规格	单位	生产能力	供应能力	生产方式	出厂价格	运距	运输方式	单位价格	备注

表 4-3　　　　　　　　　　　地方资源情况调查内容表

材料名称	产地	储存量	质量	开采量	开采费	出厂价	运距	运费	供应情况

表 4-4	交通运输条件调查内容表
项 目	内 容
公路	1. 主要材料至工地的公路等级、路面构造、路宽及完好情况，允许最大载重量 2. 途经桥涵等级，允许最大载重量 3. 当地专业运输机构及附近农村能提供的运输能力，如汽车、人、畜力车数量，效率，运费，装卸费和装卸力量 4. 有无汽车修配厂，至工地距离，道路情况，能提供的修配能力
铁路	1. 邻近铁路专用线、车站至工地距离，运输条件 2. 车站起重能力，卸货线长度，现场存储能力 3. 装载货物的最大尺寸 4. 运费、装卸费和装卸力量
航运	1. 货源与工地至邻近河流、码头、渡口的距离，道路情况 2. 洪水、平水、枯水期，通航最大船只及吨位，取得船只情况 3. 码头装卸能力，最大起重量，增设码头的可能性 4. 渡口、渡船能力，同时可载汽车，每日次数，能为施工提供的能力 5. 每吨货物运价，装卸费和渡口费

表 4-5	供水、供电和其他动力条件调查内容表
项 目	内 容
给排水	1. 与当地现有水源连接的可能性，可供水量，接管地点，管径、材料、埋深、水压、水质、水费、至工地距离，地形地物情况 2. 自选临时江河水源，至工地距离，地形地物情况，水量，取水方式，水质及处理 3. 自选临时水井水源的位置、深度、管径和出水量 4. 利用永久排水设施的可能，施工排水去向、距离和坡度，洪水影响，现有防洪设施
供电与通信	1. 电源位置，供电的可能性，方向，接线地点至工地的距离，地形地物情况，允许供电容量，电压、导线截面、电费 2. 建设和施工单位自有发电设备的规格型号、台数、能力 3. 利用邻近电信设备的可能性，电信局至工地距离，可能增设电话、计算机等自动化办公设备和线路情况
供汽等	1. 有无蒸汽来源，可供蒸汽量，管径、埋深、至工地距离，地形地物情况，蒸汽价格 2. 建设和施工单位自有锅炉设备规格型号、台数和能力，所需燃料，用水水质 3. 当地和建设单位的压缩空气、氧气的提供能力，至工地距离

表 4-6	主要材料、设备和特殊物资调查内容表
项 目	内 容
主要材料	1. 钢材的价格、供应情况 2. 水泥的价格、供应情况 3. 砌体材料等的价格、供应情况
设备	1. 主要工艺设备名称及来源，含进口设备 2. 分批和全部到货时间
特殊材料	1. 需要的品种、规格和数量 2. 进口材料和新材料

表 4-7	参加施工的各单位（含分包）生产能力情况调查内容表
项　　目	内　　容
工人	1. 总数，分工种人数 2. 定额完成的能力 3. 一专多能情况
管理人员	1. 管理人员数，所占比例 2. 其中技术人员、服务人员和其他人员数
施工机械	1. 名称、型号、能力、数量、新旧程度（列表） 2. 总装备程度（马力/全员） 3. 拟、订购的新增加情况
施工经验	1. 在历史上曾施工过的主要工程项目 2. 习惯采用的施工方法 3. 采用过的先进施工方法 4. 科研成果
主要指标	1. 劳动生产率 2. 质量、安全 3. 降低成本 4. 机械化、工厂化程度 5. 机械设备的完好率、利用率

4.3 技术资料准备

技术资料准备即通常所说的"内业"工作，它是施工准备的核心，指导着现场施工准备工作，对于保证建筑产品质量，实现安全生产，加快工程进度，提高工程经济效益都具有十分重要的意义。任何技术差错和隐患都可能引起人身安全和质量事故，造成生命财产和经济的巨大损失，因此，必须重视做好技术资料准备。其主要内容包括：熟悉和会审图纸，编制中标后施工组织设计，编制施工预算等。

4.3.1 熟悉与会审图纸

图纸会审是项目施工前的一项重要准备工作。施工单位应依据建设单位和设计单位提供的初步设计或扩大初步设计（技术设计）、施工图设计、建筑总平面图、城市规划等资料文件，调查、搜集的原始资料和其他相关信息与资料，组织有关人员对设计图纸进行学习和会审工作，使参与施工的人员掌握施工图的内容、要求和特点，同时发现施工图中的问题，以便在图纸会审时统一提出，解决施工图中存在的问题，确保工程施工顺利进行。

1. 熟悉图纸

参与工程施工的项目经理部组织有关工程技术人员认真熟悉图纸，了解设计意图与建设单位要求，以及施工应达到的技术标准，明确工程流程。熟悉图纸应达到下列要求：

（1）图纸与说明结合。根据设计总说明和图中的细部说明，核对图纸和说明有无矛盾，规定是否明确，要求是否可行，做法是否合理等。

（2）先建筑后结构。先看建筑施工图，再看结构施工图；把建筑施工图与结构施工图对照起来看，核对其轴线尺寸、标高是否相符，有无矛盾，查对有无遗漏尺寸、有无构造不合理之处。

（3）先粗后细。先看平面图、立面图、剖面图，对整个拟建工程有一个大致的了解，对该建筑物的长度、宽度、轴线尺寸、标高、层高、檐高有一个大体的印象。然后再看细部做法，核对总尺寸与细部尺寸、位置、标高是否相符，门窗表中的门窗型号、规格、形状、数量是否与结构相符等。

（4）先小后大。先看小样图，再看大样图，核对在平、立、剖面图中标注的细部做法，与大样图的做法是否相符；所采用的标准图集编号、类型、型号，与设计图纸有无矛盾，索引符号有无漏标之处，大样图是否齐全等。

（5）先一般后特殊。先看一般的部位和要求，后看特殊的部位和要求。特殊部位一般包括地基处理方法，变形缝的设置，防水处理要求和抗震、防火、保温、隔热、防尘、特殊装修等技术要求。

（6）土建与安装结合。就是看土建图时，有针对性地看一些安装图，核对与土建有关的安装图有无矛盾，预埋件、预留洞、槽的位置、尺寸是否一致，了解安装对土建的要求，以便考虑在施工中的协作配合。

（7）图纸要求与实际情况结合。就是核对图纸有无不符合施工实际之处，如建筑物相对位置、场地标高、地质情况等是否与设计图纸相符；对一些特殊的施工工艺，施工单位能否做到等。

2. 自审图纸

由施工项目经理部组织各相关工种人员对本工种的有关图纸进行审查，掌握和了解图纸中的细节。在此基础上，由总承包单位内部的土建与水、暖、电等专业，共同核对图纸，消除差错，协商施工配合事项；最后，总承包单位与外分包单位（如桩基施工、装饰工程施工、设备安装施工等）在各自审查图纸基础上，共同核对图纸中的差错及协商有关施工配合问题。

自审图纸的要求：

（1）审查拟建工程的地点、建筑总平面图同国家、城市或地区规划是否一致，以及建筑物或构筑物的设计功能和使用要求是否符合环卫、防火及美化城市方面的要求。

（2）审查设计图纸是否完整齐全以及设计图纸和资料是否符合国家有关技术规范要求。

（3）审查建筑、结构、设备安装图纸是否相符，有无"错、漏、碰、缺"，内部结构和工艺设备有无矛盾。

（4）明确拟建工程的结构形式和特点，复核主要承重结构的承载力、刚度和稳定性是否满足要求，审查设计图纸中的形体复杂、施工难度大和技术要求高的分部分项工程或新结构、新材料、新工艺，在施工技术和管理水平上能否满足质量和工期要求，选用的材料、构配件、设备等能否解决。

（5）明确建设期限，分期分批投产或交付使用的顺序和时间，以及工程所用的主要材料、设备的数量、规格、来源和供货日期。

（6）审查地基处理与基础设计同拟建工程地点的工程地质和水文地质等条件是否一致，以及建筑物或构筑物与原地下构筑物及管线之间有无矛盾。深基础的防水方案是否可靠，材料设备能否解决。

（7）明确建设、设计和施工等单位之间的协作、配合关系，以及建设单位可以提供的施工条件。

（8）审查设计是否考虑了施工的需要，各种结构的承载力、刚度和稳定性是否满足设置内爬、附着、固定式塔式起重机等使用的要求。

3. 图纸会审

一般工程由建设单位组织并主持会议，设计单位交底，施工单位、监理单位参加。重点工程或规模较大及结构、装修较复杂的工程，如有必要可邀请各主管部门、消防、防疫与协作单位参加。会审的程序是：设计单位作设计交底，施工单位对图纸提出问题，有关单位发表意见，与会者讨论、研究、协商逐条解决问题达成共识，组织会审的单位汇总成文，各单位会签，形成图纸会审纪要，见表 4-8。会审纪要作为与施工图纸具有同等法律效力的技术文件使用。

表 4-8　　　　　　　　　　　　　图纸会审纪要

工程编号

工程名称			会审日期及地点	
建筑面积			结构类型	
参加人员	设计单位			
	施工单位			
	监理单位			
	建设单位			
主持人				
记录内容				
				记录人
建设单位代表 签章		监理单位代表 签章	设计单位代表 签章	施工单位代表 签章

审查设计图纸及其他技术资料时，应注意以下问题：

（1）图纸会审时，应重点审查施工图的有效性、对施工条件的适应性、各专业之间和全图与详图之间的协调一致性。

（2）建筑、结构、设备安装等设计图纸是否齐全，手续是否完备，设备是否符合国家有关的经济和技术政策、规范规定，图纸总的做法说明（包括分项工程做法说明）是否齐全、清楚、明确，与建筑、结构、安装图、装饰和节点大样之间有无矛盾，设计图纸（平、立、剖、构件布置、节点大样）之间相互配合的尺寸是否相符，分尺寸与总尺寸，大、小样图，建筑图与结构图、结构构造图，土建图与水电安装图之间互相配合的尺寸是否一致，有无错误和遗漏，设计图纸本身、建筑图与结构构造、结构各构件之间，在立体空间上有无矛盾，预留孔洞、预埋件、大样图或采用标准构配件图的型号、尺寸有无错误和矛盾。

（3）总图的建筑物坐标位置与单位工程建筑平面图是否一致，建筑物的设计标高是否可行，地基与基础的设计与实际情况是否相符，结构性能如何，建筑物与地下构筑物及管线之间有无矛盾。

（4）主要结构的设计在强度、刚度、稳定性等方面有无问题，主要部位的建筑构造是否合理，设计能否保证工程质量和安全施工。

（5）设计图纸的结构方案、建筑装饰，与施工单位的施工能力、技术水平、技术装备有无矛盾，采用的新技术、新工艺，施工单位有无困难，所需特殊建筑材料的品种、规格、数量能否解决，专用机械设备能否保证。

（6）安装专业的设备、管架、钢结构立柱、金属结构平台、电缆、电线支架以及设备基础是否与工艺图、电气图、设备安装图和到货的设备相一致，底座与土建基础是否一致等。

4.3.2　编制中标后施工组织设计

中标后施工组织设计是施工单位在施工准备阶段编制的指导拟建工程从施工准备到竣工验收乃至保修回访的技术经济、组织的综合性文件，也是编制施工预算、实行项目管理的依据，是施工准备工作的主要文件。它是在投标书施工组织设计的基础上，结合所收集的原始资料和相关信息资料，根据图纸及会议纪要，按照编制施工组织设计的基本原则进行编制的。

施工单位必须在施工约定的时间内完成中标后施工组织设计的编制与自审工作，并填写施工组织设计报审表，报送项目监理机构。总监理工程师应在约定的时间内，组织专业监理工程师审查，提出审查意见后，由总监理工程师审定批准；需要施工单位修改时，由总监理工程师签发书面意见，退回施工单位修改后再报审，总监理工程师应重新审定，已审定的施工组织设计由项目监理机构报送建设单位。施工单位应按审定的施工组织设计文件组织施工，如需对其内容做较大变更，应在实施前将变更内容书面报送项目监理机构重新审定。对规模大、结构复杂或属新结构、特种结构的工程，专业监理工程师提出审查意见后，由总监理工程师签发审查意见，必要时与建设单位协商，组织有关专家会审。

4.3.3　编制施工预算

施工预算是施工前的一项重要准备工作，施工单位根据施工合同价款、施工图纸，施工组织设计或施工方案、施工定额等文件进行编制的企业内部经济文件，它直接受施工合同中合同价款的控制。它是施工企业内部控制各项成本支出、考核用工、签发施工任务书、限额领料、基层进行经济核算、进行经济活动分析的依据。在施工过程中，要按施工预算严格控制各项指标，以促进降低工程成本和提高施工管理水平。

4.4　资源准备

4.4.1　劳动力组织准备

工程项目是否按目标完成，很大程度上取决于承担这一工程的施工人员的素质。劳动力组织准备包括施工管理层和作业层两大部分，这些人员的合理选择和配备，将直接影响到工程质量与安全、施工进度及工程成本，因此，劳动力组织准备是开工前施工准备的一项重要内容。

1. 项目组织机构建立

对于实行项目管理的工程，建立项目组织机构就是建立项目经理部。高效率的项目经理部的建立，是为建设单位服务的，是为项目管理目标服务的。这项工作实施得合理与否很大程度上关系到拟建工程能否顺利进行。

2. 组织精干的施工队伍

（1）组织施工队伍，要认真考虑专业工程的合理配合，技工和普工的比例要满足合理的劳动组织要求。按组织施工方式的要求，确定建立混合施工队组或是专业施工队组及其数量。组建施工队组，要坚持合理、精干的原则，同时制定出该工程的劳动力需用量计划。

（2）集结施工力量，组织劳动力进场。项目经理部确定之后，按照开工日期和劳动力需要量计划组织劳动力进场。

3. 优化劳动组合与技术培训

针对工程施工要求，强化各工种的技术培训，优化劳动组合，主要抓好以下几个方面的工作：

（1）针对工程施工难点，组织工程技术人员和工人队组中的骨干力量，进行类似工程的考察学习。

（2）做好专业工程技术培训，提高对新工艺、新材料使用操作的适应能力。

（3）强化质量意识，抓好质量教育，增强质量观念。

（4）工人队组实行优化组合，双向选择，动态管理，最大限度地调动职工的积极性。

（5）认真全面地进行施工组织设计、计划的落实和技术交底工作。施工组织设计、计划和技术交底的目的是把施工项目的设计内容、施工计划和施工技术等要求，详尽地向施工队组和工人讲解交代。这是落实计划和技术责任制的好办法。

施工组织设计、计划和技术交底的时间在单位工程或分部（项）工程开工前及时进行，以保证项目严格地按照设计图纸、施工组织设计、安全操作规程和施工验收规范等要求进行施工。

施工组织设计、计划和技术交底的内容有：项目的施工进度计划，月（旬）作业计划；施工工艺、质量标准、安全技术措施、降低成本措施和施工验收规范的要求；新结构、新材料、新技术和新工艺的实施方案和保证措施；图纸会审中所确定的有关部位的设计变更和技术核定等事项。交底工作应该按照管理系统逐级进行，由上而下直到工人队组。交底的方式有书面形式、口头形式和现场示范形式等。

施工队组、工人接受施工组织设计、计划和技术交底后，要组织其成员进行认真的分析研究，弄清关键部位、质量标准、安全措施和操作要领。必要时应该进行示范，并明确任务及做好分工协作，同时建立健全岗位责任制和保证措施。

（6）切实抓好施工安全、安全防火和文明施工等方面的教育。

4. 建立健全各项管理制度

工地的各项管理制度是否建立、健全，直接影响其各项施工活动的顺利进行。通常，其内容包括：项目管理人员岗位责任制度；项目技术管理制度；项目质量管理制度；项目安全管理制度；项目计划、统计与进度管理制度；项目成本核算制度；项目材料、机械设备管理制度；项目现场管理制度；项目分配与奖励制度；项目例会及施工日志制度；项目分包及劳务管理制度；项目组织协调制度；项目信息管理制度。项目经理部自行制订的规章制度与企业现行的有关规定不一致时，应报送企业或其授权的职能部门批准。

5. 做好分包安排

对于本企业难以承担的一些专业项目，如深基础开挖和支护、大型结构安装和设备安装等项目，应及早做好分包或劳务安排，与有关单位协调，签订分包合同或劳务合同，以保证按计划施工。

6. 组织好科研攻关

凡工程中采用带有试验的一些新材料、新产品、新工艺项目，应在建设单位、主管部门的参加下，组织有关设计、科研、教学单位共同进行科研工作。要明确相互承担的试验项目、工作步骤、时间要求、经费来源和职责分工。所有科研项目，必须经过技术鉴定后，再用于施工。

4.4.2　物资准备

1. 物资准备工作内容

（1）建筑材料准备。根据施工预算的材料分析和施工进度计划的要求，编制建筑材料需要量计划，为施工备料、确定仓库和堆场面积以及组织运输提供依据。

（2）构（配）件和制品加工准备。根据施工预算所提供的构（配）件和制品加工要求，编制相应计划，为组织运输和确定堆场面积提供依据。

（3）建筑施工机具准备。根据施工方案和进度计划的要求，编制施工机具需要量计划，为组织运输和确定机具停放场地提供依据。

（4）生产工艺设备准备。按照生产工艺流程及其工艺布置图的要求，编制工艺设备需要量计划，为组织运输和确定堆场面积提供依据。

2. 物资准备工作程序

（1）编制各种物资需要量计划。

（2）签订物资供应合同。

（3）确定物资运输方案和计划。

（4）组织物资按计划进场和保管。

4.5　施工现场准备

施工现场的准备工作，主要是为了给施工项目创造有利的施工条件，是保证工程按计划开工和顺利进行的重要环节，因此必须认真落实做好。

4.5.1　清除障碍物

施工现场内的一切地上、地下障碍物都应在开工前拆除。这项工作一般是由建设单位来完成，但也有委托施工单位来完成的。如果由施工单位来完成这项工作，一定要事先摸清现场情况，尤其是在城市的老城区中，由于原有建筑物和构筑物情况复杂，而且往往资料不全，在拆除前需要采取相应的措施，防止发生事故。

对于房屋的拆除，一般只要把水源、电源切断后即可进行拆除。若房屋较大、较坚固，采用爆破的方法时，必须经有关部门批准，需要由专业的爆破作业人员来承担。

架空电线（电力、通信）、地下电缆（包括电力、通信）的拆除，要与电力部门或通信部门联系并办理有关手续后方可进行。

自来水、污水、煤气、热力等管线的拆除，都应与有关部门取得联系，办好手续后由专业公司来完成。

场地内若有树木，需报园林部门批准后方可砍伐。

拆除障碍物后，留下的渣土等杂物都应清除出场外。运输时，应遵守交通、环保部门的有关规定，运土的车辆要按指定的路线和时间行驶，并采取封闭运输车或在渣土上洒水等措施，以免渣土飞扬而污染环境。

4.5.2　七通一平

"七通一平"包括在工程用地范围内接通施工用水、用电、道路、电信、煤气，以及施工现场排水、排污畅通和平整场地的工作。

（1）平整场地。清除障碍物后，即可进行场地平整工作，按照建筑施工总平面图、勘测地形图和场地平整施工方案等技术文件的要求，通过测量，计算出填挖土方工程量，设计土方调配方案，确定平整场地的施工方案，组织人力和机械进行平整场地的工作。应尽量做到挖填方量趋于平衡，总运输量最小，便于机械施工和充分利用建筑物挖方填土，并应防止利用地表土、软润土层，草皮、建筑垃圾等作填方。

（2）路通。拟建工程开工前，必须按照施工总平面图的要求，修建必要的临时性道路；为节约临时工程费用，缩短施工准备工作时间，尽量利用原有道路设施或拟建永久性道路解决现场道路问题，形成完整畅通的运输网络，使现场施工用道路的布置确保运输和消防用车等的行驶畅通。临时道路的等级，可根据交通流量和所用车解决。

（3）给水通。施工用水包括生产、生活与消防用水，应按施工总平面图的规划进行安排，施工给水尽可能与永久性的给水系统结合起来。临时管线的铺设，既要满足施工用水的需用量，又要施工方便，并且尽量缩短管线的长度，以降低工程的成本。

（4）排水通。施工现场的排水也十分重要，特别在雨期，如场地排水不畅，会影响到施工和运输的顺利进行；高层建筑的基坑深、面积大，施工往往要经过雨季，应做好基坑周围的挡土支护工作，防止坑外雨水向坑内汇流，并做好基坑底部雨水的排放工作。

（5）排污通。施工现场的污水排放，直接影响到城市的环境卫生，由于环境保护的要求，有些污水不能直接排放，而需进行处理以后方可排放。因此，现场的排污也是一项重要的工作。

（6）电力及电信通。电是施工现场的主要动力来源，施工现场中电包括施工生产用电和生活用电。由于建筑工程施工供电面积大，起动电流大，负荷变化多和手持式用电机具多，施工现场临时用电要考虑安全和节能措施。开工前，要按照施工组织设计的要求，接通电力和电信设施，电源首先应考虑从建设单位给定的电源上获得，如其供电能力不能满足施工用电需要，则应考虑在现场建立自备发电系统。应确保施工现场动力设备和通信设备的正常运行。

（7）蒸汽及煤气通。施工中如需要通蒸汽、煤气，应按施工组织设计的要求进行安排，以保证施工的顺利进行。

4.5.3　建立测量放线基准点

建筑施工工期长，现场情况变化大，因此，保证控制网点的稳定、正确，是确保建筑施工质量的先决条件。特别是在城区建设，障碍多，通视条件差，给测量工作带来一定的难度，施工时应根据建设单位提供的由规划部门给定的永久性坐标和高程，按建筑总图上的要求，进行现场控制网点的测量，妥善设立现场永久性标志，为施工全过程的投测创造条件。控制网一般采用方格网，这些网点的位置应按工程范围的大小而定。建筑方格网多由 100～200m 的正方形或矩形组成，如果土方工程需要，还应测绘地形图，通常这项工作由专业测量队完成，但施工单位还需根据施工的具体需要做一些加密网点等补充工作。

在测量放线时，应校验校正经纬仪、水准仪、钢尺等测量仪器；校核轴线桩与水准点；制定切实可行的测量方案，包括平面控制、标高控制、沉降观测和竣工测量等工作。

建筑物定位放线，一般通过设计图中平面控制轴线来确定建筑物位置，测定并经自检合格后提交有关部门和建设单位或监理人员验线，以保证定位的准确性。沿红线的建筑物放线后，还要由城市规划部门验线以防止建筑物压红线或超红线，为正常顺利地施工创造条件。

4.5.4　搭建生产和生活用临时设施

现场生活和生产用的临时设施，应按施工平面布置图的要求进行，临时建筑平面图及其中的主要房屋结构图都应报请城市规划、市政、消防、交通、环境保护等有关部门审查批准。

为了施工方便和行人的安全及文明施工，应用围墙将施工用地围护起来，围墙的形式、材料和高度应符合有关标准（JGJ59—1999）及市容管理的有关规定和要求，并在主要出入口设置标牌挂图，标明工程项目名称、施工单位、项目负责人等。

所有生产及生活用临时设施，包括各种仓库、搅拌站、加工厂作业棚、宿舍、办公用房、食堂、文化生活设施等，均应按批准的施工组织设计的要求组织搭设，并尽量利用施工现场或附近原有设施（包括要拆迁但可暂时利用的建筑物）和在建工程本身的部分用房供施工使用，尽可能减少临时设施的数量，以便节约用地，节省投资。

4.6　季节性施工准备

建筑工程施工绝大部分工作是露天作业，受气候影响比较大，因此，在冬、雨期及夏季施工中，必须从具体条件出发，正确选择施工方法，做好季节性施工准备工作，以保证按期、保质、安全地完成施工任务，取得较好的技术经济效果。

4.6.1　冬期施工准备

1. 组织措施

（1）合理安排施工进度计划。冬期施工条件差，技术要求高，费用增加，因此，要合理安排施工进度计划，尽量安排保证施工质量且费用增加不多的项目在冬期施工，如吊装、打桩、室内装饰装修等工程；而费用增加较多又不容易保证质量的项目则不宜安排在冬期施工，如土方、基础、外装修、屋面防水等工程。

（2）进行冬期施工的工程项目，在入冬前应编制冬期施工方案。编制可依据 JGJ 104—1997《建筑工程冬期施工规程》，结合工程实际及施工经验等进行。编制的原则是：确保工程质量，且增加的费用为最少；所需的热源和材料有可靠的来源，并尽量减少能源消耗；确实能缩短工期。冬期施工方案应包括：施工程序；施工方法；现场布置；设备、材料、能源、工具的供应计划；安全防火措施；测温制度和质量检查制度等。方案确定后，要组织有关人员学习，并向队组进行交底。

（3）组织人员培训。进入冬期施工前，对掺外加剂人员、测温保温人员、锅炉司炉工和火炉管理人员，应专门组织技术业务培训，学习本工作范围内的有关知识，明确职责，经考试合格后，方准上岗工作。

（4）与当地气象台站保持联系，及时接收天气预报，防止寒流突然袭击。

（5）安排专人测量施工期间的室外气温、暖棚内气温、砂浆及混凝土的温度并做好记录。

2. 图纸准备

凡进行冬期施工的工程项目，必须复核施工图纸是否能适应冬期施工要求，如墙体的高厚比、横墙间距等有关的结构稳定性，现浇改为预制以及工程结构能否在冷状态下安全过冬等问题，应通过图纸会审解决。

3. 现场准备

（1）根据实物工程量提前组织有关机具、外加剂和保温材料、测温材料进场。

（2）搭建加热用的锅炉房、搅拌站、敷设管道，对锅炉进行试火试压，对各种加热的材料、设备要检查其安全可靠性。

（3）计算变压器容量，接通电源。

（4）工地的临时给排水管道及石灰膏等材料做好保温防冻工作，防止道路积水成冰，及时清扫积雪，保证运输顺利。

（5）做好冬期施工混凝土、砂浆及掺外加剂的试配试验工作，提出施工配合比。

（6）做好室内施工项目的保温，如先完成供热系统、安装好门窗玻璃等，以保证室内其他项目能顺利施工。

4. 安全与防火

（1）冬期施工时，要采取防滑措施。

（2）大雪后必须将架子上的积雪清扫干净，并检查马道平台，如有松动下沉现象，务必及时处理。

（3）施工时如接触汽源、热水，要防止烫伤；使用氯化钙、漂白粉时，要防止腐蚀皮肤。

（4）亚硝酸钠有剧毒，要严加保管，防止发生误食中毒。

（5）现场火源，要加强管理；使用天然气、煤气时，要防止爆炸；使用焦炭炉、煤炉或天然气、煤气时，应注意通风换气，防止煤气中毒。

（6）电源开关、控制箱等设施要加锁，并设专人负责管理，防止漏电触电。

4.6.2 雨期施工准备

（1）合理安排雨期施工。为避免雨期窝工造成的损失，一般情况下在雨期到来之前，应多安排完成基础、地下工程、土方工程、室外及屋面工程等不宜在雨期施工的项目，多留些室内工作在雨期施工。

（2）加强施工管理，做好雨期施工的安全教育。要认真编制雨期施工技术措施（如雨期前后的沉降观测措施，保证防水层雨期施工质量的措施，保证混凝土配合比、浇筑质量的措施，钢筋除锈的措施等），认真组织贯彻实施。加强对职工的安全教育，防止各种事故发生。

（3）防洪排涝，做好现场排水工作。工程地点若在河流附近，上游有大面积山地丘陵，应有防洪排涝准备。施工现场雨期来临前，应做好排水沟渠的开挖，准备好抽水设备，防止场地积水和地沟、基槽、地下室等浸水，对工程施工造成损失。

（4）做好物资的储存。雨期到来前，应多储存物资，减少雨期运输量，以节约费用。要准备必要的防雨器材，库房四周要有排水沟渠，防止物资淋雨浸水而变质，仓库要做好地面防潮和屋面防漏雨工作。

（5）做好机具设备等防护。雨期施工，对现场的各种设施、机具要加强检查，特别是脚手架、垂直运输设备等，要采取防倒塌、防雷击、防漏电等一系列技术措施，现场机具设备中焊机、闸箱等要有防雨措施。

（6）做好道路维护，保证运输畅通。雨期前检查道路边坡排水，适当提高路面，防止路面凹陷，保证运输畅通。

4.7　技术、安全交底

4.7.1　技术交底

技术交底是施工技术管理的重要步骤。技术交底的目的，一是使参加施工的领导、工程技术管理人员、作业班组明确所担负工程任务或作业项目的特点及技术要求、质量标准、采用的施工方法和技术措施、安全环保措施，以便更好地组织施工；二是明确交底人和接受交底人间的责任，发生工程事故，若属交底人未进行交底或交底不清，应主要是交底人的责任；若属接受交底人未按交底要求施工，应主要是接受交底人的责任。

技术交底分为单位工程技术交底和分部、分项工程技术交底两类。

单位工程技术交底是施工单位技术负责人施工前将工序中的关键技术对有关管理人员进行交底，应与施工组织设计交底一并进行。项目技术负责人向施工管理人员进行技术交底的主要内容和要求有：

（1）施工组织设计总体关键施工技术和质量保证措施。

（2）施工作业指导书的技术操作和质量保证措施。

（3）图纸会审内容交底。

（4）设计变更交底。

（5）施工质量标准及验收规范的有关条文。

（6）技术交底记录应根据施工过程的变化，及时补充新内容。

（7）技术交底记录应有交底人、接受交底人签字。

分部、分项工程技术交底的主要内容是：作业条件、施工准备、施工方法、工艺操作流程、技术要求、质量标准、安全环保措施、成品保护措施以及需要交底的其他事项（如工程中关键性施工技术问题，施工图中必须注意的尺寸、标高、轴线及预埋件、预埋孔位置，图纸变更洽商，新工艺新材料的施工方法、操作要点，质量通病防治，环境保护措施等）。技术交底要结合工作特点和班组具体情况在施工前进行，重点突出，结合实际，切忌照抄照搬。

4.7.2 安全交底

工程项目应坚持逐级安全交底制度。安全交底应具体、明确、针对性强，交底的内容应针对分部、分项工程中施工给作业人员带来的危险因素。

开工前，应将工程概况、施工方法、安全技术措施等情况，向工地负责人、工班长进行详细交底，必要时直接向参加施工的全体员工进行交底。工长安排班组长工作前，必须进行书面的安全交底，班组长应每天向工人进行施工要求、作业环境等安全交底。

各级书面安全交底应有交底时间、内容及交底人和接受交底人的签字，并保存交底记录。安全交底应针对工程施工作业的特点和危险点，针对危险点应有集体防范措施和应注意的安全事项。应有有关的安全操作规程和标准，一旦发生事故应有及时采取的避难和急救措施。当出现下列情况时，项目经理、项目总工程师或安全员应及时对班组进行安全交底：

(1) 因故改变安全操作规程。

(2) 实施重大和季节性安全措施。

(3) 推广使用新技术、新工艺、新材料、新设备。

(4) 发生因工伤亡事故、机械损坏事故及重大未遂事故。

(5) 出现其他不安全因素、安全生产环境发生较大变化。

思 考 题 与 习 题

1. 试述施工准备工作的重要性。

2. 简述施工准备工作的分类和主要内容。

3. 熟悉图纸应包括哪几个步骤？如何进行图纸会审？

4. 何为"七通一平"？如何建立测量控制网？

5. 资源准备包括哪些方面？

6. 如何做好冬、雨期准备工作？

7. 技术交底的内容有哪些？

第 5 章　施工组织总设计的编制

施工组织总设计是以整个建设项目或群体工程为编制对象，根据初步设计图纸、有关资料及现场施工条件编制，用以指导全工地各项施工准备工作和组织施工的技术经济的综合性文件。它一般由施工总承包公司或大型工程项目经理部的总工程师主持编制。

5.1　施工组织总设计的编制概述

5.1.1　施工组织总设计的作用

施工组织总设计的主要作用是：①为整个建设项目或群体工程施工做出全局性的战略部署；②为业主编制工程建设计划提供依据；③为评价建设项目的施工可行性和经济合理性提供依据；④为合理组织施工力量、技术和物资资源的供应提供依据；⑤为施工企业编制工程项目生产计划和单位工程施工组织设计提供依据。

5.1.2　施工组织总设计的编制程序

施工组织总设计的编制程序如图 5-1 所示。

5.1.3　施工组织总设计的编制依据

编制施工组织总设计一般以下列资料为依据：

（1）计划文件及有关合同。包括国家批准的基本建设计划、可行性研究报告、工程项目一览表、分期分批施工项目的筹资和投资计划、建设地区主管部门的批件、施工单位上级主管部门下达的施工任务计划、招投标文件及建筑工程施工合同、工程材料和设备的订货合同等。

（2）设计文件及有关资料。包括建设项目已批准的初步设计或扩大初步设计等文件，如设计说明书、建筑总平面图、建筑区域平面图、建筑平面图和剖面图、建筑物竖向设计图以及总概算等。

（3）工程勘察和技术经济资料。包括建设地区地形、地貌、水文、地质、气象及现场可利用情况等自然条件；能源、交通运输、建筑材料、预制件、设备采购、建筑机械租赁等技术经济条件；当地政治、经济、文化、卫生、宗教等社会条件。

（4）现行的规范、规程和有关技术标准。包括国家现行施工质量验收规范、质量验收统一标准、工艺操作规程、有关定额、技术规定和技术经济指标等。

（5）其他资料。类似建设项目的施工组织总设计实例、施工经验的总结资料及有关的参考数据等。

```
┌─────────────────┐
│   熟悉设计资料   │
└────────┬────────┘
         ↓
┌─────────────────┐
│   确定施工部署   │
└────────┬────────┘
    ┌────┴────┐
    ↓         ↓
┌─────────┐ ┌─────────┐
│拟定施工方法│ │估算工程量│
└────┬────┘ └────┬────┘
     └────┬─────┘
          ↓
┌──────────────────────┐
│ 编制施工(综合)进度计划  │
│ 及主要分项工程进度计划  │
└──────────┬───────────┘
  ┌────────┼────────┐
  ↓        ↓        ↓
┌───────┐┌───────┐┌───────┐
│编制施工机具、││编制材料、预制加││编制劳动力│
│设备需用量计划││工品及需用量进度││需用量计划│
│       ││计划    ││       │
└───┬───┘└───┬───┘└───┬───┘
    ↓        ↓        ↓
┌───────┐┌───────┐┌───────┐
│编制生产临││编制材料、预制││制定生活临时│
│时设施计划││加工品运输量计划││设 施 计 划│
└───┬───┘└───┬───┘└───┬───┘
    └────────┼────────┘
             ↓
┌──────────────────────┐
│ 制定临时供水、电、热力计划│
└──────────┬───────────┘
           ↓
┌──────────────────────┐
│   编制施工准备工作计划   │
└──────────┬───────────┘
           ↓
┌──────────────────────┐
│   布置施工总平面图     │
└──────────┬───────────┘
           ↓
┌──────────────────────┐
│   计算技术经济效果     │
└──────────┬───────────┘
           ↓
┌──────────────────────┐
│   审        批        │
└──────────────────────┘
```

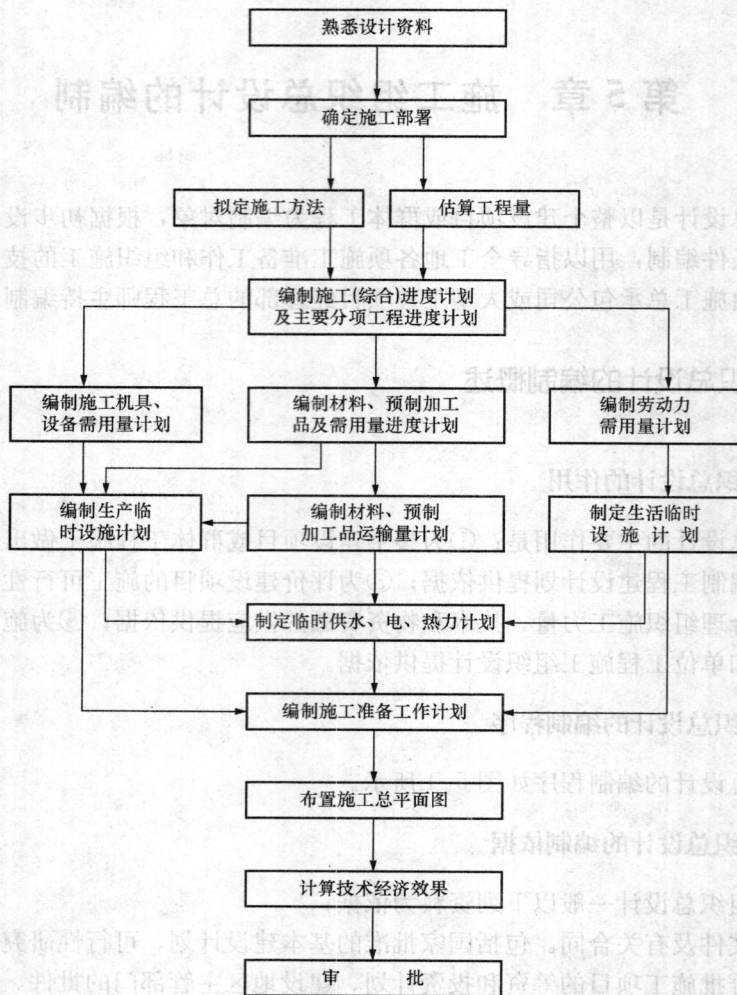

图 5-1 施工组织总设计的编制程序

5.1.4 施工组织总设计的编制原则

编制施工组织总设计时，应遵循以下原则：

（1）严格执行基本建设程序。基本建设的程序主要由项目建议书、可行性研究、勘察设计、施工准备、施工、竣工验收和交付使用等几个阶段组成。它是由基本建设的客观规律所决定的。因此，认真执行基本建设程序，是保证建筑安装工程顺利进行的重要条件。

（2）合理安排施工项目，保证重点。在拟建工程项目中，如何安排其施工的先后顺序，对确保其工期和发挥其经济效益起着关键性作用。因此，一般应优先安排施工工期长、工艺复杂的重点工程，以及工期要求较紧的工程和续建工程。同时要充分照顾到其他的工程项目，使其能与优先施工的工程项目统筹考虑，做到分期分批施工，统筹安排，并要注意安排好各工程项目的收尾工作，确保各工程项目不会因收尾工作迟迟不能完成而拖延工期。

（3）遵循施工工艺及其技术规律，合理安排施工程序和施工顺序。建筑施工程序和施工顺序是建筑产品生产过程中阶段性的固有规律。建筑产品生产的施工活动是在同一场地和不同空间上，同时或先后交错搭接地进行。它们是随拟建工程项目的规模、性质、设计要求、施工条件和使用功能等的不同而有所变化的，但通常仍要遵循"先地下，后地上"、"先深后浅"、"先结构，后装修"、"先主体，后围护"、"先土建，后设备"等基本原则。

（4）采用流水施工方法组织施工。编制施工总进度计划时，应从实际出发，尽量采用流水施工方法，组织连续、均衡、有节奏的施工方式，合理地使用人力、物力和财力，以利于保证工程质量，保证施工安全、缩短工期，以达到增加施工企业的经济效益。

（5）科学地安排季节性施工项目，保证全年生产的连续性和均衡性。工程项目的施工一般都是露天作业，易受外界气候的影响。所以，科学地安排冬、雨期施工项目就是要求在安排施工总进度计划时，根据施工项目的具体情况，将适合于冬、雨期施工的、不会过多增加施工费用的工程，安排在冬、雨期进行施工，尽量做到全面、均衡、连续地施工。

（6）充分利用现有机械设备，提高机械化程度。建筑产品生产中劳动消耗量大，应尽量扩大机械化施工范围，提高机械化施工程度，提高机械设备的利用率。以改善劳动条件、减轻劳动强度和提高劳动生产率，特别是大面积的平整场地、大型土石方工程、大型钢筋混凝土构件的制作和安装等繁重的施工过程。因此，在选择施工方法时，要结合当地的工程情况，充分利用现有的机械设备，要贯彻大型机械与中小型机械相结合，先进机械、简易机械和改进型机械相结合的方针。

（7）尽量减少暂设工程，科学合理地布置施工总平面图。暂设工程是拟建工程项目完工后均要迅速拆除的设施。因此，要尽量利用原有的房屋和设施，或利用可以先行修建的拟建永久性房屋和设施作为临时设施，也可利用简易房屋、可拆卸的装配式活动房屋，尽量减少临时设施的修建量，节约临时设施费用。合理地布置现场施工平面图，缩短场内物资的运输距离，避免二次搬运，节约运费，节约材料、能源和施工用地，降低工程成本。

（8）贯彻工厂预制和现场预制相结合的方针，提高建筑工业化程度。建筑技术进步的重要标志之一是建筑工业化，建筑工业化的前提条件是建筑施工中广泛采用预制装配式构件。在选择预制构件加工方法时，应根据构件的种类、运输和安装条件以及加工生产的水平等因素，进行技术经济比较，合理地决定工厂预制和现场预制构件的种类，贯彻工厂预制和现场预制相结合的方针，取得最佳的经济效果。

（9）坚持质量第一，重视施工安全。认真贯彻"百年大计、质量第一"和预防为主的方针。在选择施工方案和施工方法时，必须制定相应的确保工程质量的措施，预防和控制影响工程质量的各种因素；严格执行施工质量验收规范、操作规程和标准的有关规定和要求，建造用户满意的优质工程。要认真贯彻"安全为了生产、生产必须安全"的方针，建立健全各项安全检查与管理制度，制定各项确保施工安全的措施，按规定设置各项安全、消防、环保和劳动保护的设施和装备，施工中经常对职工进行安全教育、安全技术和操作规程培训，并加强施工过程中的检查、监督工作，确保施工安全。

5.1.5　施工组织总设计的内容

施工组织总设计一般包括：工程概况和施工特点分析、施工部署和主要项目施工方案、施工总进度计划、各项资源总需要量计划及全场性的施工准备工作计划、施工总平面图和主要技术经济指标等。但是，由于建设项目的规模、性质、建筑和结构的复杂程度、特点不同，建筑施工场地的条件差异和施工复杂程度不同，其内容也不完全一样。

5.2 工程概况的编制

工程概况是对整个建设项目或群体工程的总说明和总分析，是对拟建项目或群体工程所作的一个简明扼要的文字介绍，有时为了补充文字介绍的不足，还可附拟建项目设计总平面图，主要建筑的平面、立面、剖面示意图及辅助表格等。其内容一般包括：建设项目特点、建设场地特征、施工条件等。

5.2.1 建设项目特点

建设项目特点是对拟建工程项目的主要特点的描述。主要内容有：工程性质、建设地点、建设规模、总占地面积、总建筑面积、总投资额、总工期、分期分批施工的项目和施工期限；主要工种工程量、设备安装及其吨数；建筑安装工程量、工厂区和生活区的工程量；生产流程和工艺特点；建筑结构类型的复杂程度和新技术、新材料的应用情况等。为了更清晰地反映这些内容，也可利用附图或表格等不同形式予以说明，见表5-1。

表 5-1　　建筑安装工程项目一览表

序号	单位工程名称	建设规模	建筑面积/m²	结构类型	层数	跨度/m	设备安装内容	工程造价/元	开工日期	竣工日期

5.2.2 建设场地特征

主要介绍建设场地的自然条件和技术经济条件。如气象、地形地貌、水文、工程地质情况；建设地区的施工能力、劳动力、生活设施和机械设备情况；交通运输及当地能提供给的水、电供应和其他动力供应情况；地方资源供应情况等技术经济条件。

5.2.3 施工条件

施工条件主要是指建设项目开工所应具备的条件。主要内容包括施工企业的生产能力，技术装备和管理水平，主要设备、材料、特殊物资等的供应情况，征地拆迁情况等。

5.3 施工部署和施工方案的编制

施工部署是对整个建设项目从全局上作出的统筹规划和全面安排，并提出工程施工中一些重大战略问题的解决方案。施工方案是对单个建筑物作出的战役安排。施工部署和施工方案是施工组织总设计的核心，也是编制施工总进度计划、施工总平面图以及各种供应计划的基础。因此，施工部署的正确与否，是直接影响建设项目进度、质量和成本三大目标能否顺利实现的关键。施工部署一般包括确定工程开展程序、拟定主要工程项目的施工方案、制定"七通一平"的规划、明确施工任务划分与组织安排等内容。

5.3.1　工程开展程序的确定

根据建设项目总目标的要求，确定建设项目中各项工程合理的开展程序，是关系到整个建设项目能否迅速建成投产或使用的重大问题，也是施工部署中组织施工全局生产活动的战略目标。在确定施工开展程序时，主要应考虑以下几点：

（1）在保证总工期的前提下，分期分批配套施工。建设工期是施工的时间总目标，在满足总工期要求的前提下，合理地确定分期分批施工的项目和开展程序，使建设项目中相对独立的具体工程实行分期分批建设并进行合理的搭接，既可在全局上实现施工的连续性、均衡性，又可使具体工程迅速建成、尽早投入使用、发挥投资效益。至于如何分期分批，则要根据生产工艺要求、业主要求、工程规模大小和施工难易程度、资金、技术资料等情况，由业主和施工单位共同研究确定。

（2）统筹安排，保证重点，兼顾其他。按照各工程项目的性质、重要程度、生产工艺或使用要求，合理安排各工程项目的施工程序，保证重点，兼顾其他，确保各工程项目按期投产。应优先安排的项目主要有：①按生产工艺要求，须先期投入生产或起主导作用的工程项目；②工程量大、技术复杂、施工难度大、工期长的项目；③运输系统、动力系统，如厂区内外道路、铁路和变电站等；④生产上需先期使用的机修车间、办公楼等；⑤可供施工使用的永久性工程和公用设施工程，如供水设施、排水干线、输电线路等。对于建设项目中工程量小、施工难度不大、周期较短而又不急于使用的辅助项目，可以考虑与主体工程相配合，作为平衡项目穿插在主体工程的施工中进行。

5.3.2　确定主要项目的施工方案和选择施工方法

1. 确定主要项目的施工方案

确定主要项目的施工方案就是针对建设项目或群体工程中的施工工艺流程及施工段的划分，提出原则性的意见。它的内容包括施工方法、施工顺序、施工机械的选择、施工段的划分以及施工技术组织措施等。其内容和深度只需原则性地提出施工方案，如：采用何种施工方法；哪些构件采用现浇；哪些构件采用预制；是现场就地预制，还是在构件预制厂加工生产；构件吊装时采用什么机械；准备采用什么新工艺、新技术等，即对涉及全局性的一些问题拟定出施工方案。

对施工方法的选择要兼顾工艺技术的先进性和经济上的合理性；对施工机械的选择，应使主导机械的性能既能满足工程的需要，又能发挥其效能，在各个工程上能够实现综合流水作业，减少其拆、装、运的次数；对于辅助配套机械，其性能应与主导施工机械相适应，以充分发挥主导施工机械的工作效率。

2. 主要项目的施工方法

主要项目的施工方法是指选择那些工程量大、占用时间长、对工程质量和工期起着关键作用的主要工种工程的施工方法。如土石方、基础、砌体、模板、钢筋、混凝土、结构安装、装饰、垂直运输、设备安装等工种工程。在选择主要工种工程的施工方法时，应根据建设项目的特点、当地和施工企业的具体情况，尽可能地采用技术先进、经济合理、切实可行的建筑工业化与施工机械化程度较高的施工方法。

（1）工业化施工。按照工厂预制和现场相结合的方针和逐步提高建筑工业化程度的原则，妥善安排钢筋混凝土构件生产及木制品加工、混凝土搅拌、金属构配件加工和砂石等生产与堆放。其安排要点如下：①要充分利用当地的永久性预制加工厂生产大批量的标准构件，如屋面板、楼板、金属构件、木制品等；②当地预制加工厂生产能力不能满足需要时，可以考虑投资与当地合作扩建或新建预制加工厂，或自行设置预制加工厂，以便满足施工的需要；③对于大型构件，如柱、屋架、托架、天窗架等，一般应在现场就地预制，以便减轻运输的困难。

（2）机械化施工。要充分利用现有机械设备，努力扩大机械化施工的范围，增添新型高效机械，提高机械化施工的水平和生产效率，做到生产上适用、技术上先进和经济上合理。具体在安排和选用机械设备时，应注意以下各点：

1）主导施工机械的类型、性能和数量既能满足施工的需要，又能充分发挥其效能，并尽量安排同一机械在多个项目上综合流水作业，减少其拆、装、运的次数。

2）各种辅助机械应与主导机械的生产能力协调配套。如土方工程在采用汽车运土时，汽车的载重量应为挖土机斗容量的整数倍，汽车的数量应保证挖土机连续工作。

3）同一工地上，力求使建筑机械的种类和型号尽可能少一些，以利于机械管理。尽量使用一机多能的机械，提高机械使用效率。

4）工程量大而集中的施工项目，应选用大型的施工机械；施工面大而又比较分散的施工项目，则应选用移动灵活的中小型施工机械。

5.3.3 "七通一平"规划

全场性的"七通一平"是指开通施工场地与外部的通道以及施工场地内的主要道路、接通施工现场用水、用电、电信、蒸汽、煤气、施工现场排水及排污、平整施工场地等项工作。此项工作应由业主完成，也可委托施工单位办理。

5.4 施工总进度计划的编制

施工总进度计划是根据施工部署和施工方案，对全工地的所有工程项目做出时间上的安排。其作用在于确定各施工项目及其主要工种工程、准备工作和全工地性工程的施工期限及其开竣工日期，确定各项工程施工的相互搭接和衔接关系，从而确定施工现场上的劳动力、材料、半成品、成品以及施工机械设备的需要量和调配情况；现场临时设施的数量、水电供应数量和能源、交通的需要数量等。因此，正确地编制施工总进度计划是保证各个建设工程以及整个建设项目按期交付使用、合理组织施工、保证工程质量、降低建筑工程成本的重要条件。

5.4.1 施工总进度计划的编制原则和内容

（1）施工总进度计划的编制原则

1）合理安排各工程的施工顺序，保证在劳动力、物资以及资源消耗量最少的情况下，按规定工期完成施工任务。

2）采取合理的施工方法，使建设项目的施工保持连续、均衡、有节奏地进行，从而加快施工速度，降低工程成本。

3）本着保证质量、节约施工费用的原则，科学地安排全年各季度的施工任务。

（2）施工总进度计划的内容一般包括：估算主要项目的工程量，确定各单位工程的施工期限，确定各单位工程开、竣工时间和相互搭接关系，编制施工总进度计划表。

5.4.2　施工总进度计划的编制步骤和编制方法

（1）列出工程项目一览表并估算工程量。首先根据建设项目的特点划分项目。由于施工总进度计划主要起控制性作用，因此项目划分不宜过细，应突出主要项目，一些附属项目、临时设施、场地平整、土石方和水电管网等可以合并列出，可按施工方案确定的主要工程项目的开展顺序排列，然后按照初步设计（或扩大初步设计）图纸，并根据各种定额手册估算其实物工程量。常用的定额资料有以下几种：①万元、十万元投资工程量、劳动力及材料消耗扩大指标；②概算指标或扩大结构定额；③标准设计或已建类似建筑物、构筑物的资料。

按上述方法计算出的工程量，应填入统一的工程量汇总表中，见表 5-2。

表 5-2　　　　　　　　　　　　　　　　　**工程项目一览表**

工程分类	工程项目名称	结构类型	建筑面积/1000m²	幢数/个	概算投资/万元	主要实物工程量							
						场地平整/1000m²	土方工程/1000m³	铁路铺设/km	…	砖石工程/1000m³	钢筋混凝土工程/1000m³	装饰工程/1000m²	…
全工地性工程													
主体项目													
辅助项目													
永久住宅													
临时建筑													
合　　计													

（2）确定各单位工程的施工期限。单位工程的施工工期应根据施工单位的具体条件（如管理水平、技术力量、机械化施工程度等）及项目的建筑类型、结构特征、工程规模及施工现场环境等因素，并参考类似工程的施工经验、有关的工期定额等加以确定，但总工期应控制在合同工期内。

（3）确定各单位工程的开竣工时间和相互搭接关系。根据施工部署及单位工程施工期限就可以安排各单位工程的开、竣工时间和相互搭接关系。安排时通常应考虑以下各主要因素：①保证重点，兼顾一般，同一时期施工的项目不宜过多，以免分散有限的人力、物力；②满足连续、均衡施工要求，尽量使劳动力、施工机具和物资消耗量在全工地上达到均衡；③满足生产工艺要求，合理安排各个建筑物的施工顺序和衔接关系，使土建施工、设备安装和试生产实现程序化；④认真考虑施工总进度计划对施工总平面布置的影响；⑤全面考虑各种条件限制，如企业的施工力量，原材料、机械设备的供应情况，各年度建设投资数量等；⑥考虑季节变化对施工的影响。

（4）施工总进度计划的编制。由于施工总进度计划只是起控制各单位工程或各分部工程的开工、竣工时间的作用，而且施工条件多变，因此宜粗不宜细。在施工总进度计划中，一般以单位工程或分部工程作为施工项目名称即可，时间划分可按月或按季。

施工总进度计划可以用横道图或网络图表达。横道图的格式如表 5-3 所示。

表 5-3 施工总进度计划

序号	工程项目名称	结构类型	建筑面积 /m²	工作量	施工进度表												
					20××年						20××年						
					三季度			四季度			一季度			二季度			
					7	8	9	10	11	12	1	2	3	4	5	6
1	1# 住宅															
2	2# 住宅															
3	道路															
4	室外工程															
……	……															

近年来，随着网络计划技术的推广，采用网络图表达施工总进度计划已经在实践中得到广泛应用。采用时标网络图表达总进度计划比横道图更加直观明了，可以表达出各项目之间的逻辑关系，还可以进行优化，实现最优进度目标、资源均衡目标和成本目标。同时，由于网络图可以采用计算机计算和输出，对其进行调整、优化、统计资源数量、输出图表更为方便、迅速。

5.5 各项资源需要量计划及施工准备工作计划的编制

5.5.1 各项资源需要量计划的编制

施工总进度计划编制以后，通过核查定额指标或类似工程的经验资料，就可以编制综合劳动力、施工机械等各种资源的需要量计划。其内容一般包括以下几个方面：

（1）综合劳动力和主要工种劳动力需要量计划。编制综合劳动力需要量计划时，首先根据工程量汇总表中列出的各个建筑物专业工种的工程量，查施工定额或其他类似工程的资料，通过计算便可得到各个建筑物各主要工种的劳动力；然后根据各单位工程中各主要工种的持续时间，计算出各单位工程各工种在某段时间里平均劳动力数量及平均工人数。按照平均工人数绘制劳动力动态曲线图，从而可根据劳动力动态曲线图，列出主要工种劳动力需要量计划表，见表 5-4。

表 5-4 某工种劳动力需要量计划表

序号	工程名称	施工高峰需用人数	20××年			20××年				20××年		
			二季	三季	四季	一季	二季	三季	四季	一季	二季	三季
	汇 总											
	现有人数											
	多余（＋）或不足（－）											

注 1. 需要量人数除生产工人外，应包括附属辅助用工（如机修、运输、构件加工、材料保管等）及服务用工。
2. 表下应附分季度的劳动力动态曲线（纵轴表示人数，横轴表示时间）。

（2）主要材料、预制构件及半成品需要量计划。根据各工种工程量汇总表所列各项目的工程量，查概算指标、施工定额或参照已建类似工程资料，计算出各项目所需建筑材料、预制构件和加工品等需用量；然后根据施工总进度计划，大致计算出各项资源在各个季度（或月份）的需要量，依据施工现场、交通运输、市场供应能力等情况，从而可以编制出其分阶段的主要材料、预制构件加工品需要量计划及运输计划。其形式见表5-5～表5-7。

表5-5 　　　　　　　　　　　　　　　主要材料需要量计划

材料名称 工程名称	主 要 材 料						
	型钢/t	钢筋/t	木材/m³	水泥/t	砖/千块	砂/m³	……

表5-6 　　　　　　　　　　主要材料、预制构件、半成品需要量进度计划

序号	材料或预制 加工品名称	规格	单位	需 要 量				需要量进度						
				合计	正式 工程	大型临 时设施	施工 措施	20××年				20××年		……
								一季	二季	三季	四季	一季	二季	

表5-7 　　　　　　　　　　　　　主要材料、预制加工品运输计划

序号	材料或预制 加工品名称	单位	数量	折合 吨数	运距/km			运输量 /(t·km)	分类运输量/(t·km)			
					装货点	卸货点	距离		公路	铁路	航运	备注

注 材料和预制加工品所需运输总量应加入8%～10%的不可预见系数。

（3）施工机具需要量计划。主要施工机械，如挖土机、起重机等的需要量，应根据施工部署和施工方案、施工总进度计划、主要工种工程量、预制加工品运输量计划以及机械化施工参考资料进行编制。施工机具需要量计划除为组织机械供应外，还可作为施工用电容量和停放场地面积的计算依据。主要施工机具、设备需用量表见表5-8。

表5-8 　　　　　　　　　　　　　　主要施工机具、设备需要量计划

序号	机具设 备名称	规格 型号	电动机 功率	数 量				需 要 计 划					
				单位	需用	现有	解决 办法	20××年				20××年	
								一季	二季	三季	四季	……	
												……	

5.5.2 施工准备工作计划的编制

施工准备工作是完成项目工程施工任务的重要环节和首要条件，在很大程度上影响到施工总进度计划能否及时开始、按时完成，因此必须重视施工准备工作计划的编制。全工地性

的施工准备工作计划，将施工准备期内的各种准备工作进行具体安排和逐一落实，是施工总进度计划中准备工作项目的进一步具体化，也是实施施工总进度计划的要求。施工准备工作计划通常以表格形式表示，见表 5-9。

表 5-9　　　　　　　　　　　　　　　施工准备工作计划表

序　号	施工准备项　目	简要内容	负责单位	起止时间		备　注
				月　日	月　日	

5.6　施工总平面图设计及业务量计算

施工总平面图是拟建项目施工现场的总体平面布置图，它是按照施工部署、施工方案和施工总进度计划的要求，对施工现场的交通道路、材料仓库、附属生产企业、临时房屋和临时水、电管线等作出合理的规划和布置，并以图纸的形式表达出来，从而正确处理全工地施工期间所需各项设施和永久性建筑物与拟建工程之间的空间关系，指导现场进行有组织、有计划的文明施工。施工总平面图的比例一般为 1∶2000 或 1∶1000。

5.6.1　施工总平面图设计的原则和内容

1. 施工总平面图设计的原则

施工总平面图设计必须坚持下列原则：

（1）尽量减少施工用地，不占或少占农田，不挤占道路，使平面布置紧凑合理。

（2）合理组织运输，减少运输费用，各种仓库、搅拌站、加工厂尽量靠近使用地点，尽可能避免二次搬运，并保证运输方便、通畅。

（3）施工区域的划分和场地确定，应符合施工流程要求，尽量减少专业工种和各工程之间的干扰。

（4）充分利用各种永久性建筑物和原有设施为施工服务，降低临时设施的费用。

（5）各种临时设施的布置应有利于生产和方便生活。

（6）应满足劳动保护、安全防火、环保、市容等方面的要求。

2. 施工总平面图设计的内容

施工总平面图设计的内容主要包括以下三个方面：

（1）原有的、拟建的建筑物（构筑物）和设施等的位置和尺寸。

（2）为施工生产服务的各类临时性设施的布置。包括：与各种运输业务有关的建筑物和运输道路；各种加工厂、搅拌站、半成品制备站及机械化装置等；各种建筑材料、半成品、构件的仓库和主要堆场；水源、电源、临时给排水管线和动力供电线路及设施；行政管理用房、临时宿舍及文化生活福利建筑等；建设项目施工必备的安全、防火和环境保护设施等。

（3）与施工有关的其他事项。主要包括永久性及半永久性测量放线用水准点和标志点（坐标点、高程点、沉降点）、特殊图例、方向标志、比例尺等。

5.6.2　施工总平面图的设计步骤和设计要求

施工总平面图的设计步骤为：引入场外交通道路→布置仓库及材料堆场→布置加工厂和混凝土搅拌站→布置内部运输道路→布置临时房屋→布置临时水、电管网和其他动力设施→绘制正式施工总平面图。

1. 场外交通道路的引入与场内布置

设计全工地性施工总平面图时，首先应从考虑大宗材料、成品、半成品、设备等进入工地的运输方式入手。当大批材料由铁路运来时，要解决铁路的引入问题；当大批材料是由水路运来时，应考虑原有码头的运用和是否增设专用码头问题；当大批材料是由公路运入工地时，由于汽车线路可以灵活布置，因此，一般先布置场内仓库和加工厂，然后再布置场外交通的引入。

当场外运输主要采用铁路运输方式时，要考虑铁路的转弯半径和竖向设计的要求。如果修建施工用临时铁路，首先确定铁路起点和进场位置。铁路临时线宜由工地的一侧或两侧引入，以更好地为施工服务。如将铁路铺入工地中部，将严重影响工地的内部运输，对施工不利。对拟建永久性铁路的大型工业工地，一般可提前修建永久性铁路专用线，铁路专用线宜由工地的一侧或两侧引入。因此，在现场布置时，尽量使铁路线路成为施工区域的划分线。当然，也可以将铁路先建到进入施工现场的入口处，设立临时站台，再用汽车进行场内运输，这样铁路线不会对施工产生太大的影响。

当场外运输主要采用水路运输方式时，应充分利用原有码头的吞吐能力。原有码头吞吐能力不足时，可增设新码头或改造原码头，码头数量不少于两个，码头宽度应大于 2.5m。如工地靠近水路，可考虑在码头附近布置主要加工厂和转运仓库。

当场外运输主要采用公路运输方式时，由于公路布置较灵活，一般先将仓库或加工厂布置在最合理最经济的地方，然后布置通向场外的公路，最好通向场外的公路布置两个以上出入口。

2. 仓库与材料堆场的布置

仓库与材料堆场的布置通常考虑设置在运输方便、位置适中、运距较短并且平坦、宽敞、安全防火的地方，并应根据不同材料、设备和运输方式来设置。

当采用铁路运输时，大宗材料仓库和堆场通常沿铁路线靠近工地一侧布置，以免内部运输跨越铁路，并且不宜设置在弯道外或坡道上。同时要留有足够的装卸前线，否则，必须在附近设置转运仓库。

当采用水路运输时，一般应在码头附近设置转运仓库，以缩短船只在码头上的停留时间。

当采用公路运输时，仓库的布置较灵活。一般布置在工地中央或靠近使用的地方，也可以布置在靠近于外部交通连接处。砂、石、水泥、石灰、钢筋、木材等仓库或堆场宜布置在搅拌站、预制场和木材加工厂附近；水泥库、砂石堆场则布置在搅拌站附近；砖、瓦和预制构件等直接使用的材料应该直接布置在施工对象附近，并在垂直运输机械的工作范围内，以免二次搬运；油库、氧气库和电石库等危险品仓库宜布置在僻静、安全之处。工业项目还应考虑主要生产设备的仓库（或放置场地），笨重设备应尽量放在车间附近，其他设备仓库可布置在外围或其他空地上，一般应与建筑材料仓库分开设立。

3. 加工厂和搅拌站的布置

加工厂和搅拌站的布置应以方便使用、安全防火、运输费用最少、不影响建筑安装工程施工的正常进行为原则，并应与相应的仓库或材料堆场布置在同一地区。各种加工厂宜集中布置在同一个地区，一般多处于工地边缘。这样，既便于管理，又能集中铺设道路、动力管线及给排水管网，从而降低施工费用。

预制件加工厂尽量利用建设地区永久性加工厂。只有其生产能力不能满足工程需要时，才考虑现场设置临时预制件厂，其位置最好布置在建设场地中的空闲地带上。

钢筋加工厂可集中或分散布置，视工地具体情况而定。需冷加工、对焊、点焊钢筋骨架和大片钢筋网时，宜采用集中布置，并考虑与预制构件加工厂相邻；对于小型加工、小批量生产和利用简单机具就能成型的钢筋加工，采用就近的钢筋加工棚进行。

木材加工厂设置与否、是集中还是分散设置、设置规模，应视建设地区内有无可供利用的木材加工厂而定，如建设地区无可利用的木材加工厂，而锯材、标准门窗、标准模板等加工量又很大时，则集中布置木材联合加工厂为好。对于非标准件的加工与模板修理工作等，可分散在工地附近设置临时加工棚进行加工。

金属结构、锻工、电焊和机修车间等，由于其在生产上联系密切，应布置在一起。

产生有害气体和污染环境的加工厂，如沥青、生石灰熟化、石棉加工厂等，应位于现场的下风向，且不危害当地居民。

工地混凝土搅拌站的布置有集中、分散、集中与分散相结合三种方式。当运输条件较好时，以采用集中布置方式较好，或现场不设搅拌站而使用商品混凝土；当运输条件较差时，则以分散布置在使用地点或垂直运输设备等附近为宜。对于混凝土使用较分散或运输距离较远的情况，而且现场又有足够的混凝土输送设备时，宜采用现场集中布置；若利用城市的商品混凝土搅拌站，只要考虑其供应能力和输送设备能否满足，及时做好订货联系即可，工地则可不考虑布置搅拌站。一般当砂、石等材料由铁路或水路运入，而且现场又有足够的混凝土输送设备时，宜采用集中布置方式；由汽车运输时，也可采用分散或集中和分散相结合的方式。

砂浆搅拌站多采用分散就近布置的方式。

4. 场内运输道路的布置

场内运输道路的布置，应根据各加工厂、仓库及各施工对象的位置布置，并研究货物周转运行图，以明确各段道路上的运输负担，区别主要道路和次要道路。规划这些道路时要特别注意满足运输车辆的安全行驶。在规划临时道路时，还应考虑充分利用拟建的永久性道路系统、提前修建路基及简单路面，作为施工所需的临时道路，场内干线宜采用双车道环形布置，环行道路的各段尽量设计成直线段，以便提高车速，宽度不小于 6m；次要道路可用单车道支线布置，宽度不小于 3.5m，每隔一定距离设会车或调车的地方，道路末端应设置回车场地。

5. 临时建筑的布置

行政与生活福利临时建筑可分为：①行政管理和辅助生产用房，包括办公室、警卫室、汽车库以及修理车间等；②居住用房，包括职工宿舍等；③生活福利用房，包括俱乐部、图书馆、浴室、理发室、商店、食堂、医务所等。

对于各种生活与行政管理用房应尽量利用业主的生活基地或现场附近的其他永久性建

筑，不足部分另行修建临时建筑物。临时建筑物的设计，应遵循经济、适用、装拆方便的原则，并根据当地的气候条件、工期长短确定其建筑结构形式。

一般全工地性行政管理用房设在全工地入口处，以便对外联系，也可设在工地中部，便于工地管理。现场办公室应靠近施工地点。工人福利设施应设置在工人较集中的地方或工人必经之路。生活基地应设在场外，距工地 500～1000m 为宜，并避免设在低洼潮湿、有烟尘和有害身心健康的地方。食堂宜设在生活区，也可布置在工地与生活区之间。

6. 临时水、电管网和其他动力设施的布置

（1）工地供水的布置。工地上临时供水包括三方面：生产用水、生活用水及消防用水。布置时应尽量利用或接上永久性给水系统。当有可以利用的水源时，可以将水从场外直接接入工地；当无可利用现有水源时，可以利用地下水，并设置抽水设备和加压设备等，以便储水和提高水压。水源解决后，沿主要干道布置干管，然后与使用点接通。

施工现场供水管网有环状、枝状和混合式三种形式。工地上给排水系统沿主要干道布置，有明铺与暗铺两种。

根据工程防火要求，应设立消防站，一般设置在交通畅通、距易燃建筑物较近的地方，并须有通畅的出口和消防车道。沿道路设置消防栓，消防栓间距不应大于 120m，消防栓距路边缘不应大于 2m。另外，在各个拟建物附近也要设置消防栓，距拟建物不大于 25m，不小于 5m。工地室外消防栓必须设有明显标志，消防栓周围 3m 范围内不准堆放建筑材料、停放机具和搭设临时房屋等；消防栓供水干管的直径不得小于 100mm。

（2）工地供电的布置。工地临时供电包括动力用电和照明用电。当工地附近现有电源能满足需要时，可以将电从外面直接接入工地，沿主要干道布置主线，供电线路应避免与其他管道设在同一侧。在高压电引入处需设置临时变电站和变压器。当工地附近没有电源或能力不足时，就需考虑临时供电设施，临时发电设备设置在工地中心或工地中心附近。

5.6.3　业务量计算

1. 工地临时设施所需面积的计算

（1）加工厂所需面积的确定。

对于混凝土搅拌站、预制构件厂、综合木工加工厂、钢筋加工厂等，其建筑面积可按下式计算

$$F = K_1 Q f / K_2 \tag{5-1}$$

式中　F——加工厂的建筑面积（m^2）；

K_1——加工量的不均衡系数，一般取 $K_1 = 1.3 \sim 1.5$；

Q——加工总量（m^3 或 t）；

K_2——加工厂建筑面积或占地面积的有效利用系数，一般取 $K_2 = 0.6 \sim 0.7$；

f——加工厂完成单位加工产量所需的建筑面积定额 m^2/m^3 或 m^2/t，查资料可得。

（2）工地仓库所需面积的确定

1）确定工地物资储备量。通常物资储备量根据物资的特性、现场条件、供应条件和运输条件来确定。

对经常或连续使用的材料，如砖、砂石、水泥和钢材等，其储备量可按下式计算

$$P = T_H Q K / T_1 \tag{5-2}$$

式中　P——某种材料的储备量（t 或 m^3）；

　　　T_H——材料储备天数又称储备期定额；

　　　Q——某种材料年度或季度需要量 t 或 m^3，可根据材料需要量计划表求得；

　　　K——某种材料需要量不均匀系数；

　　　T_1——有关施工项目的施工总工作日。

2) 仓库面积的确定。求得某种材料的储备量后，便可根据某种材料的储备定额，用下式计算其面积

$$A = \frac{P}{qk} \tag{5-3}$$

式中　A——某种材料所需的仓库总面积（m^2）；

　　　q——仓库存放材料的储备定额（t/m^2 或 m^3/m^2）；

　　　k——仓库面积利用系数，用以考虑人行道和车道所占面积的影响，查资料可得。

（3）行政、生活福利设施所需面积的确定。建筑施工工地人数确定后，就可根据每人建筑使用面积指标来确定各种行政、生活福利设施的建筑面积。

$$A = NP \tag{5-4}$$

式中　A——建筑面积（m^2）；

　　　N——人数（人）；

　　　P——建筑面积指标，查资料可得。

2. 工地临时供水的设计计算

工地临时供水的设计主要内容有：确定需水量；选择水源；确定配水管网。建筑工地的临时用水包括施工生产用水、施工机械用水、施工现场生活用水、生活区生活用水和消防用水，并由此确定总用水量的大小。

（1）用水量计算

1) 施工生产用水量可按式（5-5）计算

$$q_1 = K_1 \sum \frac{Q_1 N_1}{T_1 C} \frac{K_2}{8 \times 3600} \tag{5-5}$$

式中　q_1——施工用水量（L/s）；

　　　K_1——未预计的施工用水系数（1.05～1.15）；

　　　K_2——用水不均衡系数，查《施工手册》可得；

　　　Q_1——年度（或季、月）工种最大工程量，可由总进度计划及主要工种工作量中求得；

　　　N_1——施工用水定额，查资料可得；

　　　T_1——年（季）度有效作业日（d）；

　　　C——每天工作班数（班）。

2) 施工机械用水量按式（5-6）计算

$$q_2 = K_1 \sum Q_2 N_2 \frac{K_3}{8 \times 3600} \tag{5-6}$$

式中　q_2——机械用水量（L/s）；

　　　K_1——未预计的施工用水系数，1.05～1.15；

　　　Q_2——同一种机械台数（台）；

　　　N_2——施工机械台班用水定额，查《施工手册》可得；

K_3——施工机械用水不均衡系数，查《施工手册》可得。

3）施工现场生活用水量按式（5-7）计算

$$q_3 = \frac{P_1 N_3 K_4}{C \times 8 \times 3600}$$ (5-7)

式中 q_3——施工现场生活用水量（L/s）；

P_1——施工现场高峰期职工人数（人）；

N_3——施工现场生活用水定额，一般为 20～60L/（人·班），主要视当地气候而定；

K_4——施工现场用水不均衡系数，查《施工手册》可得；

C——每天工作班数（班）。

4）生活区生活用水量按式（5-8）计算

$$q_4 = \frac{P_2 N_4 K_5}{24 \times 3600}$$ (5-8)

式中 q_4——生活区生活用水量（L/s）；

P_2——生活区居民人数（人）；

N_4——生活区昼夜全部生活用水定额，每一居民每昼夜为 100～120L，随地区和有无室内卫生设备而变化，各分项用水参考定额；

K_5——生活区用水不均衡系数，查《施工手册》可得。

5）消防用水量。建筑工地消防用水量应根据工地大小，各种房屋、构筑物的结构性质和层数以及防火等级等确定。生活区消防用水量则根据居民人数查《施工手册》确定。

（2）总用水量（q）。建筑工程总用水量并非生产、生活及消防三者用水之和，因为这三者的耗水在不同的时间发生，因此，在保证及时消灭火灾所应有的最小用水量的条件下，应分别按下列情况进行组合，取其较大值为计算依据。

1）当 $q_1 + q_2 + q_3 + q_4 \leqslant q_5$ 时，则取

$$q = \frac{1}{2}(q_1 + q_2 + q_3 + q_4) + q_5$$ (5-9)

2）当 $q_1 + q_2 + q_3 + q_4 > q_5$ 时，则取

$$q = q_1 + q_2 + q_3 + q_4$$ (5-10)

3）当工地面积小于 5 公顷，且 $q_1 + q_2 + q_3 + q_4 < q_5$ 时，则取

$$q = q_5$$ (5-11)

最后计算出的总供水量，应增加 10%，以考虑管网漏水的损失。

（3）确定给水系统。临时供水系统可由取水设施、贮水构筑物（水塔及蓄水池）、输水管和配水管线综合而成。这个系统应优先考虑建成永久性给水系统，只有在工期紧迫、修建永久性给水系统难以应付急需时，才修建临时给水系统。

3. 工地临时供电的设计计算

工地临时供电的设计计算包括：①用电量计算；②电源的选择；③导线断面计算和配电线路布置。

（1）用电量的计算。总用电量可按式（5-12）计算

$$P = (1.05 \sim 1.10)\left(K_1 \frac{\sum P_1}{\cos\varphi} + K_2 \sum P_2 + K_3 \sum P_3 + K_4 \sum P_4\right)$$ (5-12)

式中 P——供电设备总需要容量（kVA）；

P_1——施工机械电动机额定功率（kW）；

P_2——电焊机额定容量（kVA）；

P_3——室内照明容量（kW）；

P_4——室外照明容量（kW）；

$\cos\varphi$——电动机的平均功率因数，在施工现场最高为 $0.75\sim0.78$，一般为 $0.65\sim0.75$；

K_1、K_2、K_3、K_4——需要系数，可查《施工手册》获得。

由于照明用电量所占的比重较动力用电量要少得多，所以在估算总用电量时可以简化，只要在动力用电量之外再加 10％作为照明用电量即可。

（2）电源选择。在选择电源时应考虑：建筑工程及设备安装工程的工程量和施工进度；各个施工阶段的电力需要量；施工现场的大小；用电设备在建筑工地上的分布情况和距离电源的远近情况；现有电气设备的容量情况。目前临时供电电源的选择方案有：完全由工地附近的电力系统供电；工地附近的电力系统只能供给一部分，还需自行扩大原有电源或增设临时供电系统以补充其不足。

（3）确定配电导线截面积。配电导线要正常工作，必须具有足够的机械强度、耐受电流通过所产生的温升，并且使得电压降损失在允许范围内，因此，选择配电导线时一般按照导线的机械强度、允许电流强度、容许电压降三种方法分别计算其截面积，即以求得的三个导线截面面积中最大者为准，选择配电导线截面面积。实际上，通常方法是：当配电线路比较长、线路上的负荷比较大时，往往以允许电压降为主确定导线截面；当配电线路比较短时，往往以允许电流强度为主确定导线截面；当配电线路上的负荷比较小时，往往以导线机械强度要求为主选择导线截面。

5.6.4 施工总平面图的绘制

施工现场平面布置是一个系统工程，必须结合具体工程的特点，全面考虑、统筹安排，正确处理各项内容相互联系和相互制约的关系，精心设计，反复修改后，才能得到一个较好的布置方案。其具体步骤为：

（1）确定图幅的大小和绘图比例。图幅大小和绘图比例应根据工地大小及布置的内容多少来确定。图幅一般可选用 1～2 号图纸，比例一般采用 1∶1000 或 1∶2000。

（2）合理规划和设计图面。施工总平面图除了要反映施工现场的布置内容外，还要反映周边环境与现状（如已有建筑物、场外道路等），并要留出一定的图面绘制指北针、图例和标注文字说明等。

（3）绘制建筑总平面图的有关内容。将现场测量的方格网、现场内外已建的房屋、构筑物、道路和拟建的工程和运输道路等其他设施按比例准确地绘制在图面上。

（4）绘制工地需要的临时设施。根据布置要求及面积计算，将道路、仓库、加工厂和水、电管网等临时设施绘制到图面上去。对复杂的工程必要时可采用模型布置。

（5）形成施工总平面图。在进行各项布置后，经分析比较、调整修改，形成施工总平面图，并作必要的文字说明，标上图例、比例、指北针。绘制的施工总平面图其比例要准确，图例规范、线条粗细分明、标准，字迹端正，图面整洁、美观。

5.7 施工组织总设计实例

5.7.1 工程概况

该工程为某房地产开发公司开发的高档商住小区，位于该市的西北角，小区东临北京大道，西、北面紧靠滨河大道，南面是拟建中的另一商业用地，由 9 幢 22 层的呈环形布置的高层住宅和分布在住宅楼群周围集大型超市、宾馆、物业管理公司办公楼、热力变电站、垃圾中转站等为一体的配套服务用房组成。小区中心位置为一座 700 车位的地下停车场。该工程总建筑面积 18 万 m^2，占地 5.2 万 m^2，工程总造价约 2.1 亿元。

(1) 建设项目特征。该工程的地下停车场共 3 层，底标高 −12.00m，全高 9.0m，全现浇钢筋混凝土框架结构，顶盖为无柱帽的无梁楼盖，墙、板均为 C30 自防水钢筋混凝土。

9 幢高层住宅均正北布置，建筑形式及构造基本相同，均为钢筋混凝土框架剪力墙结构。工程的 ±0.00 相当于绝对标高 42.00m，地下 3 层，分别为人防地下室及设备室；地上 22 层，层高 2.9m，建筑物总高 64.80m，房间开间尺寸为 4.8m 和 3.9m，进深为 6.9m 和 6.0m。结构抗震烈度按 8 度设防、深埋天然地基、箱形基础。

采暖分两个系统：1～7 层为低压双管，7 层以上高压双管。生活用水 1～6 层市政管网供应，7 层以上屋顶水箱供给。污水、煤气、供热等均与小区东、西侧的城市主管线相连接。

(2) 建设场地特征。该工程建设场地地势平坦，地下静水位标高 24.30～28.46m。该区域历年最高水位标高 29.50m，水质干净、无侵蚀性。设计最深基底标高 30.66m，处于地下水位以上。采用天然地基，持力层土质为中重亚黏土层。

(3) 建设施工条件。该工程的"三通一平"工作已结束，从业主提供的相关资料及根据自身的了解情况，该工程地下无障碍物；城市给水干管道位于现场东南角和西北角，并均留有阀门可接施工用水；电源位于西南角，能满足施工用电的需要。施工用的钢筋、水泥、石子、砂等主要材料及设备、劳动力已初步落实。构件及一般加工制品已有安排，能满足施工要求。

5.7.2 施工部署和施工方案

该工程单幢建筑的建筑面积大，施工工期较长，业主要求 9 幢住宅楼按照每年交付 3 幢的计划分期分批竣工。因此，总的施工部署按照每年完成 3 幢为一周期，适当安排配套工程，做到年计划与长远计划相适应，搞好工程协作，分期分批配套组织施工。

1. 施工部署

首先安排好每幢住宅楼工程的工期，以基础工程控制在 5 个月左右，主体工程控制在 6 个月左右为宜，装修工程、水电设备工程采取提前插入、平行交叉作业等措施，以缩短工期。装修安排 11 个月左右完成，单幢工程控制工期为 22 个月左右，比定额工期（32 个月）提前 10 个月。在幢号流水中，也要组织平行流水、交叉作业，充分利用时间、空间。配套工程项目应同时安排，相互衔接。

施工部署分 4 期进行，总工期控制在 4.5 年内。

一期工程：地下停车场（23000m²），第一年度 4 月～第二年度 12 月。按照"先地下、后地上"的原则以及住宅楼竣工必须使用地下停车场的要求，先行施工。整个地下停车场面积大、基础深，为尽量缩短基坑暴露时间，又分两个施工段组织施工。

二期工程：3#、4#、5# 楼（16000m²/幢），第二年度 1 月～第 3 年度 12 月。此三幢临街。3#、4# 楼地下室在地下停车场左右侧，可在地下停车场施工期间穿插进行。在此阶段，热力变电站（约1200m²）应安排施工，应注意到该幢号设备安装工期长。

三期工程：1#、2#、6# 楼（16000m²/幢），第二年度 10 月～第四年度 12 月。考虑 1#、2# 楼所在位置的现场实际情况，故开工顺序为 6#→1#→2#。此阶段同时施工的还有物业管理公司办公楼，此楼作为可供施工时使用的项目安排。由于施工用地紧张，先将部分暂设房安排在准备第四期才开工的 7#、8#、9# 楼位置上，故要求物业管理公司办公楼在满足要求的前提下尽早安排开工，利用其作施工用房，以便为 7#、8#、9# 楼的施工创造条件，并使物业管理公司办公楼作为最后交工幢号。

四期工程：7#、8#、9# 楼（16000m²/幢），第三年度 4 月～第五年度 10 月。此三幢的开工顺序根据施工现场的临时设施拆除的条件来决定，计划先拆除混凝土搅拌站、加工棚，后拆除仓库、办公室，故开工幢号的顺序为 9#→8#→7#。此外，大型超市、宾馆、幼儿园、垃圾中转站餐厅等工程可作为调剂劳动力的部分，以达到均衡施工的目的。

小区管网宜配合各期竣工幢号施工，并采取临时封闭措施，以达到各阶段自成体系分期使用的目的。但每幢住宅楼基槽范围内的管线应在回填土前完成。

2. 施工方案

该工程按以下工艺流程进行：

地下停车场工艺流程：挖土→垫层→底板→架空层结构→回填土→地下层结构→回填土→地下一层结构→回填土。

住宅楼结构阶段工艺流程：挖槽→垫层→人防层保护墙→人防层结构→回填土→地下二层结构→地下一层结构→回填土→立塔吊→1～9 层结构→9 层以下设备安装、内装修（平行作业 10～22 层结构）→10 层以上设备安装、内装修、外装修。

（1）基础土方开挖。采用挖土机、推土机和自卸车机械作业线进行挖方。分两层开挖，第一层 5.5m，坡度 1∶0.6；第二层 4m 左右，坡度 1∶0.7；采用明沟→集水井→水泵系统排出场外。地下停车场护坡为钢筋网片、抹 5cm 厚细石混凝土。

（2）水平及垂直运输。大宗材料用卡车，混凝土用泵送设备输送至施工现场的作业面上。垂直运输主要采用塔吊。根据各阶段施工分别选定塔吊并进行布置。

施工用电梯，每一住宅楼设 1 台双笼外用电梯，结构施工至第 7 层时安装，供上人及运输装修材料用。每一幢住宅楼设一台高车架，供运输装修，水电材料及架设施工水管道用。结构施工至第 6 层时搭设。

（3）脚手架工程。采用整体提升脚手架。整体提升脚手架是搭设一个包围整个建筑、约 4 层楼高的脚手架，使用多台提升设备同步整体提升，提升到位后再与建筑进行附着固定。在主体施工阶段，每次提升一层楼高；在装修阶段，每下降一次，可完成三层外装修作业。

（4）模板工程。模板均应作配模设计，必要时应有计算。

地下停车场立墙用大平模配两个库的量。顶板模用组合钢模及 φ48mm 钢管组成可移动的台模，台模以 3m×4m 左右为宜，具体尺寸由分项设计决定，配两个库的量。

住宅楼模板：地下室架空层利用保护墙作外模，内模用小钢模拼装。架空层以上内外模均用组合钢模拼装。标准层模板按 5 段流水配置，墙模大部分用大平模，内纵墙每面一块，内横墙每面两块。标准层模板共配置两套。

（5）钢筋工程。该工程钢筋总量约为 10000 余 t，大宗钢筋由公司加工厂统一配料成形，运至工地绑扎，现场只设少量小型加工设备，如切割机、钢筋弯曲机等。

该工程所用钢筋为 HPB235、HRB335、HRB400。钢筋放样由施工队负责。钢筋规格不符合设计要求的，应与设计人员协商处理，不得任意代用。

钢筋连接除 HPB235 采用绑扎外，其他均为套筒直螺纹连接。墙体钢筋横筋在外，竖筋在内，上下错开接头 50%。

（6）混凝土工程。混凝土现浇量共约 10 万 m³，采用混凝土输送泵将混凝土输送至各作业面上。浇筑方法及要求为：底板一次浇筑，不设后浇带，与外墙交接处留凸形水平施工缝；外墙中部留一道 60cm 宽竖直后浇带；内墙垂直施工缝根据流水段划分设置在门口处，墙体混凝土浇筑高度控制在板以下 10cm；竖向结构混凝土分层浇筑的高度，第一次不大于 50cm，以上不大于 1m。湿润养护不得少于 14 昼夜。

（7）防水工程

1）地下停车场处理：①外墙过墙管应加法兰套管；②变形缝止水带采用焊接，用铅丝将止水带固定在钢筋或模板上；③补后浇带应在混凝土龄期不少于 28d 后进行。安装附加钢筋支模后浇水湿润，1 昼夜后再浇混凝土。每层厚不超过 50cm，湿养护 6 周。

2）住宅楼地下室为 SBS 防水卷材防水：架空层以下先砌保护墙内贴 SBS，利用保护墙作外模板；架空层以上先浇筑混凝土外贴 SBS 后砌保护墙。

3）住宅楼屋顶预埋的 φ12mm 锚环，应尽量设在暖沟内或靠近暖沟，并在屋面保温层做完后，先铺一层油毡。

（8）回填土工程

1）土方平衡措施：①停车场及分期施工的住宅楼地下室尽可能以挖补填；②在施工过程中应尽可能利用未开工项目的空地适当存土。

2）回填土的要求：①停车场三层台阶式流水施工，每一层结构完成后，尽早回填土，以便安装上层模板，免搭脚手架，有利于混凝土的养护，可防止混凝土裂缝；②住宅楼架空层以下先砌保护墙并回填土，以利边坡稳定；③在回填土的过程中，应尽可能将回填范围的外管线一并完成。

（9）装修工程。施工布置中内装修与结构交叉进行，结构完成 9 层由第 2~9 层逐层向上插入第一条装修线。结构完成后由第 10 层向上插入第二条装修线。外装修在第 10~22 层墙面冲筋及安装门窗后进行。主要项目施工方法如下：

1）地面工程：基层清理作为一道工序安排，并进行隐检。面层标高由楼道统一引向各房间，块材应由门口往里铺设。水泥地面及在水泥砂浆作结合层的地面应适当养护。

2）内墙装修：填充墙与混凝土墙交接处加挂 20cm 宽钢丝网。墙面抹灰均先在基层刷一道 107 胶或其他界面胶粘剂。混凝土墙面用 107 胶水泥浆贴瓷砖。

3）外墙装修：外装修架子用双层吊篮，自上而下进行装修，为弹性外墙漆。

（10）季节性施工措施（略）。

5.7.3　施工总进度计划

施工总进度计划见表 5-10。

表 5-10　　　　　　　　　　施工总进度控制计划

项　目 ＼ 年度、季度	第一年度				第二年度				第三年度				第四年度				第五年度			
	1	2	3	4	1	2	3	4	1	2	3	4	1	2	3	4	1	2	3	4
地下停车场一期																				
3#住宅楼																				
4#住宅楼																				
5#住宅楼																				
大型超市																				
6#住宅楼																				
1#住宅楼																				
2#住宅楼																				
9#住宅楼																				
8#住宅楼																				
7#住宅楼																				
热力变电站																				
物业公司办公楼																				
地下停车场二期																				
宾　馆																				
室外管线工程																				
道路工程																				

注　基础工程：------ ；　结构工程：……… ；　装修工程：-·-·- ；某单位工程 ————

5.7.4　施工准备工作及各项资源需要量计划

由于合同规定，在签订合同 2 个月后就计算正式工期，因此，施工前的准备工作十分紧张，必须抓紧。施工准备工作分下列几个方面进行：

（1）规划、设计工作。在总平面布置图的基础上进行大型临时设施的规划施工设计。编制停车场地下室施工方案，编制高层住宅楼单位工程施工组织设计、测量方案的确定和混凝土配合比的设计；制订适应该工程特点的各项管理制度等。

（2）资料审查。组织有关人员熟悉标书资料和合同文本，核查标书工程量，熟悉标书中的施工技术要求（包括主要的、特种材料的性能要求）。对即将施工的图纸进行会审。

（3）劳动力及材料机具的准备。根据施工组织总设计和施工方案的数据，初步落实开工初期的劳动力和开工第一年全年的宏观安排，以便分期分批进场。对主要施工机具，特别是早期施工的大型机械作出计划，分期进场。材料则根据需要，全面匡算，并分期分批送样报批、订货和组织进场；应及时落实混凝土的砂石来源，以便送交有资质的试验室进行级配试验，确定配合比等。

（4）现场准备和大型临时设施的修建。如现场清理，测量放线，修建临时设施；现场临时用水、用电、交通道路、围墙等施工；合理布置搅拌站、钢筋加工车间和工人生活实施等。

（5）现场组织机构的筹组。成立现场项目经理部，全面管理现场施工生产任务。

5.7.5　施工总平面布置

现场施工总平面按下列原则布置：

（1）现场设 2 台工作、1 台备用的搅拌机组成搅拌站。

（2）1#～6#住宅楼施工暂设用房大部分先安排在现场北面 7#、8#、9# 楼位置。7#、8#、9# 楼开工前，完成物业公司办公楼作暂设用房，将原暂设用房迁至办公楼。暂设用房一般采用混合结构。

（3）混凝土搅拌站迁移位置另定。

材料堆放：预制构件、大模板堆放在塔吊回转半径内，预制构件按两层的用量准备。钢筋及脚手架应分规格堆放。

施工总平面布置如图 5-2 所示。

5.7.6　主要技术管理与组织措施

（1）保证质量措施

1）认真贯彻各项技术管理制度和岗位责任制。加强图纸会审和技术核定工作，并设专人管理图纸和技术资料，以便将新修改的图纸及时送到现场。要编制好各类施工组织设计或施工技术措施，并严格付诸实施。

2）施工组织设计要报上级技术部门审批，要加强中间检查制度，对施工方案、技术措施、材料试验等，应定期检查执行情况。

3）新材料、新工艺、新技术要经过批准、试验、鉴定后，方可使用，并建立完整的资料归档。

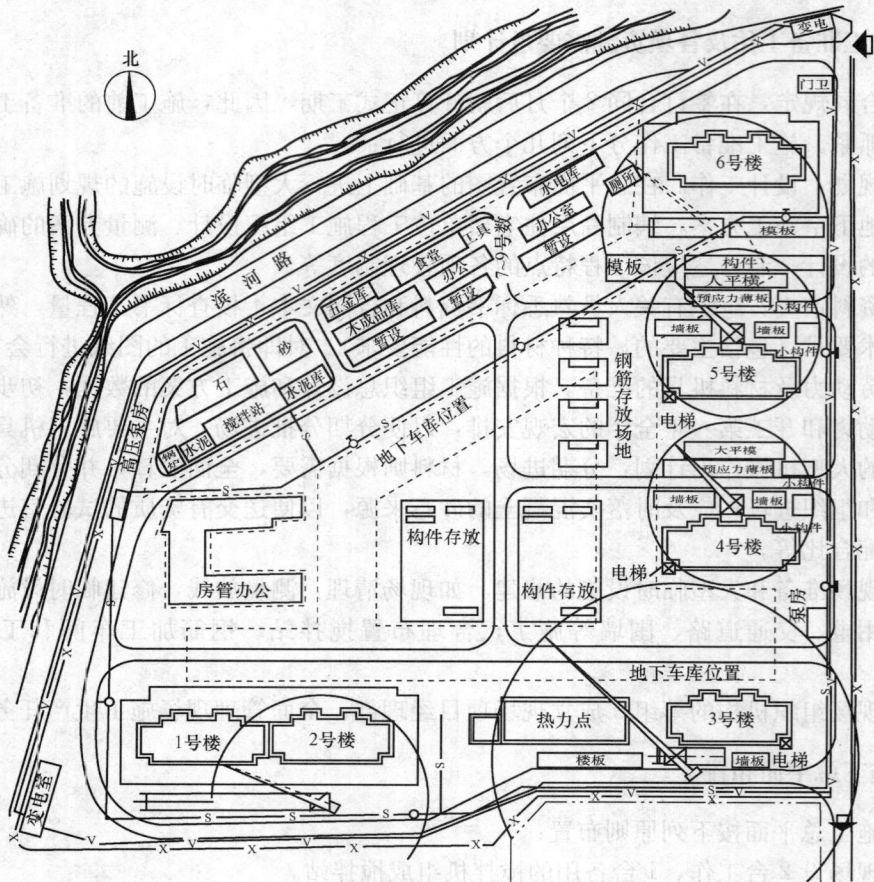

图 5-2 施工总平面布置

4）以优质工程为目标，积极开展质量管理小组活动。

5）各种材料进场前必须送样检查，经过批准才可订货、进场。材料要有产品的出厂合格证明，并根据规定做好各项材料的试验、检验工作，不合格的材料不准进入现场，如已进入的，必须全部撤出现场。

（2）安全措施

1）成立安全监督组，管理各施工单位（包括各分包单位）的施工安全事宜。项目经理部亦专门设立安全管理机构进行各项工作。

2）所有施工技术措施必须要有安全技术措施，在施工过程中加强检查，督促执行。在施工前要进行安全技术交底。

3）完善和维护好各类安全设施和消防设施。对锅炉房、配电房等都要派专人值班。

思 考 题 与 习 题

1. 什么是施工组织总设计？包括哪些内容？

2. 施工组织总设计的作用和编制依据有哪些？

3. 试述施工组织总设计的编制步骤。
4. 施工部署的内容有哪些？
5. 试述施工组织总进度计划的作用及编制步骤。
6. 施工准备工作的内容是什么？
7. 简述施工总平面图设计应遵循的原则。
8. 简述施工总平面图的内容、设计方法和步骤。

第 6 章　单位工程施工组织设计的编制

6.1　单位工程施工组织设计的编制概述

6.1.1　单位工程施工组织设计的作用

单位工程施工组织设计是以一个单位工程，即一幢建筑物或一座构筑物为施工组织对象而编制的。它一般由施工单位的工程项目技术负责人负责编制，并根据工程项目的大小，报公司总工程师审批或备案。其具体作用为：

（1）是建筑施工企业组织和指导单位工程施工全过程各项活动的技术经济文件。

（2）是基层施工单位编制季度、月度、旬度施工作业计划和分部分项工程作业设计的主要依据。

（3）是施工单位编制劳动力、材料、预制构件、施工机具等供应计划的主要依据。

（4）保证施工阶段的准备工作及时地进行。

（5）明确施工重点和影响工期进度的关键施工过程，并提出相应的技术、质量、文明、安全等各项生产要素管理的目标及技术组织措施，提高经济综合效益。

（6）协调各工种、各类资源、时间、资金等各方面在施工顺序、现场布置和使用上的相应关系。

6.1.2　单位工程施工组织设计的编制程序

单位工程施工组织设计的编制程序，是指对其各组成部分形成的先后次序及相互之间的制约关系的处理。根据工程的特点和施工条件的不同，其编制程序繁简不一，一般单位工程施工组织设计的编制程序如图 6-1 所示。

6.1.3　单位工程施工组织设计的编制依据

单位工程施工组织设计的编制依据主要有以下几个方面：

（1）上级领导机关对该单位工程的要求，建设单位的意图和要求，工程承包合同、施工图及施工的要求等。

（2）年度施工计划对该工程的安排和规定的各项指标。

（3）预算文件提供的有关数据。

（4）劳动力配备情况，材料、构件、加工品的来源和供应情况，主要施工机械的生产能力和配备情况。

（5）设备安装进场时间和对土建的要求，以及对所需场地的要求。

（6）建设单位可提供的施工用地、施工用房、水、电等条件。

（7）施工现场的具体情况：地形、地上、地下障碍物，水准点，气象，工程与水文地质，交通运输道路等。

```
┌─────────────────────────────────────┐
│ 熟悉、审查图纸，进行调查研究，收集资料 │
└─────────────────────────────────────┘
                  │
        ┌─────────────────┐
        │   计算工程量     │
        └─────────────────┘
                  │
        ┌─────────────────┐
        │ 选择施工方案和施工方法 │
        └─────────────────┘
                  │
        ┌─────────────────┐
        │  编制施工进度计划  │
        └─────────────────┘
                  │
   ┌──────────────┼──────────────┐
   │              │              │
┌────────┐ ┌──────────────────┐ ┌────────┐
│编制施工机具、│ │编制材料、构件、加工品需用量计划│ │编制劳动力需│
│设备需用量计划│ └──────────────────┘ │用量计划  │
└────────┘              │              └────────┘
   │          ┌──────────────────┐         │
   └─────────▶│ 确定临时生产、生活设施 │◀────────┘
              └──────────────────┘
                       │
              ┌──────────────────┐
              │ 确定临时供水、供电、供热管线 │
              └──────────────────┘
                       │
              ┌──────────────────┐
              │   编制运输计划     │
              └──────────────────┘
                       │
              ┌──────────────────┐
              │  编制施工准备工作计划 │
              └──────────────────┘
                       │
              ┌──────────────────┐
              │   设计施工平面图    │
              └──────────────────┘
                       │
              ┌──────────────────┐
              │  计算技术经济指标   │
              └──────────────────┘
                       │
              ┌──────────────────┐
              │      审批         │
              └──────────────────┘
```

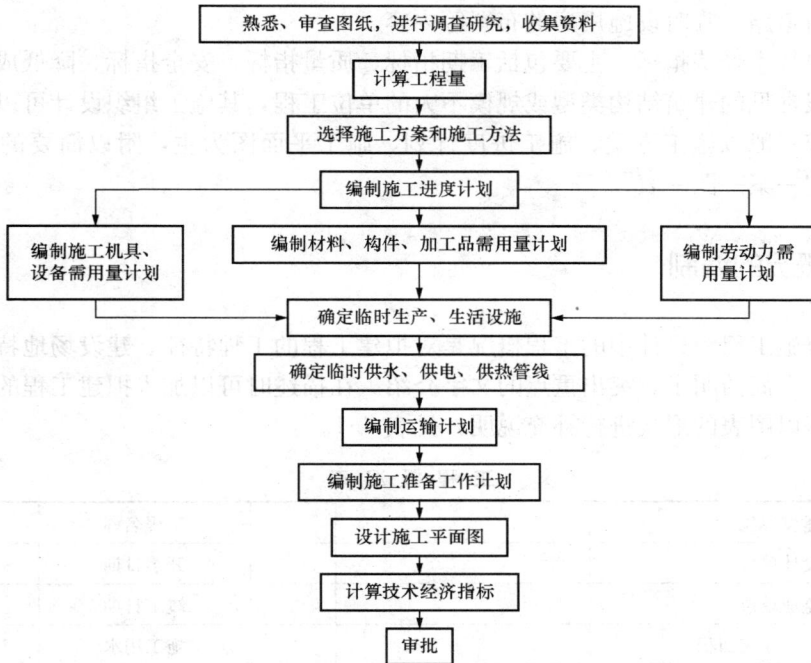

图 6-1 单位工程施工组织设计的编制程序

（8）建设用地征购、拆迁情况，施工许可证办理情况，国家有关规定、规范、规程和定额等。

（9）施工组织总设计，如果单位工程是建设项目的一个组成部分时，必须按施工组织总设计的有关内容及要求编制。

（10）施工企业的生产能力及该地区劳动力、资源的供应与分布情况。

6.1.4 单位工程施工组织设计的内容

根据拟建工程的性质、规模、结构特点、技术复杂程度和施工条件的不同，对单位工程施工组织设计的内容和深广度要求也不同，不强求一致，但内容必须简明扼要，使其真正能起到指导现场施工的作用。其内容一般应包括以下几方面：

（1）工程概况。主要包括工程特点、建设地点特征和施工条件等内容。

（2）施工方案。主要包括确定总的施工顺序即确定施工流向，主要分部分项工程的划分及其施工方法的选择、施工段的划分、施工机械的选择、技术组织措施的拟定等内容。

（3）施工进度计划。施工进度计划主要包括划分施工过程和计算工程量、劳动量、机械台班量、施工班组人数、每天工作班次、工作持续时间，以及确定分部分项工程（施工过程）施工顺序及搭接关系、绘制进度计划表（横道图或网络图）等。

（4）施工准备工作计划及各项资源需要量计划。主要包括施工前的技术准备、现场准备、机械设备、工具、材料、构件和半成品构件的准备及其需要量计划，并编制各需要量计划表。

（5）施工平面图。施工所需机械、临时加工场地、材料、构件仓库与堆场的布置，临时水电网、临时道路、临时设施用房的布置等内容。

（6）主要技术经济指标。主要包括工期指标、质量指标、安全指标、降低成本指标等。

对于一般常见的建筑结构类型或规模不大的单位工程，其施工组织设计可以编制得简单一些，其内容一般以施工方案、施工进度计划、施工平面图为主，附以简要的文字说明即可，简称为"一案一图一表"。

6.2 工程概况的编制

单位工程施工组织设计中的工程概况是对拟建工程的工程特征、建设场地特征和施工条件等所作的一个简洁明了、突出重点的文字介绍。在描述时可以加入拟建工程的平面图、剖面图及表格等以图表的形式进行补充说明，见表6-1。

表 6-1   **工 程 概 况 表**

	建设单位			工程名称	
	设计单位			开工日期	
	监理单位			竣工日期	
工程概况	建筑面积		现场综合情况	施工用水	
	建筑层数			施工用电	
	建筑高度			施工用气	
	建筑跨度			施工道路	
	基础类型及埋深			地下水位情况	
	墙			气温情况	
	柱			雨量情况	
	屋 盖			地质情况	
	楼 地 面				
	门 窗				
	吊装件最大重量				
	吊装件最大起吊高度				

6.2.1 建设工程特征

（1）工程建设情况。主要说明拟建工程的建设单位、工程名称、性质、用途和建设目的；资金来源及工程造价；开工竣工日期；设计单位、施工单位、监理单位；施工图纸情况；施工合同是否签订；主管部门的有关文件或要求以及组织施工的指导思想等。

（2）建筑结构情况。主要说明拟建工程的基础类型、主体结构类型、建筑面积、层数、层高、总高度、平面尺寸、抗震设防要求及平面组合形式、形状、室内外装饰构造及做法等情况；墙、柱、梁、板等构件的材料及截面尺寸，预制构件的类型及安装位置等；采用的新结构、新技术、新工艺、新材料等的应用情况。

6.2.2　建设地点的特征

主要说明拟建工程的位置、地形、地貌、工程地质与水文地质条件；地下水位、水质；气温和冬雨期施工起止时间；主导风向、风力，抗震设防烈度等。

6.2.3　施工条件

主要是说明拟建工程的水、电、道路及场地平整，即"三通一平"情况；现场临时设施、施工现场及周边环境等情况；当地的交通运输条件；预制构件的生产及供应情况；成品构件及半成品构件的生产及供应情况；材料供应情况；施工单位机械、设备、劳动力等落实情况；内部承包方式（分包方式）、劳动力组织形式及施工企业管理水平等情况。

6.3　施工方案的编制

施工方案是单位工程施工组织设计的核心内容，施工方案选择是否合理将直接影响工程的施工效率、质量、工期和经济技术效果。施工方案的编制内容主要包括确定施工顺序和施工流向、制定施工组织措施、选择主要分部分项工程的施工方法和施工机械、施工方案的评价等。单位工程施工方案应在若干个初步方案基础上进行筛选优化后确定。

6.3.1　确定施工流向

施工流向是指单位工程在平面上或竖向上施工开始的部位及展开方向。

单层建筑物要确定出分段（跨）在平面上的施工起点和施工流向，多层建筑物除了应确定每层平面上的施工起点和施工流向外，还应确定其层或单元在竖向上的施工起点和施工流向。竖向施工流水要在层数多的一段开始流水，以使工人不窝工、施工不间歇。不同的施工流向可以产生不同的施工质量、时间和成本效果。因此，确定单位工程施工流向应考虑以下因素：

（1）车间的生产工艺过程及使用要求。车间的生产工艺过程往往是确定施工流向的关键因素，故影响其他工段试车投产的工段应先施工，次要的或不影响其他施工段的后施工。

（2）建设单位对生产和使用的要求。一般应考虑建设单位对生产和使用要求急的工段或部位先施工。

（3）施工方法的不同。施工方法的不同，其施工流向也就不同。如一幢地下两层、地上十四层的建筑物要用顺作法施工，其施工流向为：测量定位放线→底板施工→拆第二道支撑→地下两层施工→拆第一道支撑→±0.000 顶板施工→上部结构施工。如采用逆作法施工地下两层结构，其施工流向为：测量定位放线→进行地下连续墙施工→进行钻孔灌注桩施工→±0.000 标高结构层施工→地下两层结构施工，同时进行地上一层结构施工→底板施工并作各层柱，完成地下施工→完成上部结构。

（4）施工的复杂程度不同。一般对技术复杂、施工进度较慢、工期较长的区段或部位应先施工。

（5）房屋高低层或高低跨的不同。当房屋有高低层或高低跨时，应从高低层或高低跨并列处开始。如柱子的吊装应从高低跨并列处开始。

（6）工程现场条件和施工方案的不同。施工场地的大小、道路布置和施工方案中采用的施工方法和机械是确定施工起点和流向的主要因素。如施工现场比较狭窄的，土方工程边开挖边外运余土，施工起点应确定在离道路远的部位和由远及近的进展方向。

（7）分部分项工程的特点及相互关系。如基础工程由施工机械和方法决定其平面的施工流向。主体结构工程从平面上看，从哪一边先开始都可以，但竖向一般应自下而上施工。装饰工程除确定平面上的起点和流向以外，在竖向上还要确定其起点和流向。装饰工程可分为室内和室外装饰工程，根据装饰工程的质量、工期、施工安全以及施工条件，其施工流向如下：

1）室外装饰工程施工流向。室外装饰工程一般采用自上而下的施工流向，其施工流向为水平向下和垂直向下，一般采用水平向下，如图6-2所示。采用这种顺序的优点是使房屋在主体结构完成后，有足够的沉降和收缩期，从而保证装饰质量，同时便于脚手架拆除。

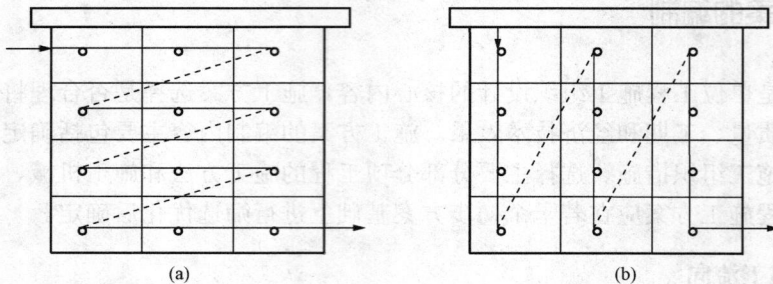

图6-2 自上而下的施工流向
(a) 水平向下；(b) 垂直向下

2）室内装饰工程施工流向。室内装饰装修的施工流向有自上而下和自下而上两种，如图6-2和图6-3所示。自上而下指主体及屋面防水完工后，室内抹灰从顶层逐层向下进行。它的施工流向又分为水平向下和垂直向下，通常采用水平向下的施工流向。自上而下的施工流向的优点不会因上层施工产生楼板渗漏影响下层装饰质量，可以避免各工种操作互相交叉，便于组织施工，有利于安全生产，也便于楼层清理。缺点是不能与主体及屋面搭接施工，工期较长。室内装饰自下而上的施工顺序是指主体结构施工到三层以上时（有两层楼板，以保证施工安全），室内抹灰从底层开始逐层向上进行，其施工流向可分为水平向上和垂直向上两种，一般采用水平向上的施工流向。它的优点是可以与主体工程平行搭接施工，

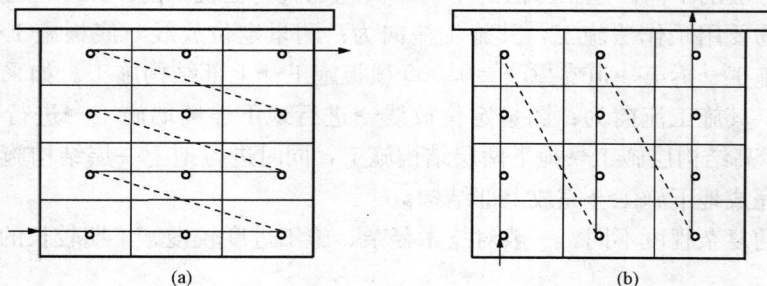

图6-3 自下而上的施工流向
(a) 水平向上；(b) 垂直向上

从而缩短工期。但它的缺点是同时施工的工序较多、需要的工作人数也较多、交叉作业多，不利于施工安全，材料供应比较集中，施工机具负担重，也不利于成品保护，现场组织和管理比较复杂。因此，只有当工期紧迫时，才可以考虑采取此种施工顺序。

6.3.2　确定施工程序和施工顺序

施工程序是指分部工程、专业工程或施工阶段的先后施工关系。确定合理的施工程序是为了按照客观的施工规律组织施工，也是为了解决各工种之间的合理搭接，在保证工程质量和施工安全的前提下，充分利用施工空间，以达到缩短工期的目的。

在实际工程施工中，施工程序有多种，不仅不同类型的建筑物的建造过程有着不同的施工程序，而且同一类型的建筑工程施工甚至同一幢房屋的施工，也会有不同的施工程序，在编制单位工程施工组织设计时，应该在若干个施工程序中选择出既符合客观规律、又经济合理的施工程序。但有时在施工过程中几种施工程序可以共同使用。

1. 确定单位工程施工程序应遵循的基本原则

（1）先地下、后地上。指的是在地上工程开始施工之前，应把埋设在地下的各种管道、线路等地下设施、土方工程和基础工程全部完成或基本完成。

（2）先主体、后围护。指的是框架结构建筑或排架结构单层工业厂房的施工中，应先进行主体结构，然后围护结构。指先进行主体结构的施工，后进行装饰装修工程施工。但有时为了缩短工期，也有结构工程和装饰工程合理搭接进行施工的。

（3）先土建、后设备。指的是在一般情况下，不论是民用建筑还是工业建筑，土建施工应先于水、暖、煤、卫、电等建筑设备的施工。但它们之间更多的是穿插配合关系，尤其是在装修阶段。应从保证施工质量、降低成本的角度，处理好相互之间的关系。

以上原则不是一成不变的，可以互相穿插，在特殊情况下，如在冬期施工前，应尽量可能完成土建工程和围护工程，以有利于施工中的防寒和室内作业的开展，达到保证冬季施工质量和缩短工期的目的。

总之，在编写单位工程施工组织设计时，应按施工程序，结合工程具体情况，明确各阶段的工作内容及顺序。

2. 土建施工与设备安装的施工程序

土建施工与设备安装的程序关系也呈现复杂情况。首先土建施工要为设备安装施工提供工作面，在安装的过程中，两者要相互配合。一般在设备安装以后，土建还要做许多工作。总的来说，可以有以下三种程序关系：

（1）封闭式。对于一般机械工业厂房，当主体结构完成之后，即可进行设备安装。对于精密设备的工业厂房，则应在装饰工程完成后才进行设备安装。这种程序称为"封闭式施工"。

（2）敞开式。对于某些重型厂房，如冶金、电站用房等，一般是先安装工艺设备，然后建造厂房。由于设备安装露天进行，故称为"敞开式施工"。

（3）平行式。当土建为设备安装创造了必要条件后，同时又可采取措施防止设备污染，便可同时进行土建与安装施工，故称为"平行式施工"，如水泥厂。

3. 确定施工顺序的基本要求

施工顺序是指分项工程或工序之间施工的先后次序。它的确定既是为了按照客观的施工规律组织施工，也是为了解决工种之间在时间上的搭接和在空间上的利用问题。在保证施工质量与安全的前提下，充分利用空间、时间，以缩短施工工期的目的。确定施工顺序除应遵循施工程序外，还应考虑以下要求：

（1）必须符合施工工艺的要求。建筑物的各分部分项工程之间存在着一定的工艺顺序关系，不同结构和构造的建筑物的工艺顺序还会发生变化，在确定施工顺序前必须先分析各分部分项工程的施工顺序。例如现浇框架柱的施工顺序：绑扎钢筋→支模板→浇筑混凝土→养护→拆模。

（2）必须与施工方法协调一致。如现浇钢筋混凝土独立基础的施工顺序为：绑钢筋→支模板→浇筑混凝土→养护→拆模。在装配式钢筋混凝土单层厂房施工中，采用分件吊装法的吊装顺序是：先吊装全部柱子，再吊装全部吊车梁，最后吊装所有的屋架和屋面板。采用综合吊装法的吊装顺序是：先吊装完一个节间的柱子、吊车梁、屋架和屋面板后，再吊装下一个节间的构件，直到吊装完。

（3）必须考虑施工组织的要求。例如有地下室的高层建筑，其地下室地面工程可以安排在地下室顶板施工前进行，也可安排在地下室顶板施工后进行。从施工组织上看，前者上部空间宽敞，可以利用吊装机械将地面施工所用材料直接运到施工位置，施工较方便。而后者地面材料运输和施工就比较困难。

（4）必须考虑施工质量的要求。安排施工顺序时必须以保证和提高施工质量为前提，如采用柔性防水的屋面防水层的施工，必须等找平层干燥以后才能进行，否则将影响防水层与基层的粘结，影响防水质量。如混合结构中，实心砖墙的砌筑是在砂浆铺上之后马上铺砖，不能等到砂浆干硬后再辅砖。

（5）必须考虑当地的气候条件。不同地区的气候特点不同，安排施工过程应考虑到气候特点对工程的影响。如土方施工应尽量避免雨期，以免基坑被雨水浸泡或遇到地表水造成基坑开挖困难。

（6）必须考虑安全施工的要求。在安排立体交叉、平行搭接施工时必须考虑施工安全。如水、暖、电、煤、卫的安装不能与构件、钢筋、模板的吊装在同一工作面上，必要时必须采取一定的保护措施。

4. 常见的几种不同建筑的施工顺序

（1）多层混合结构民用建筑房屋的施工顺序。多层混合结构民用建筑房屋的施工，按照房屋结构部位不同一般分为基础工程、主体工程、屋面及装饰工程三个施工阶段，如图 6-4 所示。

1）基础工程的施工顺序。基础工程施工是指室内地坪（±0.000）以下的所有工程的施工，其施工顺序一般是：挖土方（基坑或基槽）→垫层→基础施工→回填土。具体内容根据工程基础设计而定，如房屋基础为钢筋混凝土条形基础工程，其施工顺序一般是：挖基坑→垫层→绑扎钢筋→支模板→浇筑混凝土→养护→回填土。如有地下室，则施工过程和施工顺序一般是：挖土方→垫层→地下室底板→地下室墙、柱结构→地下室顶板→防水层及保护层→回填土。但由于地下室结构、构造不同，施工内容和顺序也有所不同，有些内容可能存在配合和交叉施工。

2）主体工程的施工顺序。主体工程施工阶段的工作内容较多，其主要施工内容包括：安装垂直起重机械设备，搭设脚手架，砌筑墙体，现浇柱、梁、板、雨篷、阳台、楼梯等。

在楼板为全现浇的情况下，砌筑墙体和浇筑楼板是主体工程施工阶段的主导施工过程，

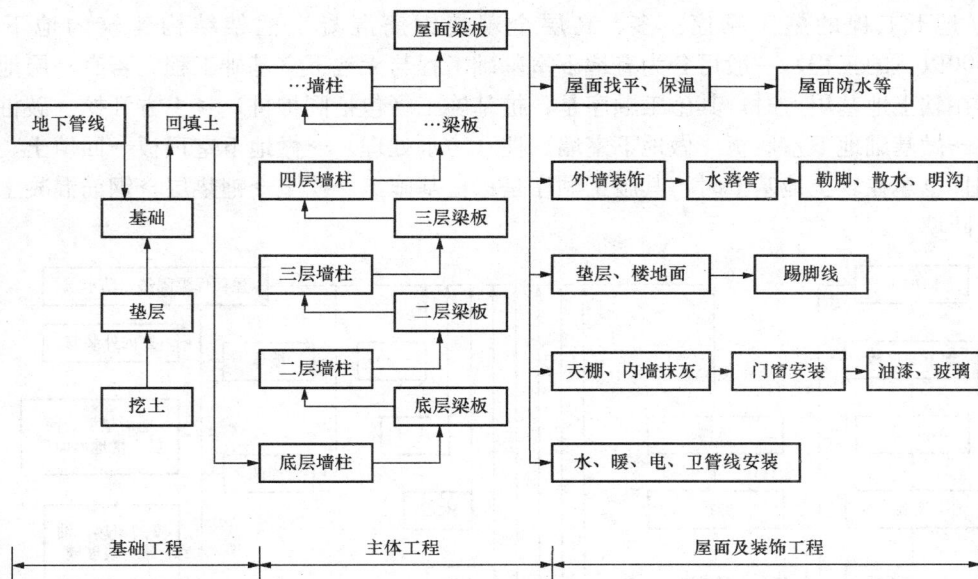

图 6-4　多层混合结构民用建筑房屋施工顺序

应使它们在施工中保持均衡、连续、有节奏地进行，并以它们为主组织流水施工。其他施工过程应配合砌墙和浇筑楼板组织流水施工，搭接进行。如脚手架搭设应配合砌墙和现浇楼板逐层分段架搭，其他现浇混凝土构件的支模、绑筋可安排在现浇楼板的同时或砌筑墙体的最后一步插入。其施工顺序一般为：立构造柱钢筋→砌墙→支构造柱模板→浇筑构造柱混凝土→支梁、板、楼梯模板→绑扎梁、板、楼梯钢筋→浇筑梁、板、楼梯混凝土→养护。

　　3）屋面及装饰工程施工顺序。屋面及装饰装修工程的施工特点是施工内容多、繁、杂，工程量大小差别较大，手工操作多，劳动消耗大，工期较长。因此，为了加快施工进度，必须合理安排屋面及装修工程的施工顺序，组织流水立体交叉作业。

　　屋面工程分柔性防水屋面（如各类卷材、涂膜）和刚性防水屋面（如砂浆、细石混凝土）两种，一般不划分施工段，它可以和装饰工程搭接或平行进行，应根据屋面设计构造层次逐层采用依次施工的方式组织施工。卷材防水屋面的一般施工顺序为：找平层→隔气层→保温层→找平层→卷材防水层→保护层。刚性防水屋面的施工顺序一般为：找平层→隔气层→保温层→找平层→刚性防水层。屋面工程施工应在主体结构完成后尽快完成，为顺利进行室内装修提供条件。

　　装修工程的施工可分为室外装修和室内装修两个方面。室内、外装修工程的施工顺序可分为先内后外、先外后内及内外同时进行三种顺序，具体选用应该根据施工条件和气候条件等确定。对于室内装饰工程按其施工过程的先后顺序一般有两种施工顺序：①安装门窗框→顶棚墙体抹灰→做楼地面→安装门窗扇、玻璃及刷（喷）油漆；②安装门窗框→做楼地面→顶棚墙体抹灰→安装门窗扇、刷（喷）油漆及玻璃。室外装饰工程的施工顺序一般为：外墙面抹灰（饰面）→勒脚→散水→台阶，并在安装水落管的同时拆除外脚手架。

　　（2）多、高层全现浇钢筋混凝土框架结构建筑的施工顺序。多、高层全现浇钢筋混凝土框架结构建筑的施工，一般可划分为±0.000以下基础工程、主体结构工程、屋面工程及围护工程、装饰工程等四个施工阶段，如图6-5所示。

1) 地下工程的施工顺序。多、高层全现浇钢筋混凝土框架结构建筑的地下工程（±0.000以下的工程）一般可分为有地下室基础工程与无地下室基础工程。若有一层地下室且又建在软土地基层上时，其施工顺序是：桩基施工（包括围护桩）→土方开挖→破桩头及铺垫层→做基础地下室底板→做地下室墙、柱（防水处理）→做地下室顶板→回填土。若无地下室且也建在软土地基上时，其施工顺序是：桩基施工→挖土→铺垫层→钢筋混凝土基础施工→回填土。

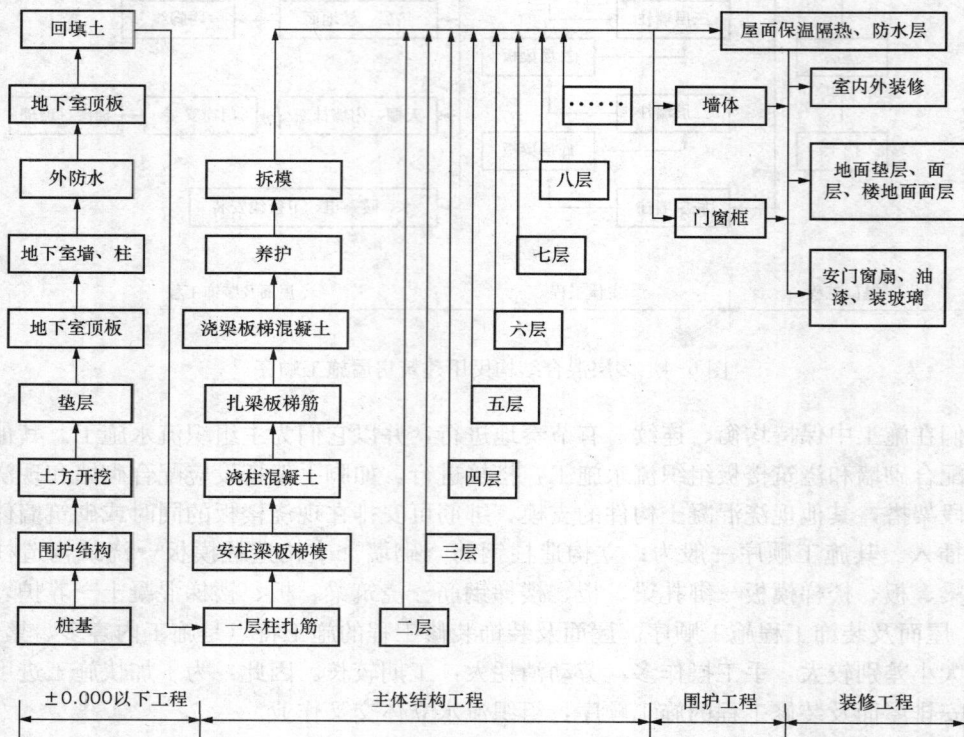

图6-5 多、高层全现浇钢筋混凝土框架结构建筑施工顺序

（二层以上施工同一层施工）

2) 主体结构工程的施工顺序。主体结构的施工主要包括柱、梁（主梁和次梁）、楼板的施工。由于柱、梁、板的施工工程量很大，所需的材料、劳力很多，而且对工程质量和工期起决定性作用，故需采用多层框架在竖向上分层、在平面上分段的流水施工方法。其施工顺序为：绑扎柱钢筋→支柱模→浇柱混凝土→支梁、板模板→绑扎梁、板钢筋→浇梁、板混凝土。

3) 屋面工程和围护工程的施工顺序。屋面工程的施工顺序与多层混合结构房屋的屋面工程施工顺序相同。围护工程的施工包括砌筑外墙、内墙（隔断墙）及安装门窗等施工过程，对于这些不同的施工过程可以按要求组织平行、搭接及流水施工。但内墙的砌筑则应根据内墙的基础形式而定，有的需在地面工程完工后进行，有的则可在地面工程之前与外墙同时进行。

4) 装饰工程的施工顺序。装饰工程的施工顺序同多层混合结构房屋的施工顺序一样，也分为室外装饰与室内装饰。室内装饰包括顶棚、墙面、楼地面、楼梯等的抹灰，安装门窗玻璃、油漆门窗等。室外装修也同样包括外墙抹灰（外墙饰面）以及做勒脚、散水、台阶、明沟等施工过程。

（3）装配式钢筋混凝土单层工业厂房的施工顺序。按照厂房结构各部位不同的施工特点，施工内容可分为：基础工程、预制工程、结构安装工程、围护工程和装饰工程五个主要分部工程，其施工顺序如图 6-6 所示。

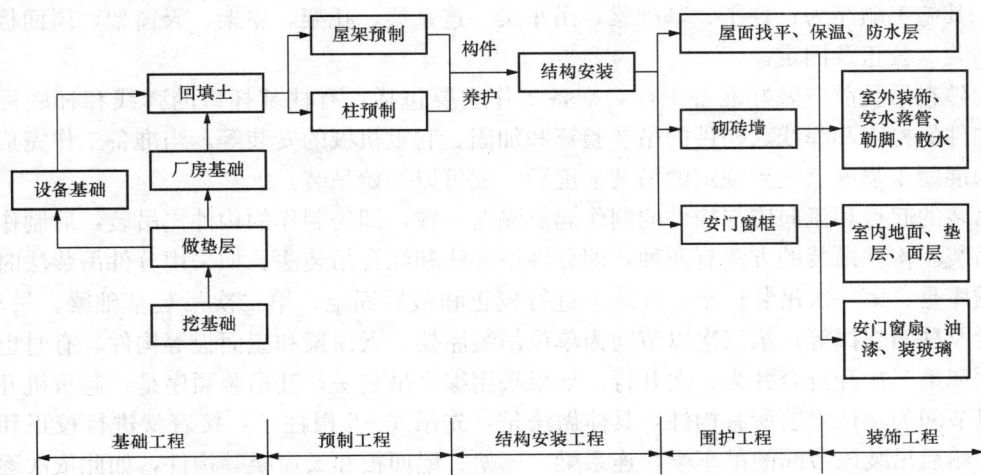

图 6-6　装配式钢筋混凝土单层工业厂房施工顺序

由于工业建筑规模大，生产工艺复杂，厂房按生产工艺要求分区分段。为了尽快发挥建设投资效益，对规模较大、工艺复杂的厂房要分期分批进行施工，分期分批交付试生产。因此，确定装配式钢筋混凝土单层工业厂房的施工顺序时，除了考虑土建施工及施工组织外，还应研究其生产工艺流程。

1）基础工程的施工顺序。装配式钢筋混凝土单层工业厂房的基础大多采用钢筋混凝土杯形基础，土质较差时，一般采用桩基础。为了缩短工期，常将打桩安排在施工准备阶段。基础工程的施工顺序为：基坑挖土→做垫层→安装基础模板→绑扎钢筋→浇筑混凝土基础→养护→拆基础模板→回填土等施工过程。

单层工业厂房中不但有柱基础，还有设备基础。特别是重型工业厂房，设备基础埋置深，体积大，所需工期较长，比一般柱基施工困难和复杂。由于设备基础施工顺序的不同，常会影响到主体结构的安装方法和设备投入的时间，因此对其施工顺序需进行仔细研究决定，一般有"封闭式"、"敞开式"和"平行式"三种方案。

2）预制工程阶段的施工顺序。装配式单层工业厂房钢筋混凝土结构构件较多，一般包括：柱子、基础梁、连系梁、吊车梁、支撑、屋架、天窗架、屋面板、天沟及檐沟板等构件。其制作一般采用加工厂制作和现场制作相结合方式。对于重量较大或运输不便的大型构件一般在拟建车间现场制作，如柱子、屋架、托架和吊车梁等。对于中小型构件可在加工厂制作，如屋面板、天沟等。具体制定预制方案时，应结合构件技术要求、工期规定、当地加工厂的生产能力及施工现场运输条件等因素进行技术经济分析后确定。

现场制作预制构件时，非预应力构件的制作程序是：场地平整→支模板→绑扎钢筋→预埋铁件→浇筑混凝土→养护→拆模板。预应力构件现场制作有先张法和后张法两种施工顺序，在厂房工程中主要采用后张法施工，它的施工顺序是：场地平整→支模→绑扎非预应力钢筋→预埋铁件→孔道留设→浇筑混凝土→养护→拆模→预应力钢筋的张拉、锚固→孔道灌浆→养护。先张法的施工顺序是：场地平整→预应力钢筋安放、张拉、锚固→支模板→绑扎横向筋→浇筑混凝土→养护→放松预应力筋→拆模。

3）结构安装工程阶段的施工顺序。结构安装工程是装配式单层工业厂房施工中的主导工程，其施工顺序为：柱子、基础梁、吊车梁、连系梁、托架、屋架、天窗架、屋面板等构件的吊装、校正及固定。

构件在吊装前应做好准备工作，准备工作主要包括，有柱基杯口的弹线和杯底标高抄平、构件的检查和弹线、构件的吊装验算和加固、起重机械的安装等。当准备工作完成，且构件的混凝土强度已达到规定的吊装强度后，就可以开始吊装。

吊装的起点和流向应与构件的制作起点流向一致，即先制作的构件先吊装，后制作的构件后吊装。构件吊装的方法有两种，即分件吊装法和综合吊装法。如采用分件吊装法时，其吊装顺序是：第一次吊装柱子，并逐一进行校正和最后固定；第二次吊装基础梁、吊车梁、连系梁及柱间支撑等；第三次以节间为单位吊装屋架、天窗架和屋面板等构件。有时也可将第二次和第三次开行合并为一次开行。如果采用综合吊装法，其吊装顺序是：起重机开行一次，以节间为单位安装所有构件，具体做法是，先吊 4～6 根柱子，接着就进行校正和最后固定，然后吊装该节间的吊车梁、连系梁、屋架、屋面板和天窗架等构件，如此依次逐个节间吊装，直至整个厂房结构吊装完毕。

山墙抗风柱的安装顺序有两种：一是在吊装排架柱的同时先安该跨一端的抗风柱，另一端则在屋盖安装完毕之后进行；二是全部抗风柱的安装均待屋盖安装完毕之后进行。

4）其他工程阶段的施工顺序。其他工程阶段主要包括：围护工程、屋面工程、装饰工程、设备安装工程等内容。这一阶段总的施工顺序是：围护工程→屋面工程→装饰工程→设备安装工程，但有时也可互相交叉、平行搭接施工。

围护工程施工顺序一般是：垂直运输设备搭设→墙体工程砌筑→安装门窗框及雨篷等。

屋面工程在屋盖构件吊装完毕、垂直运输设备（一般选用井架）搭好后就可安排施工，其施工顺序与多层混合结构基本相同。

装饰工程包括室内装饰和室外装饰，两者可平行施工，并可与其他施工过程交叉进行，通常不占工期。室外装饰一般采用自上而下的施工顺序；室内装饰按屋面底板→内墙→地面的顺序施工；门窗安装在粉刷中穿插进行。

水暖电卫安装工程与多层混合建筑房屋一样，但工业建筑应注意通风空调设备的安装。生产设备的安装由于专业性强、技术要求高等，一般需专业公司分包安装。

上述多层民用混合建筑、钢筋混凝土框架结构及装配式钢筋混凝土单层工业厂房的施工顺序，仅适用于一般情况。建筑施工顺序的确定本身是一个发展的过程，随着新材料、新技术及施工工艺的发展，施工顺序也会发生变化。所以，针对每一个单位工程，必须根据其施工特点实际情况，合理安排施工顺序。

6.3.3 选择施工方法和施工机械

正确选择施工方法和施工机械是制定施工方案的关键问题，它直接影响工程进度、质量、成本及施工安全。单位工程的各个分部分项工程均可以采用不同的施工方法和施工机械，也可以用不同的组织方法。每种施工方法和施工机械又有各自的优缺点。确定单位工程施工方案时，必须根据该工程的结构特征、抗震等级、工程量大小、工期长短、资源供应情况、施工现场的条件和周围环境等，从先进、经济、合理的角度出发，正确选择施工方法和施工机械并进行合理的施工组织，以达到提高质量、降低成本、提高劳动生产率和加快工程进度的预期效果。

主要分部分项工程的施工方法和施工机械的选择内容：

（1）土石方工程。确定土方开挖范围、深度、方法、工作面宽度、放坡系数、降水或排水措施、基坑壁的支护形式；选择土石方施工机械的类型、型号、数量。

（2）基础工程。预制桩基础应根据桩型、桩长、土的级别等选择所需打桩机械的型号和数量；现浇混凝土基础应根据基础类型、特点、施工缝等选择所需机械的型号和数量；地下室应根据防水要求，留置、处理施工缝，事先应做好防渗试验，确定用料要求及有关技术措施等。

（3）砌筑工程。确定砌体的组砌方式（砌块砌筑应事先编制砌块排列图）、质量要求、弹线、立皮数杆、标高控制及轴线定位；选择砌筑工程中的所需机具型号和数量。

（4）钢筋混凝土工程。确定模板的类型及支模方法，进行支撑设计，复杂工程进行模板设计和绘制模板放样图；确定钢筋的加工、连接方法，选择钢筋加工及连接机具型号和数量；确定混凝土的搅拌、运输、浇筑、振捣、养护、施工缝的留设，选择所用机具型号和数量；确定预应力钢筋混凝土的施工方法，选择所需机具型号和数量。

（5）结构安装工程。确定构件的预制、运输及堆放要求，选择所需机具数量和型号；确定构件的吊装方法，选择所需机具的型号和数量。

（6）屋面工程。根据屋面构造确定各层做法及操作要求，选择所需机具型号和数量；确定屋面工程施工所用材料、运输及堆放要求。

（7）装修工程。确定各种装修的做法及施工要点，必要时要做样板间；确定材料的运输方式、堆放位置；选择装修所用施工机具的型号和数量。

（8）现场垂直运输设备、水平运输及脚手架等搭设。确定垂直运输及水平运输方式，选择运输机具的型号和数量，验算起重参数是否满足；确定运输机械的布置位置和开行路线；确定脚手架的材料、搭设方法及安全网的挂设方法。

（9）四新项目。根据新结构、新材料、新技术及新工艺确定其施工方法和机具型号及数量。

6.3.4　制定技术组织措施

技术组织措施是指单位工程的各分部分项工程在技术和组织方面对保证工程质量、施工进度、降低工程成本和安全文明施工制定的一套管理方法。其中任何一项内容都必须严格执行现行的国家有关法律、法规、标准、操作规程等，并根据工程特点、施工中的难点和施工现场的实际情况，制定相应的技术组织措施。

1. 施工技术措施

对采用新材料、新结构、新工艺、新技术的工程，以及高耸结构、大跨度结构、重型构件、深基础、设备基础、水下和软弱地基项目等特殊工程及特殊施工季节，在施工中应该制定相应的技术措施。其主要内容一般包括：

（1）需要表明的工程的平面、剖面示意图及工程量一览表。

（2）施工方法的特殊要求、工艺流程和技术要求。

（3）水下混凝土、大体积混凝土及高强度混凝土浇筑、养护措施。

（4）冬雨期施工的技术措施。

（5）所使用各种材料、构件、机具的特点、使用方法和需用量。

（6）大跨度、壳体结构等的施工技术措施。

2. 保证和提高工程质量措施

为了确保和提高单位工程各分部分项工程的施工质量，应制定相应的措施。保证措施可以按照各分部分项的施工质量要求提出，也可以从整个单位工程的施工质量要求提出，其主要内容可以从以下几方面考虑：

（1）保证建筑物定位放线、轴线尺寸、标高测量等工作准确无误的措施。

（2）保证地基承载力、基础、地下结构及地下工程防水等施工质量的措施。

（3）保证主体结构中关键部位施工质量的措施。

（4）保证屋面工程、装修工程的施工质量的措施。

（5）保证采用新材料、新结构、新工艺、新技术的工程施工质量的措施。

（6）保证模板尺寸、位置、预留孔洞、内部的清理工作及湿润情况的措施。

（7）常见的、易发生质量通病部位的施工质量措施。

（8）保证和提高工程质量的组织和管理措施。

3. 确保施工安全的措施

应该有针对性地提出施工安全保障措施，主要从以下几个方面考虑：

（1）保证土石方边坡稳定，防止塌方的措施。

（2）脚手架、吊篮、安全网的设置及各类洞口防止人员坠落的措施。

（3）外用电梯、井架及塔吊等垂直运输机具的拉结要求及防倒塌措施。

（4）安全用电和机电设备防短路、防触电措施。

（5）易燃、易爆、有毒作业场所的防火、防爆、防毒措施。

（6）季节性施工安全措施。

（7）现场周围通行道路及居民安全保护隔离措施。

（8）垂直运输机械作业人员、安装拆卸工、爆破作业人员、登高架设作业人员等特种作业人员，必须经过专门的安全作业培训，并取得相应的操作资格证书。

（9）立体交叉作业的防护和保护措施。

（10）确保施工安全的宣传、教育及检查等组织措施。

（11）施工现场要设有专职安全员进行安全检查与督促工作。

4. 降低工程成本措施

降低工程成本措施一般包括节约劳动力、材料、机械设备费用、工具费、间接费、临时设施费及资金等内容。可以从以下几个方面来考虑：

（1）合理进行土石方平衡调配，避免二次搬运，以节约人工和机械台班费用。

（2）综合利用吊装机械，减少吊次与开行路线、提高机械使用率以节约台班费。

（3）提高模板安装精度，采用整装整拆，加快模板周转，以节约木材或钢材。

（4）在混凝土、砂浆中掺入外加剂或掺合料，以节约水泥，提高其合易性。

（5）采用先进的钢筋连接方法，减少钢筋的搭接长度，以节约钢材。

（6）构件及半成品采取预制拼装、整体安装的方法以节约机械费、人工费等。

（7）对已完工程或设备进行成品保护，减少维修费用。

当然，不能一味地降低工程成本，一定要正确处理降低成本、提高工程质量和缩短工期三者的对立统一关系，对实行的措施要计算经济效果。

5. 现场文明施工措施

现场文明施工包括文明施工和环境保护工作，在 GB/T 50326—2006《建设工程项目管理规范》中有明确规定："文明施工应包括下列工作：进行现场文化建设；规范场容，保持作业环境整洁卫生；创造有序生产的条件；减少对居民和环境的不利影响。"因此应从以下几方面进行考虑：

（1）对现场人员进行培训教育，提高其文明意识和素质。

（2）施工现场设置围栏与标牌，保证出入口交通安全、现场道路畅通、场地平整、安全与消防设施齐全。

（3）临时设施的规划与搭建应符合生产、生活、环境卫生和单位工程施工平面图的要求。

（4）各种建筑材料、半成品、构件按照单位工程施工平面图的要求堆放。

（5）散碎材料、施工垃圾的运输及防止各种环境污染的措施。

（6）及时进行成品保护及施工机具的保养。

6.4　单位工程施工进度计划的编制

单位工程施工进度计划是在确定了施工方案的基础上，对工程的施工顺序，各个项目的持续时间及项目之间的搭接关系，工程的开工时间、竣工时间及总工期等做出安排。其表示方式用横道图或网络图（双代号、单代号及时标网络图）。在这个基础上，可以编制劳动力计划，材料供应计划，成品、半成品计划，机械需用量计划等。

6.4.1　单位工程施工进度计划的编制依据和编制程序

1. 单位工程施工进度计划的编制依据

（1）施工组织总设计中的施工总进度计划。

（2）经过审批的建筑总平面图、单位工程施工图。

（3）建筑场地及地区的水文、地质、气象和其他技术资料。

（4）施工方案、施工预算。

（5）预算定额、施工定额。

（6）合同规定的开竣工日期。

（7）资源供应情况。

（8）其他相关的要求和资料。

2. 单位工程施工进度计划的编制程序

单位工程施工进度计划的编制程序可以用图 6-7 表示。

```
收集          划分          计算          套用          计算劳动量        确定施工
编制    →     施工    →     工程    →     计划    →     或机械台班    →    过程的持
依据          过程          量            定额          需用量           续时间
```

```
              绘制流水施       1.工期符合要求否;              是        编制正式施工进度表
        →     工横道图或   →   2.劳动力、机械均衡否;    ──────────→
              网络计划图       3.材料超过供应限额否            否        调整优化
                                                      ──────────→
```

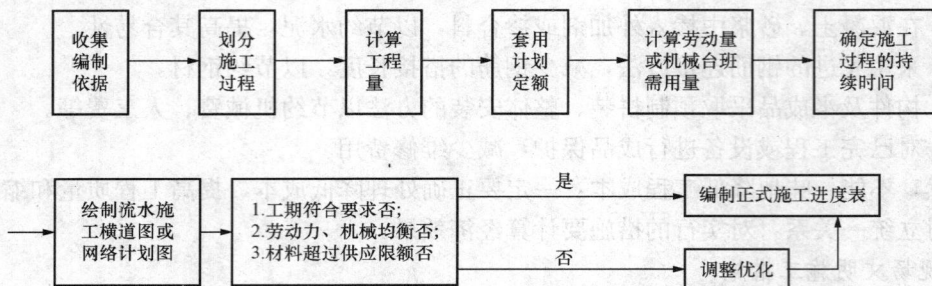

图 6-7　单位工程施工进度计划的编制程序

6.4.2　单位工程施工进度计划的表示方法

单位工程施工进度计划通常以图表的形式表示，有横道图（水平表）、垂直表和网络图。常用的横道图格式见表 6-2。

表 6-2　施工进度计划表

序号	分部分项工程名称	工程量		定额	劳动量		需用机械		每天工作班次	每班工人数	工作天数	施工进度/天
		单位	数量		工种	数量/工日	机械名称	台班数				

从表 6-2 可以看出，它由左、右两部分组成。左边部分列出各种计算数据，如分部分项工程名称、相应的工程数量、采用的定额、每天工作班次及工作持续时间等。右边部分是从规定的开工之日起到竣工之日至的进度指示图表，用不同线条来形象的表现各个分部分项工程的施工进度和搭接关系。有时也在指示图表下方汇总每天的资源需用量，形成资源需求的动态曲线图。具体内容见第 2 章。

网络图的表示方法要点是：节点、箭线和事件（工作）。具体内容见第 3 章。

6.4.3　单位工程施工进度计划的编制

下面仅以横道图编制单位工程施工进度计划作以阐述。

1. 划分施工过程

编制施工进度计划时，首先应按照图纸和施工顺序，把拟建工程分解为若干个施工过程，填入施工进度计划表。在划分施工过程时，应注意施工过程的粗细程度、施工过程要明晰清楚、施工方法、施工工艺要求等几个问题。

2. 工程量的计算

当施工过程划分并且确定之后，应计算每个施工过程的工程量。工程量应该根据拟建施工图纸、工程量计算规则（消耗量定额或清单计价规范中的计算规则）相应的施工方法以及施工方案进行计算。如果施工图预算已经编制，一般可以采用施工图预算的工程量，但有些项目应根据实际情况作适当调整。计算工程量时应注意以下几个问题：

（1）注意工程量的计量单位。每个施工过程工程量的计量单位应与现行建筑工程消耗量定额（建设工程工程量清单计价规范）的计量单位一致，这样在计算劳动量、材料消耗量和机械台班量时，就可以直接套用相应的定额（规范），不需进行换算，以避免因换算产生错误。

（2）注意采用的施工方法。计算工程量时，应与采用的施工方法一致，以便计算的工程量与实际情况相符合。例如在挖土方工程中，如果采用建筑工程量消耗定额，应注意土的类别、挖土深度、放坡系数等。如果采用建设工程工程量清单计价规范的计算规则，则不考虑放坡系数。

（3）注意施工进度中工程量分段与分层。在编制单位工程施工进度计划时，施工过程划分之前，每一楼层按照实际需要划分成工程量大致相等的几段，因此工程量的计算要注意分段与分层。

3. 计算劳动量及机械台班量

根据所划分的施工过程、工程量的大小和施工方法的不同，即可套用施工定额计算出各施工过程的劳动量或机械台班量。

施工定额一般有两种表现形式：产量定额和时间定额。产量定额是指在合理的技术组织条件下，某种技术等级的工人小组或个人在单位时间内所应完成的质量合格产品的数量，一般用符号 S 表示，它的单位有 m^2（m^3、m、t、…）/工日。时间定额是指某种专业或技术等级的工人小组或个人在合理的技术组织条件下，完成单位合格产品所必需消耗的工作时间，一般用符号 H 表示，它的单位有工日/m^2（m^3、m、t、…）。

产量定额与时间定额两者之间是互为倒数的关系，见式（6-1）。

$$H = \frac{1}{S} \quad \text{或} \quad S = \frac{1}{H} \tag{6-1}$$

（1）劳动量的确定。若某施工过程的工程量为 Q，则该施工过程所需劳动量可以由式（6-2）计算：

$$P = \frac{Q}{S} \quad \text{或} \ P = QH \tag{6-2}$$

式中　P——某施工过程所需劳动量（工日）；

　　　Q——施工过程的工程量（m^3、m^2、m、t 等）；

　　　S——施工过程的产量定额（m^2/工日、m^3/工日、m/工日、t/工日等）；

　　　H——施工过程的时间定额（工日/m^3、工日/m^2、工日/t、工日/m 等）。

【例 6-1】 某建筑混合结构房屋，外墙采用实心砖砌筑，其工程量为 $945m^3$，查劳动定额其产量定额为 $1.204m^3$/工日，试计算完成砌墙工程量所需劳动量为多少？

解　　　　　　　$P = \frac{Q}{S} = \frac{945}{1.204}$工日 $= 784.88$ 工日

取其为整数，即为 785 工日

当某一个施工过程有两个或两个以上的不同分项工程合并而成时，其劳动量应该为所有的分项工程单独计算的劳动量之和，见式（6-3）。

$$P = \sum_{i=1}^{n} P_i = P_1 + P_2 + P_3 + \cdots + P_n \tag{6-3}$$

（2）机械台班量的确定。可以用式（6-4）计算：

$$P_{机械} = \frac{Q_{机械}}{S_{机械}} \quad 或 \quad P_{机械} = Q_{机械} H_{机械} \qquad (6-4)$$

式中　$P_{机械}$——某施工过程所需的机械台班数（台班）；

　　　$Q_{机械}$——施工过程中机械完成的工程量（m^3、m、t 等）；

　　　$H_{机械}$——施工过程中机械的时间定额（台班/m^3、台班/m、台班/t 等）；

　　　$S_{机械}$——施工过程中机械的产量定额（m^3/台班、m/台班、t/台班等）。

【例 6-2】　某建筑物机械挖土方工程，采用 W—100 型反铲挖土机挖土，所挖土方为 2580m^3，机械台班产量定额为 120 台班/m^3，求挖土机所需台班数为多少？

解　由式（6-4）进行计算：

$$P_{机械} = \frac{Q_{机械}}{S_{机械}} = \frac{2850}{120} \ 台班 = 23.75 \ 台班$$

我们取其为整数，即为 24 个台班。

4. 确定工作班制

在进行施工进度计划编制时，考虑到施工工艺要求或施工进度的要求，须选择好工作班制。通常采用一班工作制，有时因某工种施工工艺要求或施工进度要求的需要，也可采用两班制或三班制进行连续作业。如在混凝土浇筑时，为了使混凝土浇筑连续，常采用两班制或三班制连续作业，这样施工时间可缩短，也减少混凝土接缝处的处理。

5. 确定各施工过程的持续时间

根据施工条件及施工工期要求不同，确定各施工过程的持续时间一般有三种方法：

（1）定额计算法。根据某施工过程的工程量、劳动量、工作班制、施工人数和机械台数确定其工作的持续时间。其计算公式如下：

$$T = \frac{Q}{SNR} = \frac{P}{NR} \qquad (6-5)$$

式中　T——施工过程所持续的时间（天）；

　　　Q——施工过程的工程量（m^3、m^2、m、t 等）；

　　　S——施工过程的产量定额（m^3/工日、m^2/工日、m/工日、t/工日等）；

　　　P——某施工过程所需劳动量（工日）；

　　　N——施工过程的班组人数（人）；

　　　R——每天的工作班制（班）。

【例 6-3】　某工程中，有梁板混凝土浇筑需要总劳动量为 180 工日，采用两班制，每班工作人数为 15 人，则完成有梁板混凝土浇筑所持续的时间为多少天？

解　　　　$$T = \frac{Q}{SNR} = \frac{P}{NR} = \frac{180}{2 \times 15} \ 天 = 6 \ 天$$

（2）根据施工工期倒排计算出各施工过程的持续时间。根据施工总工期和施工经验，首先确定各施工过程的持续时间，然后再按劳动量和工作班次确定每个施工过程所需要的班组数、班组人数和机械台班数，其计算公式为：

$$R = \frac{P}{NT} \qquad (6-6)$$

通常计算是先考虑一班制进行施工进度的安排，如果每天所需工人人数或机械台数已超过了施工单位现有的人力、物力或工作面时，可考虑增加工作班次或其他措施进行调节。

（3）经验估算法。根据以往的施工经验估算某一施工过程所持续的时间。一般为了提高其准确程度，往往先估计出该施工过程最长（最悲观）、最短（最乐观）和最有可能的三种时间，然后据此求出期望持续时间值作为该施工过程的持续时间。其计算公式如下：

$$t = \frac{a + 4c + b}{6} \tag{6-7}$$

式中　t——施工过程持续的时间（天）；

　　　a——施工过程最长的时间（天）；

　　　b——施工过程最短的时间（天）；

　　　c——施工过程最有可能的时间（天）。

6. 初排施工进度表

在以上各项内容计算确定后，即可编制施工进度计划的初步方案，一般是编制横道图计划，在编制时注意施工尽可能流水施工，施工保持连续、均衡。一般编制顺序为：

（1）绘制施工进度时间表。先绘制施工进度横向时间表，罗列纵向施工过程。

（2）确定主导施工过程。施工过程罗列出来后，确定其主导施工过程，使得主导施工过程施工流水连续、均衡，然后穿插其余的施工过程流水作业。在组织过程中，相邻两个施工过程之间的搭接、间歇等都要考虑。

（3）绘制出初始横道图。根据以上两步绘制出初始横道图。

7. 检查与调整施工进度计划

施工进度的初始方案编制出来以后，应根据施工工期、资源等实际情况，调整施工过程之间的流水作业的搭接、间歇等是否恰当，施工是否连续、均衡，进行相关资源、工期优化，最终绘制出施工进度方案。

6.5　单位工程施工准备工作计划及各项资源需要量计划的编制

6.5.1　施工准备工作计划的编制

施工准备工作既是单位工程开工的条件，也是施工中的一项重要内容。开工之前必须为开工创造条件，开工后必须为施工创造条件。因此，它贯穿于施工过程的始终，在施工组织设计中必须进行规划，实行责任制，且在施工进度计划编制完成后进行。施工准备工作计划见表 6-3。

表 6-3　　　　　　　　　　　　单位工程施工准备工作计划表

编号	准备工作项目	工程量		简要内容	负责单位	负责人	起止日期		备　注
		单位	数量				日/月	日/月	

6.5.2　各项资源需要量计划的编制

资源需要量计划是指在施工中所需的劳动力、材料、机械、构件及半成品需要量计划。编制这些计划，不仅是为了明确各种技术工人和各种技术物资的需要量，而且还是做好劳动力与物资的供应、平衡、调度、落实的依据，也是施工单位编制月、季生产作业计划的主要依据之一。他们也是在施工过程中减少浪费、保证施工进度计划顺利执行的关键依据。

（1）劳动力需要量计划。劳动力需要量计划主要是作为安排劳动力的平衡、调配和衡量劳动力耗用指标、安排生活福利设施的依据。其编制方法是将施工进度计划表内所列各施工过程每天（或旬、月）所需工人人数按工种汇总而得。其表格形式见表 6-4。

表 6-4　　　　　　　　　**单位工程劳动力需要量计划表**

序号	工种名称	人　数	时间/月											
			1	2	3	4	5	6	7	8	9	10	11	……

（2）主要材料需要量计划。单位工程主要材料需要量计划可用以备料、组织运输和建仓库（堆场）。可将进度表中的工程量与消耗定额相乘、加以汇总、并考虑储备定额计算求出，也可根据施工预算和进度计划进行计算。其需要量计划见表 6-5。

表 6-5　　　　　　　　　**单位工程主要材料需要量计划表**

序号	材料名称	规　格	需　要　量		供应时间	备　注
			单位	数量		

（3）构件、半成品需要量计划。构件、半成品需要量计划用以与加工单位签订合同，组织运输，设置堆场位置和面积。应根据施工图和施工进度计划编制。其需要量计划见表 6-6。

表 6-6　　　　　　　　　**单位工程构件、半成品需要量计划表**

序号	构件名称	规格	图号	需　求　量		使用部位	加工单位	供应日期	备　注
				单位	数量				

（4）施工机械需要量计划。施工机械需要量计划用以供应施工机械，安排机械进场、工作和退场日期。可根据施工方案和施工进度计划进行编制。其需要量计划见表 6-7。

表 6-7　　　　　　　　　**单位工程施工机械需要量计划表**

序号	机械名称	类型型号	需　要　量		来源	使用起止时间	备　注
			单位	数量			

6.6　单位工程施工平面图设计和技术经济指标

单位工程施工平面图是对拟建工程的施工现场所作的平面布置图，是布置施工现场的依据，也是施工准备工作的一项重要依据。单位工程施工平面图是单位工程施工组织设计的重

要组成部分,是文明施工、节约土地、减少临时设施费用的必要条件。其绘制比例一般为
1：200～1：500。

6.6.1 单位工程施工平面图设计的内容

单位工程施工平面图一般包括以下内容：

（1）已建的和拟建的地上和地下的建筑物、构筑物和管线的位置和尺寸。

（2）测量放线标桩、地形等高线和取舍土地点。

（3）拟建工程所需的起重机械、垂直运输设备、搅拌机械及其他机械的布置位置,移动
式起重机械开行的线路及方向等。

（4）施工道路的布置、现场出入口位置等。

（5）各种预制构件堆放及预制场地所需占地面积、位置；大宗材料堆场的占地面积、位
置确定；仓库的占地面积和位置确定；装配式结构构件的位置确定。

（6）生产性及非生产性临时设施的名称、大小、位置的确定。

（7）临时供电、供水、供热等管线的布置；水源、电源、变压器位置确定；现场排水沟
渠及排水方向的考虑。

（8）必要的比例尺、图例,方向及风向标记。

（9）劳动保护、安全、防火及防洪设施布置以及其他需要的布置内容。

上述内容可根据建筑总平面图、施工图、现场地形图、现有水源和电源、场地大小、可
利用的已有房屋和设施、调查得来的资料、施工组织总设计、施工方案、施工进度计划等,
经过科学的计算优化,并遵照国家有关规定进行设计。

6.6.2 单位工程施工平面图设计的要求

在设计单位工程施工平面图之前,必须熟悉施工现场与周围的地理环境；调查研究,收
集有关技术经济资料；对拟建工程的工程概况、施工方案、施工进度及有关要求进行分析研
究。在设计单位工程平面图时,应符合以下要求：

（1）在保证顺利施工的前提下,平面布置紧凑,占地要省,不占或少占农田。

（2）在保证运输的前提下,短运输,少搬运,二次搬运要减到最少。

（3）在满足施工的要求下,临时设施尽量利用已有的建筑,少搭设。

（4）在保证安全的前提下,平面布置应满足对生产、生活、安全、消防、环保、市容、
卫生、劳动保护等的安排,应符合国家有关法规和规定。

6.6.3 单位工程施工平面图设计的步骤及要点

单位工程施工平面图设计的一般步骤用流程图的形式表示如图 6-8 所示。合理的设计步
骤有利于节约时间、降低成本、减少矛盾。

单位工程施工平面图设计的要点如下：

（1）起重运输机械的布置。起重运输机械的位置直接影响材料仓库、堆场、砂浆和混凝
土搅拌站的位置,以及场内道路和水、电线路的布置等。它是施工现场布置的核心,因此必
须首先确定。由于各种起重机械的性能及使用要求不同,其布置方式也不相同。

1）塔式起重机的布置。塔式起重机是具有起重、垂直提升、水平运输三种功能为一体

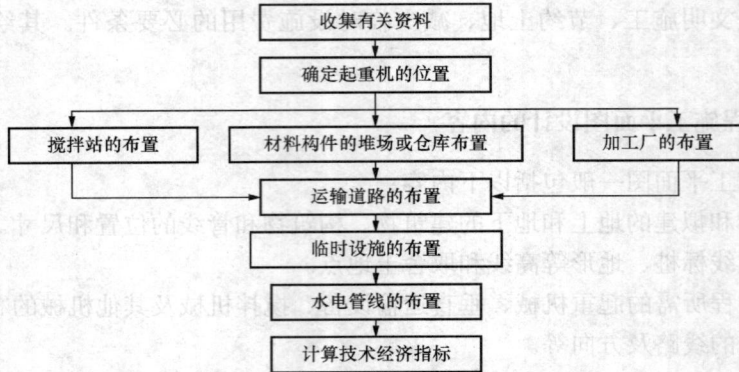

图 6-8 单位工程施工平面图的设计步骤

的机械设备。按其在施工上使用架设的不同要求可分为固定式、轨道式、爬升式、附着式四种形式的布置。固定式塔式起重机的布置要结合建筑物的形状及四周的场地情况来看，起重的高度、幅度及起重量要满足要求，使材料和构件可达建筑物的任何使用地点，不留死角。固定式塔式起重机一般布置在建筑物长方向一侧。轨道式塔式起重机的布置主要取决建筑物的平面形状、大小和周围场地的具体情况，布置时应注意以下几点：

①建筑物的平面应处于吊臂回转半径之内，以便直接将材料和构件运至任何施工地点，尽量避免出现"死角"（见图 6-9）。

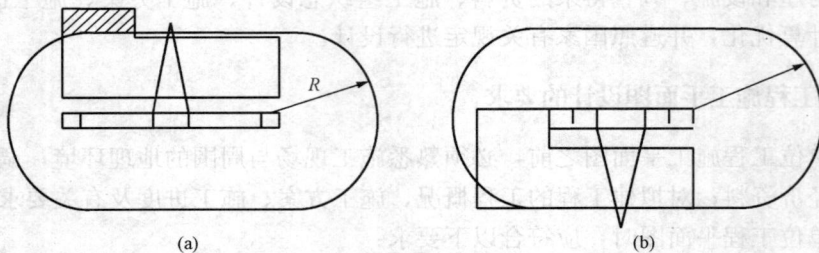

图 6-9 轨道式塔吊布置方案
（a）南侧布置方案；（b）北侧布置方案

②使轨道式起重机运行方便，尽量缩短吊车每吊次的时间，增加吊次，提高效率。

③尽量缩短轨道长度，以降低辅轨费用。轨道布置方式通常是沿建筑物的一侧或两侧布置，必要时还需增加转弯设备。同时做好轨道路基四周的排水设施。

④如果建筑物的一部分不在吊臂活动的服务半径之内（即出现了"死角"），在吊装最远部位的构件时，要有足够的安全措施，以免发生安全事故。

2）自行式无轨起重机械。自行式无轨起重机主要有履带式、轮胎式和汽车式起重机三种。其行使路线要考虑吊装顺序、构件的重量与堆放位置、建筑物的平面形状、高度以及吊装方法等。因此，它们一般用作构件吊装工程。

3）井架、龙门架的位置。井架、龙门架、桅杆等的布置要结合机械性能、建筑物的平面形状、高度、施工段的划分情况、材料堆场、构件的重量、运输道路、最大起重荷载和服务范围等情况来确定。其目的是充分发挥起重机械的能力并使地面和楼层上的水平运距最小，便于运送，也便于组织分层分段流水施工。布置时应注意以下方面：

①当建筑物各部位的高度相同时，应布置在施工段的分界线附近；当建筑物各部位的高度不同时，布置在高低分界线较高部位一侧。这样布置的优点是楼地面各施工段水平运输互不干扰。

②井架、龙门架的位置，以布置在有窗口的地方为宜，以避免砌墙留槎和减少井架拆除后的修补工作。

③井架、龙门架的数量要根据施工进度、垂直提升的构件和材料数量、台班工作效率等因素来确定。

④卷扬机的位置不应距离起重机过近，以便司机的视线能够看到起重机的整个升降过程，一般要求此距离大于或等于建筑物的高度，水平距离应离外脚手架 3m 以上。

⑤井架应在外脚手架之外，并应有一定距离为宜。

（2）搅拌站、加工厂、各种材料、构件堆场、仓库的布置：

1）尽量靠近使用地点或在起重机起重能力范围内，方便运输、装卸。

2）砂、砾（卵）石等大宗材料应尽量布置在搅拌站附近。

3）当多种材料同时布置时，对大宗的、重大的和先期使用的材料，应尽量在起重机附近布置；少量的、轻的和后期使用的材料，则可布置的稍远一些。

4）木材棚、钢筋棚和水电加工棚可离建筑物稍远，并有相应的堆场。

5）仓库、堆场的布置应进行计算，以能适应各个施工阶段的需要。根据不同的施工阶段使用不同材料的特点，在同一位置上可先后布置不同的材料。

6）石灰、淋灰池要接近灰浆搅拌站布置。在允许现场进行沥青熬制时，地点要离开易燃品仓库，均应布置在下风向。

总的来说，搅拌站、仓库和堆放场位置有三种布置方式：其一，当采用固定式垂直运输设备时，须经起重机运送的材料和构件堆场位置，以及仓库和搅拌站的位置应尽量靠近起重机布置以缩短运距或减少二次搬运；其二，当采用塔式起重机进行垂直运输时，材料和构件堆场位置，以及仓库和搅拌站出料口的位置，应布置在塔式起重机的有效起重半径内；其三，当采用无轨自行式起重机进行水平和垂直运输时，材料和构件堆场、仓库和搅拌站等应沿起重机运行路线布置，且其位置应在起重臂的最大外伸长度范围内。

（3）现场运输道路的布置。运输道路的布置主要解决运输和消防两个问题。应按材料和构件运输的需要，沿着仓库和堆场进行布置，有条件时尽可能利用永久性道路的路面或路基，以节约费用。现场道路布置时要保证行驶畅通，使运输工具有回转的可能性。宽度要符合规定，单行道不小于 3～3.5m，双车道不小于 5.5～6m。消防车道宽度应不小于 3.5m，木材堆场两侧应有 6m 宽通道，端头处应有 12m×12m 回车场。路基要经过设计，转弯半径要满足运输要求。要结合地形在道路两侧设排水沟。总的来说，施工现场的运输线路最好布置成环形道路。

（4）生产、生活性临时设施的布置。布置临时设施，应遵循使用方便、有利施工、尽量合并搭建、符合防火安全的要求。要尽量利用已有设施或已建工程，必须修建时要经过计算，合理确定面积。各种临时设施均不能布置在拟建工程（或后续开工工程）、拟建地下管沟、取土、弃土等地点。

（5）供水设施布置。施工用临时供水管，一般由建设单位的干管或施工用干管接到用水地点。临时供水首先经过计算、设计，然后进行布置，布置包括水源选择、取水设施、贮水设施、用水量计算（施工用水、机械用水、消防用水、生活用水）、配水布置、管径的计算等，其方式有枝状、环状和混合状等。单位工程施工组织设计的供水计算和设计可以简化或根据经验进行安排。一般 5000～10000m² 的建筑物施工用水主管径为 50mm，支管径为 40mm 或 25mm。消防用水布置同第 5 章有关内容。

（6）临时供电设施的布置。临时供电设计，包括用电量计算、电源选择、电力系统选择和配置。用电量包括施工机械机具用电量、电焊机用电量、室内和室外照明用电量。施工中的临时供电，应在全工地施工总平面图中一并考虑。只有独立的单位工程施工时才根据计算出的现场用电量选用变压器或由业主原有变压器供电。变压器的位置应布置在现场边缘高压线接入处，离地应大于 300mm，但不宜布置在交通要道口处。

现场导线宜采用绝缘线架空或电缆布置，现场架空线与施工建筑物水平距离不小于 10m，架空线与地面距离不小于 6m，跨越建筑物或临时设施时，垂直距离不小于 2m。现场线路应架设在道路一侧，且应保持线路水平，在低压线路中，电线杆的间距应为 20～40m，分支线及引入线应由线杆处接出，不得在两杆之间接线。

6.6.4　质量安全文明等保证措施

工程质量的关键是从全面质量管理的角度出发，建立质量保证体系，采取切实可行的有效措施，从施工管理和操作人员、工程材料、施工机械、施工方法和工作环境等方面去保证工程质量。

建筑工程的施工由于其工作量大，工期长，受环境和气候影响大，不确定的因素多，稍有不慎，就会造成安全事故。因此，安全施工在单位工程施工组织设计中占有重要的地位。施工单位应建立安全保证体系，贯彻安全操作规程，分析施工中可能发生的安全问题，寻找危险隐患，有针对性地提出预防措施，切实加以落实，以保证施工安全。

施工现场必须要文明施工。文明施工是指在施工生产过程中，施工人员的施工活动和生活活动必须符合正常的秩序，减少对施工现场环境的不利影响，杜绝野蛮施工，从而使施工活动能够顺利进行。

6.7　单位工程施工组织设计实例

某框架结构公寓楼单位工程施工组织设计。

6.7.1　工程概况

该工程位于某市某大学校园内，占地面积 1318.93m²，总建筑面积 10741.66m²，8 层（局部 9 层）框架结构，建筑高度 28.45m，建筑总高度 34.95m，建筑设计使用年限为 50 年，抗震设防烈度为 8 度，耐火等级为 2 级。

（1）建筑设计概况。该工程的建筑平面形状为"一"字形。轴线长宽尺寸为 74080mm×15900mm。其余设计概况如下：建筑墙体±0.000 以下为 MU10 非承重空心砖墙 M5 混合砂浆砌筑。外围护墙采用 300 厚加气混凝土砌块，M5 混合砂浆砌筑。内墙采用 200 厚加气混凝土砌块，M5 混合砂浆砌筑。卫生间墙体采用 300 厚、200 厚多孔砖，M5 水泥砂浆砌筑。内装修：卫生间、盥洗间内墙面均为瓷砖（带防水）贴面，其余均为白色乳胶漆墙面。外装修：由面砖贴面、乳胶漆涂料及花岗石外贴面组成。门窗工程：门主要有木质防火门、铝合金弹簧玻璃门及实木镶板门等；窗为单层无色中空玻璃铝合金推拉窗。楼地面：楼梯间、电梯厅均为花岗石地面；卫生间为带防水地砖；其余均为铺地砖楼地面。顶棚走道为矿棉吸声板；厕所、盥洗间为 PVC 扣板吊顶；其余均为白色乳胶漆顶棚。屋面：卷材防水，防水等级为Ⅲ级，耐久年限为 10 年。地面卷材防水防潮：一层墙体防潮采用水泥砂浆作为防潮层，位置为 $-0.06m$ 标高处，设计室外标高 $-0.45m$。层高 3.5m。建筑类别民用二级。檐口高度 28.45m。建筑面积 $10741.66m^2$。墙体保温材料采用挤塑泡沫板，专用石膏胶粘剂点粘。瓷砖采用瓷砖胶粘剂粘贴。

（2）结构设计概况

1）建筑场地土的类别：三类土。

2）地基基础等级：乙级。

3）基础类型：井桩基础（人工成孔灌注桩）。

4）主体结构：框架结构，抗震等级为二级，设防烈度为 8 度，设计使用年限为 50 年。

5）混凝土：现浇构件除 17.47m 以下梁、板采用 C30 混凝土以外，其余均采用 C25 混凝土；基础梁采用 C30 混凝土。

6）混凝土保护层厚度：梁为 25mm，柱为 30mm，板为 15mm，基础梁为 40mm。

（3）自然条件

1）雨季在 8、9 月份，冬季在 12、1 月份。施工期间主导风向偏东。

2）地形条件：场地基本平整。

3）周围交通条件具备。

6.7.2　施工组织部署

（1）质量目标：确保施工工程质量达到合格标准。

（2）进度目标：确保按期竣工，力争提前完成。计划开工工期为 2006 年 2 月 1 日，计划竣工日期为 2007 年 11 月 11 日，历时 270 天。

（3）安全生产目标：保证做到无施工死亡事故、重伤事故，轻伤频率在 5‰；保证做到无重大施工机械、设备事故。保证无重大火灾事故。

（4）项目经理部：项目经理部职能部门的设置紧紧围绕项目管理内容的需要确定。根据该项目的实际情况，按专业设置有技术质量、安全管理、材料供应、核算计划、财务、劳资统计、后勤保障部等部门。人员的配置方案详见表 6-8。

表 6-8　　　　　　　　　　　　项目经理部人员配置表

序　号	职　务	姓　名	序　号	职　务	姓　名
1	项目总负责		7	材料管理员	
2	项目经理		8	机械管理员	
3	项目工程师		9	安全管理员	
4	施工管理员		10	预算管理员	
5	质量管理员		11	现场试验员	
6	技术资料员		12	现场材料员	

（5）施工程序

1）施工流水段划分。该工程划分为三个流水施工段，以适应流水作业的要求，做到均衡施工。

2）施工程序。结构工程先地下、后地上的原则组织施工。

3）施工工艺流程：

①基础工程：定位、测量放线→桩基础土方开挖、支护→钢筋绑扎、安装及柱插筋→桩基础混凝土浇筑→基础梁施工。

②主体工程：测量放线→框架柱钢筋→框架柱模板→剪力墙、柱混凝土浇筑→拆模养护→抄平放线→梁、板、楼梯模板→梁、板、楼梯钢筋→水电预留、预埋→梁、板、楼梯混凝土浇筑→养护。

③装修工程：测量放线→二次结构砌筑（同时屋面防水完成）→立门窗框→内、外墙面抹灰→楼地面→设备安装→门窗扇安装→吊顶→地面面层、养护→涂料。

6.7.3 施工准备及各种资源需用量计划

（1）施工准备：准备劳动力、机械设备和周转材料；安排预制构件和各种加工件的生产工作。施工现场用水主要有：施工用水、生活用水、消防用水，因为没有特殊用水机械，因此不考虑机械用水。

（2）主要材料、机械计划表（见表6-9～表6-11）。

表6-9 主要材料计划一览表

序　号	材料名称及规格	单　位	数　量	开始进场时间
1	HPB235	t	220	2006年2月
2	HRB335以上钢筋	t	150	2006年2月
3	黏土多孔砖	千块	40.51	2006年3月
4	32.5硅酸盐水泥	t	460.85	2006年2月
5	42.5硅酸盐水泥	t	301.07	2006年2月
6	52.5硅酸盐水泥	t	1819.83	2006年2月
7	组合钢模板	t	167.84	2006年2月
8	石油沥青30#	kg	3486.15	2006年6月
9	防水卷材	m²	4020.49	2006年6月
10	净砂（中粗）	m³	3875.00	2006年2月
11	卵石5～40mm	m³	4107.30	2006年2月
12	砾石0.5～1.5cm	m³	135.76	2006年2月
13	碎石5～40mm	m³	22.68	2006年2月
14	生石灰	t	58.56	2006年2月

表6-10 建筑工程主要施工机具计划一览表

序号	名　称	规格型号	数量	功　率	产　地	何时能进场
1	自升上回转塔吊	QTZ—4010型	1台	66kW		随　时
2	龙门架	QTG200A	2台	22kW		随　时
3	混凝土搅拌机	JZC350	1台	5.5kW		随　时

续表

序号	名　称	规格型号	数　量	功　率	产　地	何时能进场
4	砂浆搅拌机	UJ325	2 台	3kW		随　时
5	蛙式打夯机	WH—60	2 台	4.4kW		随　时
6	电渣压力焊机	MZH36	1 台	25kW		随　时
7	钢筋弯曲机	GJ7—40	1 台	3kW		随　时
8	钢筋切断机	CQ40A	1 台	3kW		随　时
9	电控卷扬机	JJM5	1 台	6kW		随　时
10	交流电焊机	BX2—300	1 台	12.5kW		随　时
11	直流电焊机	AX—500	1 台	14kW		随　时
12	圆盘电锯	MJ109	1 台	3kW		随　时
13	砂轮切割机	TQ—3	1 台	3kW		随　时
14	插入式振动棒	H2X—60	2 台	3kW		随　时
15	平板式振动器	N—7	2 台	2kW		随　时
16	混凝土抹平机	ZB—5	2 台	2.8kW		随　时

表 6-11　　　　　　　　　主要周转材料计划表

序　号	名　称	单　位	数　量	序　号	名　称	单　位	数　量
1	钢模板	t	60	5	脚手板	m²	1000
2	竹胶模板	m²	1500	6	钢管	t	160
3	零星卡具	t	5	7	碗扣式脚手架	t	60
4	早拆支撑	套	8	8	扣件	t	36.4

6.7.4　施工进度计划

施工进度计划横道图见图 6-10。

6.7.5　人工成孔灌注桩的施工方案

（1）施工工艺流程：放线定桩位→砌筑井圈→安装提升机械→挖孔→检查验收→安装投料串筒→浇筑桩身混凝土到钢筋笼设计高度→安装钢筋笼→连续浇筑混凝土到桩顶。

（2）施工方法：

1）桩成孔：

①采用人工开挖成孔，按拟定的施工流水段顺序开挖，便于地梁及以后施工工序流水作业，以加快施工进度。

②每开挖 1.5～2m 深，按设计要求做钢筋混凝土护壁。

③开挖前要用黏土砖或混凝土砌筑桩口防护井圈，砌筑的井圈要高于开挖地面的标高150mm，以防地表水流入桩孔内，或碎石、土块滚入孔内伤人。

④开挖时，临时堆放的孔桩土体，要运至离桩壁 2m 以外，并必须将每台工作台班的弃土全部运走，防止堆积荷载过，使护壁被挤压偏位。

序号	施工过程	劳动量	人数	班制	天数
	基础工程				
1	井桩开挖	600	25	2	12
2	井桩钢筋混凝土	180	30	1	6
3	地梁钢筋	90	15	1	6
4	地梁模板	36	12	1	3
5	地梁混凝土	45	15	1	3
6	地沟及土方回填	400	30	1	20
	主体工程				
7	脚手架	390			
8	柱筋	700	28	1	25
9	柱梁板模板	3500	35	1	100
10	柱混凝土	2050	25	2	41
11	梁板钢筋	1250	25	1	50
12	梁板混凝土	2250	30	3	25
13	拆模	600	12	1	50
	屋面工程				
14	保温隔热	200	20	1	10
15	找平层	80	16	1	5
16	防水层	160	16	1	10
	装饰工程				
17	楼地面工程	1020	30	1	34
18	顶棚抹灰	750	25	1	30
19	内端抹灰	1640	40	1	41
20	外端抹灰	1050	35	1	30
21	窗安装	225	15	1	17
22	门安装	170	10	1	17
23	油漆	200	20	1	10
24	水暖电安装				

施工进度/天

图6-10 施工进度计划横道图

⑤孔内吊土，用辘轳作为垂直提升工具，人工吊运。

⑥开挖中，每挖深 1.5～2m 时采用吊桩中心线的方法检查垂直度，发现偏差及时纠正，确保桩身尺寸偏差符合设计、规范要求，直到挖至设计标高。当相邻的两桩间净距小于300mm 时，必须间隔成孔。

⑦扩大头开挖：扩大头部分开挖时先要将该部位桩身的圆柱体挖好，再按设计尺寸、形状自上而下削土扩充而成，完成后将虚土清理干净。

⑧井孔挖好后及时清底验收，孔成一个立即浇筑一个，以保证桩质量。

2）安全注意事项

①桩孔内人员必须戴安全帽，地面人员要系好安全带。

②吊绳与吊桶采用扣环连接，以防止脱落，并且要定期检查维修，严禁带病作业。

③孔底照明必须用 12V 以下的带防水罩的安全灯，孔口周围必须设 0.8m 高的安全围栏，挖到 3～5m 深后，应设置钢网板。

④人员上下必须系安全带，每孔必须设置安全软梯。

⑤已挖好的桩孔在未浇混凝土前，必须加盖防护板覆盖，防止土块、杂物、人员坠落，严禁虚掩。

⑥应准备绳梯和鼓风机，以供应急时使用。

⑦凡在作业时发现流砂、涌水量大、有毒气体时及时向工地值班工程师报告，采取有效措施。

（3）模板、钢筋及混凝土、砌筑工程等详见后面的具体施工方案。

6.7.6 脚手架工程施工方案

该工程主体结构施工时，采用钢管脚手架，按每 4 层为一悬挑外架单元，采用槽钢挑梁悬挑脚手架。装饰工程施工采用定型组装式吊篮。脚手架有专项的搭设方案。

6.7.7 钢筋工程施工方案

1. 钢筋进场

（1）钢筋的进场验收：钢筋进场后，先要出具钢筋出厂合格证，且合格证与钢筋上悬挂的标牌相符，经初步验收后，由钢筋施工员填写试验委托单，由试验员负责和监理工程师见证取样复试合格后，方可使用。

（2）钢筋下料前，由钢筋工长对操作班组做书面交底。

2. 钢筋构件的加工制作

（1）盘圆钢筋：盘圆就位→开盘→调直除锈→切断→成型→挂牌标识→堆放。直条钢筋：直筋就位→调直除锈→切断→成型→挂牌标识→堆放→料头焊接→二次切断→成型→绑束挂牌标识→堆放。

（2）钢筋连接采用直螺纹连接。

3. 钢筋搬运及成品保护

钢筋半成品运往施工现场要按配料单数量一一清点，运入施工现场，摆放时可将先用的钢筋放在上面，后用的钢筋放在下面。钢筋离开地面 20cm 以上，周围不能有积水，雨天要进行遮盖，避免雨淋或锈蚀。

4. 钢筋的绑扎

（1）柱钢筋的绑扎

1）柱钢筋绑扎程序：校正、调直预留插筋→搭设脚手架→预留插筋上套入钢箍→竖向钢筋镦粗直螺纹接头→箍筋间距划线→绑扎钢筋→放置垫块固定墙拉筋及预埋件→隐验。

2）柱钢筋绑扎：当柱钢筋采用直螺纹接头时，接头不宜设置在柱端箍筋加密区内，设置在同一构件的接头位置要相互错开 35d，且不小于 500mm。

（2）梁钢筋绑扎

1）梁钢筋绑扎程序：梁模上口放置木杠或短钢筋→摆放纵向钢筋及负弯矩筋→划箍筋间距定位线→套箍→绑扎钢筋骨架→抬起骨架抽掉木杠→骨架入模→安放垫块→绑扎。

2）梁钢筋的绑扎要求，连续梁及框架梁的上部纵向钢筋应贯穿其中间支座或中间节点范围，锚固长度满足平法 03G101—1 标准要求。

3）在主次、边梁相交节点 1m 范围内的箍筋应在附加钢筋穿入后再按间距扎牢。

4）当主、次梁、板的钢筋相交时，主梁上、下部纵向钢筋要在次梁上、下部纵筋之上，板底钢筋应在次梁钢筋之上；当主梁（次梁）钢筋与边梁钢筋相交时，主梁（次梁）纵向钢筋要设在边梁纵向钢筋上面。

（3）板钢筋的绑扎要求

1）受力钢筋的锚固当采用绑扎配筋时，下部纵向受力钢筋伸入支座内的锚固长度 $L_a \geqslant 5d$，支座为现浇时应伸过梁中心线，接头应在靠近支座的 1/3 范围内。

2）上部受力钢筋接头应在跨中 1/3 范围内。对楼板的负弯矩钢筋和悬挑板中的受力钢筋要加支撑件，保证其有效高度，绑扎完后严禁踩踏。

6.7.8 模板工程施工方案

1. 施工准备

（1）模板用料

1）该工程柱模采用竹胶模板支设，加固支撑体系采用普通 $\phi48 \times 3.5$ 脚手钢管及扣件，柱箍采用组合式定型钢箍，竖向间距控制在 400～600mm 之间，并加设 $\phi10$ 的对拉螺栓间距 500～600mm，柱模板设在钢管支撑井字架以内，并加水平和垂直支撑。

2）框架梁模板也采用竹胶模板，支撑采用 $\phi48 \times 3.5$ 钢管扣件体系，梁下立杆支撑间距结合平台模立杆，控制在 0.8～1.0 以内。

3）现浇楼板模板采用早拆体系。

（2）技术准备

1）根据模板设计要求，准备好各种规格的模板及零配件，并按规格分别堆放。

2）工序衔接：模板施工前应对前一工序的分项工程验收合格。

3）测量标志：模板施工要有完整的测量标志，并明确结构件的位置及标高。

4）模板的放线：柱、墙结构的纵横中心线或垂直线应测放在楼地面上，并画出十字中心线和模板安装线。

5）模板安装前，应根据工程设计要求进行标高测量及放线，并由主管工长向操作班组进行技术交底。

6）模板配制：根据该工程的特点，框架柱、梁、剪力墙用整块竹胶模板，板采用竹胶板，在梁柱节点、楼梯平板与斜板交接处，根据图纸设计配制模板。

2. 模板的安装

（1）柱模板的安装

1）柱模板安装时，先按照拼装图纸对好型号，按设计尺寸进行拼装。

2）柱模板合模后，按事先放好的线位就位、固定。

（2）梁模板的安装

1）梁模板安装时，先按照拼装图纸对好型号，按设计尺寸进行安装。

2）梁模板安装加固后，须支撑牢固。

（3）板模板的安装

1）按照板模板的拼装图进行安装。

2）进行抄平、对正、固定。

3. 允许偏差

现浇结构模板安装的允许偏差，应符合表 6-12 的规定。

表 6-12　　　　　　　　　　现浇结构模板安装的允许偏差

序　号	项　　目	允许偏差/mm	序　号	项　　目	允许偏差/mm
1	轴线位置	5	4	每层垂直度	3
2	底模上表面标高	±5	5	相邻两板表面高低差	2
3	截面尺寸	+4，−5	6	表面平整度	5

4. 模板拆除

现浇结构的模板及其支架拆除时的混凝土强度应符合设计要求，当设计无具体要求时，应符合下列规定：

（1）侧模：在混凝土强度能保证其表面及棱角不因拆模板受损坏后，方可拆除。

（2）底模：在混凝土强度符合表 6-13 规定后，并有同条件养护混凝土试块强度报告单，方可拆除。

表 6-13　　　　　　　　　　模板拆除混凝土应达到的标准值

结构类型	结构跨度/m	按达到设计混凝土强度标准值的百分率计（%）
板	≤2	≥75
梁	>2，≤8	≥75
	>8	≥100
悬臂构件		≥100

6.7.9　混凝土工程施工方案

1. 混凝土原材料

（1）水泥进场必须有出厂合格证和进场复试报告单，并应对其品种、强度等级、包装和出厂日期等检查验收。存放处必须防雨、防潮，并且做好质量记录。

（2）粗、细骨料必须经过检验，粗骨料粒径不得大于 40mm，含泥量应小于 1%；细骨料选用中砂，含泥量应小于 3％，进场后进行试验。

（3）混凝土拌制水采用自来水。

2. 混凝土的搅拌

混凝土的搅拌采用自落式搅拌机（JZC350 型）。每盘搅拌时间可控制在 60～90s。搅拌机在使用前要经过仔细的检查维修，确保使用后可连续有效地运转。搅拌机在搅拌前要加水空转数分钟，并将积水倒净，使搅拌机内充分湿润。搅拌第一盘时，石子用量要按配合比用量减半。出料要基本卸尽，未卸尽前不得投入拌和料。

混凝土搅拌投料顺序为：水（50％）→粗骨料→细骨料→水泥（搅拌 60s）→水（50％）。

3. 混凝土浇筑

混凝土的浇筑按施工流水段进行，浇筑前应对模板及其支撑进行强度和刚度检查，钢筋和预埋件必须进行隐蔽验收并有记录和已批准的浇筑令。

（1）浇筑柱子时，必须注入少量的与混凝土同配合比的砂浆，以免柱根部混凝土浆偏少，出现烂根现象。

（2）浇筑混凝土的自落高度不得超过 2m，否则应使用串筒、溜槽或溜管等工具进行浇筑，以防产生石子堆积，影响质量。

（3）混凝土应分层浇筑，每层厚度不宜超过 30～40cm，相邻两层浇筑时间间隔不应超过水泥初凝时间，夏季可适当缩短。

（4）混凝土振捣应密实，且应尽量避免碰撞钢筋、模板、预埋件、管线等。

（5）混凝土振捣器插入下层混凝土的深度不小于 50mm，每层混凝土的铺设厚度不大于 600mm，两振捣点之间的距离不得大于振捣器的 10 倍，且不大于 500mm，并成梅花状均匀分布振点。

（6）现浇板采用平板式振动器，其移动间距应保证振动器能覆盖已振实的边缘。板混凝土浇振后，用 2m 刮尺刮平，用木抹子搓毛，1h 后再用木抹子进行二次细搓，防止混凝土表面出现裂纹。

4. 施工缝留置和处理

（1）梁板必须留垂直施工缝，梁板的施工缝必须沿次梁方向留置在跨度 1/3 处，柱留水平施工缝且必须留设在板顶或梁下 50mm 处两个位置，楼梯的施工缝留置在跨度 1/3 区段以内。

（2）施工缝的施工

1）施工缝清理。在混凝土浇筑前，要将施工缝处的浮浆、杂物、油污、不密实的混凝土等清理干净；然后将缝边凿毛，表面用水冲洗干净，并保持湿润。

2）混凝土连接层。在上层混凝土浇筑前要在凿毛的施工缝上铺一层 1：1 的水泥砂浆，厚度为 20～25mm。施工缝前后两次浇筑的时间间隔不得少于 48h。

5. 混凝土养护

混凝土浇筑完毕 12h 以内，待混凝土终凝后，即可开始浇水覆盖养护，覆盖用草帘等轻质、易吸水的材料。养护用水要与拌制混凝土的用水相同，为提高养护质量，养护时间一般不少于 7 昼夜，在混凝土强度增长初期，始终保持潮湿状态，但在日平均气温低于 5℃时不得浇水。

6.7.10　砌体工程施工方案

（1）砌体工程施工顺序：测量定位放线→砌体湿润→配置砂浆→砌块排列→砌筑。

（2）加气混凝土砌块砌筑

1）砌块排列时，必须根据设计图纸和砌块尺寸、垂直灰缝宽度、水平灰缝的厚度计算砌块的皮数和排数，以保证砌体的尺寸。

2）灰缝应横平竖直、砂浆饱满。垂直灰缝宽度不得大于 20mm，水平灰缝的厚度不得大于 15mm。

3）砌块排列时，应尽可能采用主规格、大规格和工厂生产的标准规格的砌块，少用或不用异型规格砌块。

4）外墙转角和纵横墙交界处的砌块应分皮交错搭砌。

5）砌体的上下皮应互相错缝搭砌，搭接长度不宜小于砌块长度的 1/3。

6）砌体的垂直缝与窗洞口边线要避免同缝。

7）砌筑前，应将楼地面标高找平，然后按设计图纸放出墙体轴线，并立好皮数杆。

8）门窗框的安装尽量采用先立框、后砌墙的方法。砌体与门窗框之间的间隙应保持 10～15mm，并用砂浆填实。

9）砌块砌至梁底时，必须用斜砌砖顶压实。

（3）空心砖砌筑

1）空心砖提前 1～2 天浇水湿润。

2）放线、立皮数杆。在砌筑位置上弹出墙边线。

3）灰缝应横平竖直、砂浆饱满。垂直灰缝和水平灰缝的厚度应控制在 10mm 左右，但不应小于 8mm，也不应大于 12mm。

4）水平灰缝的砂浆饱满度不得低于 80％。垂直灰缝不得出现透明缝。

5）空心砖墙中不够整砖部分，宜用无齿锯加工制作非整块砖，不得用砍凿方法将砖打断。

6）空心砖墙应同时砌起，不得留斜槎。每天砌筑高度不得超过 1.8m。

7）空心砖墙底部至少砌 3 皮普通砖，在门窗同口两侧一砖范围内也应用普通砖实砌。

6.7.11　屋面及防水工程施工方案

（1）该工程屋面防水等级为Ⅱ级，分上人屋面和不上人屋面。两种屋面基层做法均为：水泥珍珠岩找坡层，最薄处 30mm；80mm 厚挤塑板保温层；25mm 厚 1∶3 水泥砂浆找平层；1.2mm 厚 CN2000B 水泥基渗透结晶型防水层一道，1.2mm 厚合成高分子复合防水卷材一道；上人屋面用 1∶1 水泥砂浆铺 10mm 厚铺地缸砖（不上人屋面用 1∶2.5 水泥砂浆 20mm 厚做保护层）。

（2）卫生间防水采用 1.5mm 厚 CN2000 水泥基渗透结晶型防水层。

（3）施工工艺流程：基层检验、清理、修补→涂刷基层处理剂→节点密封处理→试铺、定位、弹基准线→卷材反面涂胶→基层涂胶→粘贴、辊压、排气→接缝搭接面清洗、涂胶→搭接缝粘贴、辊压、排气→搭接缝密封材料封边→收头固定、密封→保护层施工→清理、检查、验收。

（4）施工要点

1）基层必须干净、干燥，并涂刷与胶粘剂材性相容的基层处理剂。

2）要使用该品种高分子防水卷材的专用胶粘剂，不得错用或混用。

3）控制胶粘剂涂刷与粘合的间隔时间。

4）铺贴高分子防水卷材时，切忌拉伸过紧，以免使卷材长期处在受拉应力状态，加速卷材老化。

5）卷材搭接缝结合面应清洗干净。接缝口应采用宽度不小于 10mm 的密封材料封严，以确保防水层的整体防水性能。

6）卷材铺设方向应符合：屋面坡度小于 3％时，卷材宜平行屋脊铺贴；上下层卷材不得相互垂直铺贴。

7）防水层做完验收合格后，立即作保护，不得使防水层长期暴露。

6.7.12　装饰装修工程施工方案

1. 装饰工程施工顺序

门窗安装→内墙面抹灰（自上而下）→外墙面抹灰（自上而下）→楼地面→卫生间地面→踢脚线→墙及顶棚装饰→门窗玻璃、油漆→水、电安装等→清理。

2. 抹灰施工

（1）首先将墙面不用的洞眼用砂浆及砖堵塞，并清除墙面尘污灰垢等；然后洒水湿润，并用设计材料嵌塞门窗与墙体间缝隙。

（2）做标志：用托线板检查砖墙平整度、垂直度，大致决定抹灰厚度，最薄处一般不少于 7mm，再在 2m 左右的高度、离两边阴角 100～120mm 处，各做一个标志，大小为 50mm 见方，厚度由墙面平整度决定，然后根据这两个标志和托线做下面的标志，高度在 300mm 左右，薄厚与托线板所挂铅垂直线为准，上下灰饼做完后，再做其他灰饼，间距 1.2～1.5m 为宜。

（3）做护角：门窗洞口及室内阳角应做水泥砂浆护角，护角厚度与墙面灰饼齐平，宜用 1：2 水泥砂浆打底，待砂浆稍干抹成小圆角。护角的高度，如设计无规定时，一般不低于 2m，每侧宽度不小于 50mm。

（4）抹底、中层灰：从上而下进行，一般在标筋完成稍收水后，先在两筋之间用力抹一层 7～9mm 厚的底灰，至 7～8 成干后涂抹中层灰，抹成的灰应比两边标筋稍厚，然后用刮杠靠两边的标筋，由下向上刮平，并用木抹子补平搓平。

（5）抹面层灰：待中层灰干透、裂透后，即开始抹面层灰。

（6）清理：抹灰工作完毕，应将粘在门窗框、墙面的砂浆与落地灰及时清除，擦扫干净。

3. 涂料工程

（1）清理墙、柱表面：首先将墙、柱表面起皮及松动处清理干净，将灰渣铲干净，然后将墙、柱表面扫净。

（2）修补墙、柱表面：修补前先涂刷一遍用 3 倍水稀释后的 107 胶水，然后用水石膏将墙、柱表面的坑洞、缝隙补平，干燥后用砂纸将凸出处磨掉，将浮尘扫净。

（3）刮腻子：一般为两遍，第一遍用铁抹子横向满刮，干燥后用砂纸将浮腻子及斑迹磨平磨光，再将墙柱表面清扫干净；每二遍用铁抹子竖向满刮，干燥后用砂纸磨平并扫干净。

（4）刷第一遍涂料：先刷顶板，后刷墙柱面，墙柱面是先上后下。乳胶漆用排笔进行涂刷。待第一遍涂料干燥后，复补腻子，腻子干燥后用砂纸磨光，清扫干净。

（5）刷第二遍涂料：第二遍涂料操作要求同第一遍。

4. 门窗工程

（1）铝合金门窗制作安装

1）铝合金门窗制作工程在场外进行，窗框安装略提前于内、外墙涂料，以便涂料收头。

2）制作程序：铝合金型材表面处理、按设计尺寸下料，打孔铣槽改丝、制备成门窗框构件、连接各构件、整设锁具、开闭五金件等密封。

3）安装工艺及操作要点

①检查门窗框质量，附件是否齐全。

②划线定位：门窗的水平位置以楼层室内＋50cm 的水平线为准向上反划，量出窗下皮标高，弹线找直。每一层必须保持窗下皮标高一致。

③防腐处理：铝合金与墙体之间采用发泡剂填充，由于铝合金与一般墙体材料之间的热膨胀系数相差较大，所以必须采用具有良好弹性的密封胶密封，而且内外两侧都打密封胶，在抹灰前应严格控制窗边与墙体留缝的深度和宽度。

④铝合金门窗安装就位固定：墙体施工时预埋铁件，直接将铝合金门窗的铁脚与墙体上预埋的铁件焊接。

⑤门窗扇及门窗玻璃的安装：门窗扇及门窗玻璃在洞口墙体表面装饰完工后安装。

⑥安装五金配件：五金配件与门窗连接用镀锌螺钉，安装五金配件应结实牢固，使用灵活。

4）施工质量要求：

①所有铝合金窗在施工完成后，均应做压力喷水实验，无渗漏则表示铝合金窗防水合格。应着重检查其使用功能，开关灵活，密闭性良好符合设计及规范要求。

②铝合金门窗框安装后要采取防污染措施，采用工程胶带、分色纸保护。

（2）木门制作安装工程

1）成品门进场时应检查验收其质量。

2）门框重叠堆放时，底面支点应垫在一个平面内，以免产生变形，门框进场前刷一遍防潮漆并应做好防碰撞等措施。

3）门框安装时要进行垂直度吊线，安完后进行框边嵌缝并用水泥砂浆把立梃下堵牢，以加强框的稳定性，其后要做好成品保护工作，防止门框因撞击等原因而移位和变形。

4）安装门窗时要通过调整合页在立梃上的横向位置来解决框扇平整问题。

5）门框安装时注意防止出现审角、梃框松动、框高低不平及里出外进、位置不准、开启方向错误及门扇变形、锁口位置颠倒、开关不灵便或反弹等现象。同时门扇关闭时，框扇间隙缝要均匀合适，合页槽要整齐，合页木螺丝要拧紧。

6）合页距扇上、下端的距离及拉手、锁距地面的距离应符合规范规定。

7）木门安装后用 10mm 厚木板条钉设保护，高度以手推与车轴中心为准，防止砸撞，破坏裁口影响安装。

5. 地面砖楼工程

（1）基层处理、刷粘结层：施工前先将楼层或垫层上的落地灰浆、污垢及其他垃圾清理干净，并在施工前 1~2 天洒水湿润基层。施工时将事先调好的素水泥浆（水灰比为 0.4~0.5）均匀涂刷在基层表面，要边铺边刷。

（2）配制砂浆、设置标筋。

（3）弹线、定位。

（4）地面砖铺贴。一般先由房间的中部往两侧退步进行。

（5）擦拭浮浆、洒水养护。

（6）素浆抹缝。

6.7.13 质量保证措施

（1）建立健全质量保证体系，实行质量保证责任制和建立自检自评体系。

（2）实行样板制、挂牌制等质量管理制度。

（3）实行施工前质量技术交底制度。

（4）工程质量文件资料应统一编码、标识，按受控运行管理。

（5）对进场的水泥、砂、石、砖地方材料和钢材，组织专业人员进行实地调查与评价，确保供货质量。

（6）按月制定物资采购计划，对采购周期较长的物资应提前提交采购计划。

（7）钢材、水泥、木材等大宗材料应按平面布置图分区堆放，分类分状态标识。对钢筋、木材等均需有防雨措施；对水泥等必须要有防雨、防潮措施。

（8）严格遵守公司相关半成品、成品保护的实施细则。各专业队在主体施工阶段，每道工序均要做到"工完料净场地清"。

（9）施工员、质量员、安全员及特殊过程作业人员必须持证上岗。

（10）在工序质量检验中，关键质量控制点均属于停工待检点，必须在自检合格前提下，由监理等验收通过后方可进入下道工序施工。

（11）严格按照施工组织设计、质量计划、验收规范及设计图纸进行施工，并及时做好施工记录，填写施工日志。

（12）设置主要分部分项工程质量控制点。

6.7.14 安全保证措施

（1）在现场成立以各级主要领导为主要负责人的安全委员会或领导小组，具体负责安全施工和消防保卫工作。

（2）在各分项工程施工技术方案中，要有安全技术措施，并成为向班组交底的重点内容，依据这些措施落实材料、器具、检查人员和检查方法。

（3）安全工作必须做到预测预控，对工程对象预先进行分析，找出安全控制点，有针对性地制定预防措施。

（4）做好现场施工管理工作，道路要平整畅通，材料构件应堆放整齐。

（5）加强冬、雨期施工管理，现场应采取防滑措施。

（6）电工、电焊工、起重工、塔吊司机和机动车司机必须经过专门的培训，经考试合格领到操作证后，方可独立操作。

（7）正确使用个人防护用品，坚决贯彻安全防护措施，进入现场必须戴好安全帽，严禁穿拖鞋、赤膊或光脚上班，小孩不准进入现场。

（8）项目经理：对整个工程施工安全总负责。

（9）项目总工程师：负责组织现场拆除、土建、安装、室外、道路五大部分安全技术措施的编制和审核；负责安全技术的交底和安全技术教育工作。

（10）项目施工员：负责分管所管辖施工范围内的安全生产，负责贯彻落实各项安全技术措施。

（11）专职安全员：负责安全管理和监督检查。

（12）安全教育制度。牢固树立"安全第一，预防为主，综合治理"的指导思想，全面掌握安全生产、文明施工的科学知识，把各种有关的规章制度和规范落实到每个人的实际行动中。

（13）施工前应经常检查脚手架的牢固度和稳定性。

（14）施工作业人员，必须带好安全帽，系好安全带。

（15）高空作业人员要经过医疗部门的检查合格之后，才能从事高空作业。

6.7.15 雨期施工技术组织措施

（1）做好现场排水，根据自然地形统一规划，确定地表水排水方向，挖好排水水沟，保证水流畅通，雨后不陷、不滑、无积水。

（2）雨期的砂、石要及时测定含水率，掌握变化幅度，及时调整配合比用水量。

（3）吊车基础要坚实、平整，塔吊基础严禁雨水浸泡，排水沟应定期检查疏通。

（4）现场所需贮备的有关材料，在雨季前充分准备好，防止运输困难，造成停工待料现象。

（5）水泥库屋面及周围防止进水。

（6）混凝土施工中加塑料薄膜覆盖。

（7）电焊机、配电箱、闸需加防雨遮盖。

（8）基坑周边设防水土坎，防止地面水流入基坑。

6.7.16 现场文明施工措施

（1）按照 JGJ 59—1999 标准进行文明施工检查。

（2）建立健全规章制度，划分责任区，责任到人。

（3）严格按照施工现场平面图进行现场布置。

（4）班组操作要做到"工完料净场地清"，谁施工谁负责清理。

（5）进出施工现场的运输车箱必须盖好，防治杂物和垃圾飞扬。

（6）对厕所、施工废水须经沉淀池后方可排入有关污水管道。

（7）砂浆、混凝土的搅拌运输、使用过程中做到不洒、不漏、不剩。

（8）对施工现场要洒水，减少灰尘飞扬等。

6.7.17 施工平面图布置

施工现场平面图布置如图 6-11 所示。

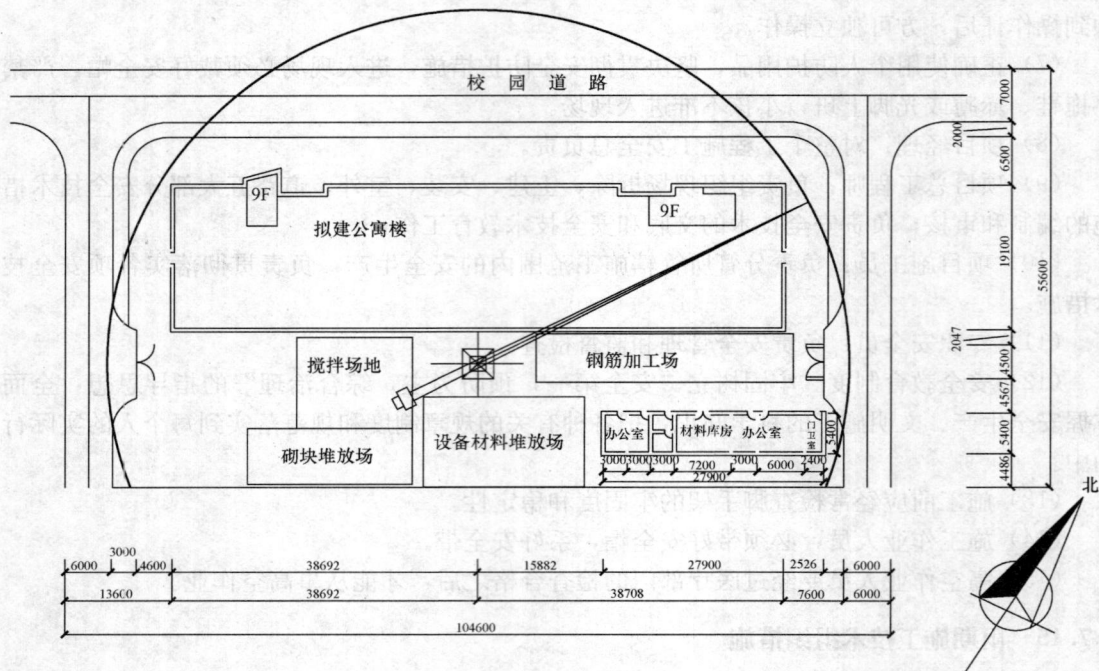

图 6-11　施工总平面规划布置图

6.7.18　工程保修及回访

（1）保修

1）保修内容：按建设部《建设工程质量管理办法》（2000 年 6 月 30 日建设部 80 号令）、国务院《建设工程质量管理条例》（第六章）（2000 年 1 月 30 日国务院 279 号令）的规定，以及与业主在合同中约定的保修内容执行。

2）保修书采用 2000 年 8 月 22 日由建设部、国家工商行政管理局建〔2000〕185 号文件印发的修改后的《房屋建筑工程质量保修书》（以前为《工程质量保修书》）。

3）因不可抗拒力，如地震、台风、洪水、战争、爆炸等原因对工程造成的问题另行处理。

4）保修完成需经用户逐项验收，并签字认可，验收记录由公司工程部备案。

（2）回访

1）保修期内每半年进行一次回访，保修期满后进行不定期回访，每年不少于一次。

2）对工程回访时，提前 10 天通知用户并送达工程回访意见书，对回访过程中发现的问题及时提出整改措施，在指定的时间内实施完成，并在用户意见书上签字，负责填写工程回访登记表。

思 考 题 与 习 题

1. 什么叫单位工程施工组织设计？它在施工管理工作中有什么作用？

2. 单位工程施工组织设计包括哪些基本内容?

3. 单位工程施工组织设计的编制程序如何?

4. 施工方案包括哪些内容?

5. 什么是施工流向? 确定施工流向应考虑哪些因素?

6. 什么是施工顺序? 确定施工顺序应遵循的原则和基本要求是什么?

7. 试述多层混合结构及框架结构民用房屋的施工顺序。

8. 选择施工方法和施工机械的基本要求是什么?

9. 制定技术组织措施有哪些内容?

10. 单位工程施工进度计划的编制程序如何?

11. 单位工程施工进度计划的编制内容有哪些?

12. 如何确定施工过程的劳动量或机械台班量?

13. 如何确定施工过程的持续时间?

14. 资源需用量有哪些?

15. 什么叫单位工程施工平面图? 单位工程施工平面图包括哪些内容?

16. 如何确定起重运输机械的位置?

17. 如何确定生产、生活性临时设施的布置?

18. 评价单位工程施工组织设计的技术经济指标有哪些?

19. 收集一份现场的单位工程施工组织设计。

20. 独立完成一份单位工程施工组织设计。

第7章 施工项目目标控制

7.1 施工项目目标控制的内容

7.1.1 施工项目目标控制的概念和任务

1. 施工项目目标控制的概念

所谓控制，是指为了实现组织的计划目标而对组织活动进行监视并纠偏矫正，以确保组织计划与实际运行状况动态适应的行为。

要对组织的一切活动实施有效的控制，必须具备下列两个基本前提：

第一，计划前提。控制的实施是以计划为依据的，其目的是为了保证计划的实现，因此，只有制定周密明确的计划，控制才能得以有效地实施。此时，考虑计划是否完善，较之考虑如何去进行控制具有更重要的意义。

第二，组织机构前提。控制活动是由组织中各个管理层次、各个部门的管理人员共同协调进行的，这就要求在组织机构中必须明确划分职能范围和责任范围。这样，一旦产生偏差，就可以知道应由哪个部门承担责任和应由谁来采取纠正措施。所以，控制是离不开组织机构这一前提的。

根据上述定义，施工项目目标控制的行为对象是施工项目，控制行为的主体是施工项目经理部，控制对象的目标构成目标体系。对不同的目标控制，分别编制不同专业的计划，采用有专业特点的科学方法纠正由于各种干扰产生的偏差。

从定义可以看出，施工项目目标控制问题的要素包括：施工项目、控制目标、控制主体、实施计划、实施信息、偏差数据、纠偏措施、纠偏行为。

施工项目控制的目的是排除干扰、实现合同目标。因此可以说施工项目目标控制是实现施工目标的手段。如果没有施工项目的目标控制，就谈不上施工项目管理，也不会有目标的实现。

2. 施工项目目标控制的制定依据

施工项目目标控制的制定依据包括：

（1）项目经理与企业法人之间签订的"项目管理目标责任书"。施工合同明确了施工企业应承担的施工项目总目标，"项目管理目标责任书"中规定的责任目标应依据工程施工合同中的目标制定。

（2）国家的政策、法规、标准和定额。

（3）生产要素市场的变化动态和发展趋势。

（4）有关文件、资料，如设计图纸、招标文件、施工组织设计等。

（5）国际工程项目在制定控制目标时还应依据所在国的各种条件及国际市场情况。

3. 施工项目控制目标的制定原则和程序

（1）施工项目控制目标的制定原则：以实现工程施工合同为目标；按目标管理方法进行

目标分解和展开，将总目标落实到项目组织的每个层次，直至每个执行者；充分发挥施工组织设计在制定控制目标中的作用；注意目标之间的相互制约和依存关系。

（2）施工项目控制目标的程序：第一步，认真研究施工合同中规定的施工项目控制总目标，收集制定控制目标的各种依据，为控制目标的落实做准备；第二步，施工项目经理与企业法人签订"项目管理目标责任书"，确定项目经理的控制目标；第三步，施工项目经理部编制施工组织设计，确定施工项目经理部的计划总目标；第四步，制定施工项目的阶段性控制目标和年度控制目标；第五步，按时间、部门、管理人员、劳务班组落实控制目标，明确责任；第六步，责任者提出控制措施。

4. 施工项目目标控制的任务

施工项目控制的任务是进行以项目进度控制、质量控制、成本控制和安全控制为主要内容的四大目标控制。这四项目标是施工项目的约束条件，也是施工效益的象征，尤其是安全目标，它不同于前三项目标，前三项目标是指施工项目成果，安全目标则是指施工过程中人和物的状态。没有危险，不出事故，不造成人身伤亡和财产损失，就是安全，既指人身安全，又指财产安全。所以，安全控制既要克服人的不安全行为，又要克服物的不安全状态。施工项目目标控制的任务见表 7-1。

表 7-1　施工项目目标控制的任务

控制目标	具 体 控 制 任 务
进度控制	使施工顺序合理，衔接关系适当，连续、均衡、有节奏施工，实现计划工期，提前完成合同工期
质量控制	使分部分项工程达到质量检验评定标准的要求，实现施工组织设计中保证施工质量的技术组织措施和质量等级，保证合同质量目标等级的实现
成本控制	实现施工组织设计的降低成本措施，降低每个分项工程的直接成本，实现项目经理部盈利目标，实现公司利润目标及合同造价
安全控制	实现施工组织设计的安全设计和措施，控制劳动者、劳动手段和劳动对象，控制环境，实现安全目标，使人的行为安全，物的状态安全，断绝环境危险源
施工现场控制	科学组织施工，使场容场貌、料具堆放与管理、消防保卫、环境保护及职工生活均符合规定要求

7.1.2　施工项目目标控制的手段和措施

1. 施工项目目标控制的手段

施工项目目标控制的手段主要是指控制方法和工具。每种目标控制都有其专业适用的控制方法，见表 7-2。

表 7-2　适用的目标控制方法

控制目标	主 要 适 用 方 法
进度控制	横道图计划法，网络计划法，"S"形（或"香蕉"形）曲线法
质量控制	检查对比法，数理统计法，方针目标管理法，图表方法
成本控制	量本利法，价值工程法，偏差控制法，估算法
安全控制	树枝图法，瑟利模式法，多米诺模型法
施工现场控制	看板管理法，责任承担法

2. 施工项目目标控制的措施

施工项目的控制措施有合同措施、组织措施、经济措施和技术措施。

（1）合同措施。施工项目的控制目标根据工程合同产生，又通过"施工项目管理目标责任书"落实到项目经理部。项目经理部通过签订劳务承包合同把目标落实到劳务承包公司（或作业班组）。因此，合同措施在施工项目事前控制中发挥着重要作用。在事中控制时目标的控制完全按合同办事，当发现某种行为偏离合同这个"标准"时，便立即会受到约束，使之恢复正常。在市场经济条件下，合同是目标控制的前提和依据。

（2）组织措施。组织是项目管理的载体，是目标控制的依托，是控制力的源泉。组织措施在制定目标、协调目标的实现、目标检查及纠偏等环节上都发挥着重要的作用。

（3）经济措施。经济利益是施工项目目标控制的基础和保证，它不但与施工项目经理部相关，也与施工项目经理部的每一个成员相关。目标控制中的资源配置和动态管理，劳动分配和物质激励，都对目标控制产生作用。说到底，经济措施就是节约措施。

（4）技术措施。施工项目经理部不但要对项目进行科学的管理，而且还要科学地组织项目施工。项目管理和项目施工都需要科学技术。施工项目目标控制中所用的技术措施有两类：一类是硬技术，即工艺（作业）技术；另一类是软技术，即管理技术。

7.1.3 施工项目进度控制概述

1. 施工项目进度控制的概念

施工项目进度控制是指在既定的工期内，编制出最优的施工进度计划，在执行该计划的施工中，经常检查施工实际进度情况，并将其与计划进度相比较，若出现偏差，便分析产生的原因和对工期的影响程度，找出必要的调整措施，修改原计划，不断地如此循环，直至工程竣工验收。施工项目进度控制的总目标是确保施工项目的合同工期的实现，或者在保证施工质量和不因此而增加施工实际成本的条件下，适当缩短工期。

2. 施工项目进度控制的任务和方法

（1）施工项目进度控制的任务。由于施工过程中存在着许多影响进度的因素，这些因素往往来自不同的部门和不同的时期，它们对工程施工进度产生着复杂的影响。因此，进度控制人员必须事先对影响工程施工进度控制的各种因素进行调查分析，预测它们对工程施工进度的影响程度，确定合理的进度控制目标，编制可行的施工总进度计划、单位工程施工进度计划、分部分项工程施工进度计划和工程年、季、月实施计划，并控制其执行，按期完成整个项目、单位工程、分部分项工程的施工任务。

（2）施工项目进度控制的方法主要是规划、控制和协调。

1）规划是指确定施工项目总进度控制目标和分进度控制目标，并编制其进度计划。

2）控制是指在施工项目实施的全过程中，进行施工实际进度与施工计划进度的比较，出现偏差及时采取措施调整。

3）协调是指协调与施工进度有关的单位、部门和工作队组之间的进度关系。

3. 施工项目进度计划的形式和实施

施工项目进度计划的形式有横道图计划和网络图计划两种。

为了保证施工项目进度计划的实施，并且尽量按编制的计划时间逐步进行，保证各进度目标的实现，在施工进度计划实施过程中应进行下列工作：

（1）编制月（旬）作业计划。进度计划是通过作业计划下达给施工班组的，作业计划是保证进度计划落实与执行的关键。由于施工活动的复杂性，在编制计划时，不可能考虑到施工过程中的一切变化情况，因而不可能一次安排好未来施工活动中的全部细节，因此，还必须由更为符合当时情况、更为细致具体的、短时间的计划，这就是月（旬）作业计划。在月（旬）计划中要明确本月（旬）应完成的任务及所需要的各种资源量，以提高劳动生产率和采取节约措施。

（2）签发施工任务书。施工任务书是一份计划文件，也是一份核算文件，又是原始记录。编制好月（旬）作业计划以后，将每项具体任务通过签定施工任务书的方式使其进一步落实。施工任务书是向班组下达任务，实行责任承包、全面管理和原始记录的综合性文件，是计划和实施的纽带。施工任务书一般以表格的形式下达，具体包括施工班组应完成的工程项目、工程量，完成任务的起止日期和施工日历进度表，资源需用量，采用的施工方法、技术组织措施、工程质量、安全和节约措施的各项指标等。

（3）做好施工进度记录，填写好施工进度统计表。在计划任务完成的过程中，各级施工进度计划的执行者都要跟踪做好施工记录，记载计划中每项工作的开始日期、工作进度和完成日期，为施工项目进度检查分析提供信息。

（4）做好施工中的调度工作。施工中的调度是组织施工中各阶段、环节、专业和工种的互相配合及进度协调的指挥核心。调度工作是使施工进度计划实施顺利进行的重要手段，其主要任务是掌握计划实施情况，协调各方面关系，采取措施，排除各种矛盾，加强各薄弱环节，实现动态平衡，保证完成作业计划和实现进度目标。

调度工作内容主要有：监督作业计划的实施、调整协调各方面的进度关系；监督检查施工准备工作；督促资源供应单位按计划供应劳动力、施工机具、运输车辆、材料构配件等，并对临时出现的问题采取调配措施；按施工平面图管理施工现场，结合实际情况进行必要的调整，保证文明施工；了解气候、水、电、气的情况，采取相应的防范和保证措施，及时发现和处理施工中各种事故和意外事件；调节各薄弱环节；定期召开现场调度会议，贯彻施工项目主管人员的决策，发布调度令。

4. 施工项目进度计划的检查

施工项目进度计划的检查与执行是融汇在一起的。计划检查是计划执行信息的主要来源，是施工进度调整和分析的依据，是进度控制的关键步骤。进度计划的检查方法主要是对比法，即实际进度与计划进度进行对比，从而发现偏差，以便调整或修改计划。进度计划的检查通常包括以下几个方面：

（1）跟踪检查施工实际进度。对施工进度进行检查应依据施工进度计划实施记录进行。跟踪检查的时间间隔，以施工项目的类型、规模、施工条件和对进度执行要求的程度确定，一般每月、半月、旬、周检查一次。检查和收集资料的方式可采用进度报告表或定期召开进度工作汇报会方式。

（2）整理统计检查数据。对收集到的施工实际进度数据要进行必要的整理，按计划控制的工作项目进行统计，形成与计划进度具有可比性的数据、相同的量纲和形象进度。一般可以按实物工程量、工作量和劳动消耗量统计实际检查的数据，以便与相应的计划完成量相对比。

（3）实际进度与计划进度对比。实际进度与计划进度对比有横道图比较法、S 形曲线比较法、香蕉形曲线比较法、前锋线比较法和列表法等。以上方法可从不同角度得出实际进度与计划进度相一致、超前、拖后三种情况。

（4）施工项目进度检查结果的处理。施工项目进度检查结果，按照检查报告制度的规定，形成进度控制报告，向有关主管人员和部门汇报。进度控制报告一般由计划负责人或进度管理人员与其他项目管理人员协作编写。报告时间一般与进度检查时间相协调，也可按月、旬、周等间隔时间进行编写上报。

5. 施工项目进度计划的调整

（1）施工项目进度比较方法。施工项目进度比较分析与计划调整是施工项目进度控制的主要环节，其中施工项目进度比较是调整的基础。常用的比较方法有以下几种：

1）横道图比较法。横道图比较法，是把在项目施工中检查实际进度收集的信息，经整理后直接用横道线与原计划的横道线标在一起，以进行直观比较的方法。

例如，某混凝土基础工程的施工实际进度计划与计划进度比较如图 7-1 所示。从比较中可以看出，在第 7 天末进行施工进度检查时，支模板工作已经完成；绑扎钢筋的工作按计划进度应当完成，而实际施工进度只完成了 83% 的任务，已经拖后了 17%；浇混凝土工作已完成了 40% 的任务，施工实际进度与计划进度一致。

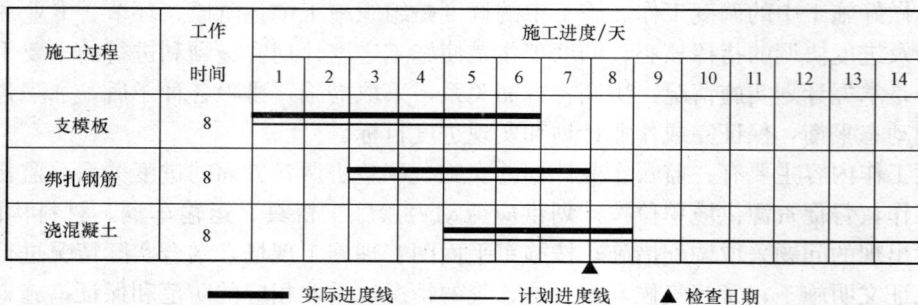

施工过程	工作时间	施工进度/天													
		1	2	3	4	5	6	7	8	9	10	11	12	13	14
支模板	8														
绑扎钢筋	8														
浇混凝土	8														

━━━ 实际进度线 　———— 计划进度线 　▲ 检查日期

图 7-1　某混凝土基础工程实际进度与计划进度的比较

通过上述记录与比较，为进度控制者提供了实际施工进度与计划进度之间的偏差，为采取调整措施提供了明确的依据。这是人们施工中进行施工项目进度控制经常用的一种最简单、熟悉的方法。但是它仅适用于施工中的各项工作都是按均匀的速度进行的情形，即每项工作在单位时间里完成的任务量都是相等的。

完成任务量可以用实物工程量、劳动消耗量和工作量三种物理量表示，为了比较方便，一般用它们实际完成量的累计百分比与计划应完成量的累计百分比进行比较，如图 7-2 所示。

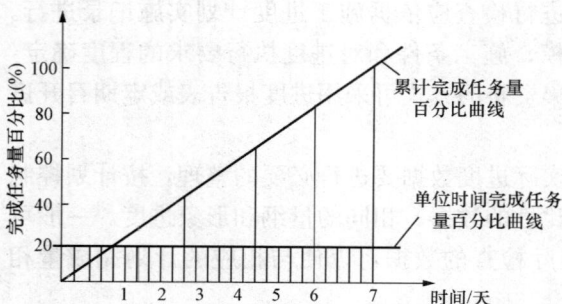

图 7-2　匀速施工时间与完成任务量曲线图

2）S 形曲线比较法。对于大多数工程项目，其单位时间完成的任务量，通常是中间多而两头少，即资源的投入开始阶段较少，随着时间的增加而逐渐增多，在施工中的某一时期达到高峰后又逐渐减少直至项目完成，其变化过程可用图 7-3（a）表示。

而随时间进展累计完成的任务量便形成一条中间陡而两头平缓的S形变化曲线，故称S形曲线，如图7-3（b）所示。S形曲线是以横坐标表示进度时间，以纵坐标表示累计完成任务量，而绘制出的一条按计划时间累计完成任务量的曲线，它是将施工项目在各检查时间实际完成的任务量与S形曲线进行实际进度与计划进度相比较的一种方法。

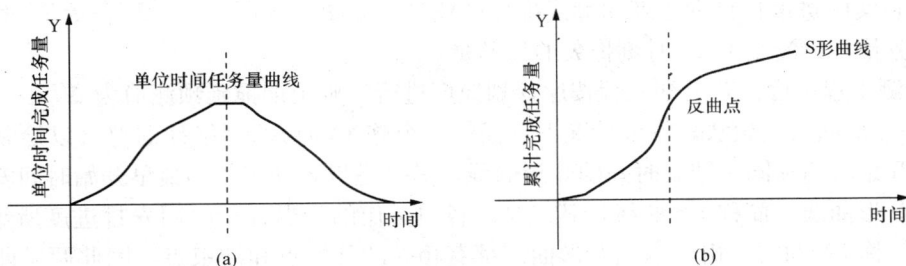

图 7-3　时间与完成任务量关系曲线
（a）单位时间完成的任务量与时间的关系曲线；（b）累计完成的任务量与时间的关系曲线

①S形曲线的绘制。S形曲线的绘制步骤如下：

a. 确定工程进展速度曲线。在实际工程中，很难找到定性分析的计划进度的连续曲线，但可以根据每单位时间内完成的实物工程量或投入的劳动力与费用，计算出计划单位时间量值 q_j，则 q_j 为离散型的，如图7-4（a）所示。

b. 计算规定时间 j 计划累计完成的任务量，其计算方法等于各单位时间完成的任务量累加求和，计算公式为

$$Q_j = \sum q_j \tag{7-1}$$

式中　Q_j——某时间 j 计划累计完成的任务量；

　　　q_j——单位时间计划完成的任务量。

按各规定时间的 Q_j 值，绘制S形曲线。

c. 绘制S形曲线。按各规定时间 j 及其对应的累计完成任务量 Q_j 绘制S形曲线，如图7-4（b）所示。

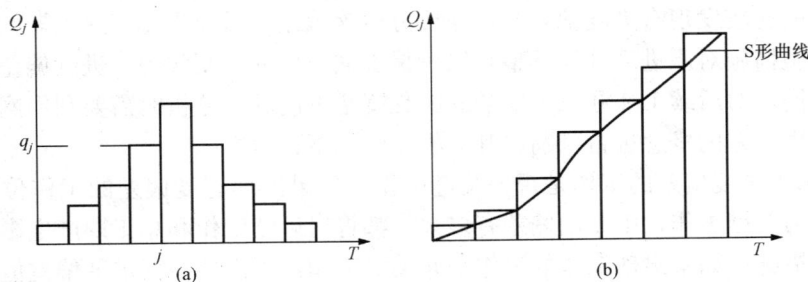

图 7-4　实际工程中时间与完成任务量关系曲线

②S形曲线比较法。S形曲线比较法，是在图上直观地进行施工项目实际进度与计划进度的比较。一般情况下，计划进度控制人员在计划实施前绘制出S形曲线。在项目施工过程中，按规定时间将检查的实际完成情况绘制在与计划S形曲线同一张图上，可得出实际进度S形曲线，比较两条S形曲线可以得到如下信息：

a. 当实际工程进展点落在计划 S 形曲线左侧，则表示此时实际进度比计划进度超前；若落在其右侧，则表示拖后；若刚好落在其上，则表示二者一致。

b. 项目实际进度比计划进度超前或拖后的时间如图 7-5 所示，ΔT_a 表示 T_a 时刻实际进度超前的时间；ΔT_b 表示 T_b 时刻实际进度拖后的时间。

c. 项目实际进度比计划进度超额或拖欠的任务量如图 7-5 所示，ΔQ_a 表示 T_a 时刻超额完成的任务量；ΔQ_b 表示 T_b 时刻拖欠的任务量。

d. 预测工程进度。若后期工程按原计划速度进行，则工期拖延预测值为 ΔT_c。

3）香蕉形曲线比较法。一般情况下，任何一个施工项目的网络计划都可以绘制出两条具有同一开始时间和同一结束时间的 S 形曲线。其一是以各项工作的最早开始时间安排进度所绘制的 S 形曲线，简称 ES 曲线；其二是以各项工作的最迟开始时间安排进度所绘制的 S 形曲线，简称 LS 曲线。由于两条 S 形曲线都有相同的开始点和结束点，因此两条曲线是封闭的，如图 7-6 所示。除此以外，ES 曲线上各点均落在 LS 曲线相应时间对应点的左侧，由于这两条曲线形成一个形如香蕉的曲线，故称此为香蕉形曲线。只要实际完成量曲线在两条曲线之间，就不影响总的进度。

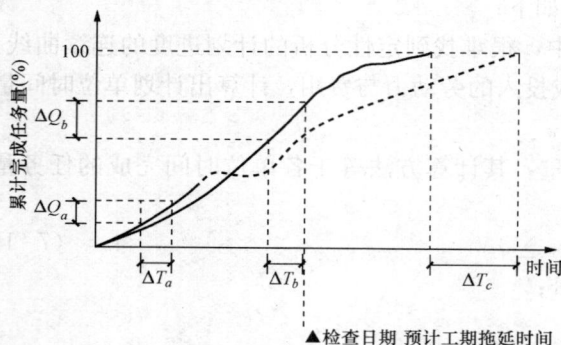

图 7-5 S 形曲线比较图

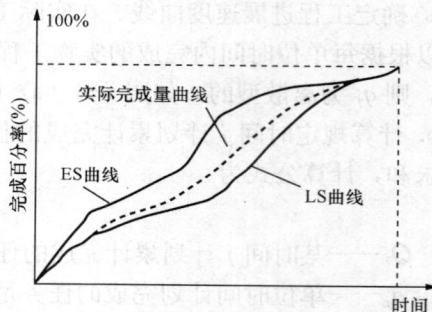

图 7-6 香蕉形曲线比较图

（2）分析进度偏差对后续工作及总工期的影响。在工程项目实施过程中，当通过实际进度与计划进度的比较发现有进度偏差时，需要分析该偏差对后续工作及总工期的影响，从而采取相应的调整措施对原进度计划调整，以确保工期目标的顺利实现。进度偏差的大小及其所处的位置不同，对后续工作和总工期的影响程度是不同的，分析时需要利用网络计划中工作总时差和自由时差的概念进行判断。其分析步骤如下：

1）分析出现进度偏差的工作是否为关键工作。如果出现进度偏差的工作位于关键线路上，即该工作为关键工作，则无论偏差有多大，都将对后续工作和总工期产生影响，必须采取相应的调整措施；如果出现偏差的工作是非关键工作，则需要根据进度偏差值与总时差和自由时差的关系作进一步分析。

2）分析进度偏差是否超过总时差。如果工作的进度偏差大于该工作的总时差，则此进度偏差必将影响其后续工作和总工期，必须采取相应的调整措施；如果工作的进度偏差未超过该工作的总时差，则此进度偏差不影响总工期。至于对后续工作的影响程度，还需要根据偏差值与其自由时差的关系作进一步分析。

3）分析进度偏差是否超过自由时差。如果工作的进度偏差大于该工作的自由时差，则此进度偏差对其后续工作产生影响，此时应根据后续工作的限制条件确定调整方法；如果工作的进度偏差未超过该工作自由时差，则此进度偏差不影响后续工作，因此，原进度计划可以不做调整。

（3）进度计划的调整。当实际进度偏差影响到后续工作、总工期而需要调整进度计划时，其调整方法主要有两种：

1）改变某些工作间的逻辑关系。当工程项目实施中产生的进度偏差影响到总工期，且有关工作的逻辑关系允许改变时，可以改变关键线路和超过计划工期的非关键线路上的有关工作之间的逻辑关系，以达到缩短工期的目的。

2）缩短某些工作的持续时间。这种方法是不改变工程项目中各项工作之间的逻辑关系，而通过采取增加资源投入、提高劳动效率等措施来缩短某些工作的持续时间，使工程进度加快，以保证按计划工期完成该工程项目。这些被压缩持续时间的工作是位于关键线路和超过计划工期的非关键线路上的工作，同时，这些工作又是其持续时间可被压缩的工作。这种调整方法通常可以在网络图上直接进行。

7.1.4 施工项目质量控制概述

1. 施工项目质量控制的基本概念

（1）施工项目质量的定义。施工项目质量是指工程满足业主需要的，符合国家法律、法规、技术规范标准、设计文件及合同规定的综合特性。

施工项目作为一种特殊的产品，除具有一般产品共有的质量特性，如性能、寿命、可靠性、安全性、经济性等满足社会需要的使用价值及其属性外，还具有特定的内涵。

施工项目质量的质量特性主要表现在以下六个方面：

1）适用性，即功能，是指工程满足使用目的的各种性能，包括理化性能、结构性能、使用性能。

2）耐久性，即寿命，是指工程在规定的条件下，满足规定功能要求使用的年限，也就是工程竣工后的合理使用寿命周期。由于建筑物本身结构类型不同、质量要求不同、施工方法不同、使用性能不同的个性特点，目前国家对建设工程的合理使用寿命周期还缺乏统一的规定，仅在少数技术标准中提出了明确的要求。如民用建筑主体结构耐用年限分为四级（15～30 年，30～50 年，50～100 年，100 年以上）。

3）安全性，是指工程建成后在使用过程中保证结构安全、保证人身和环境免受危害的程度。建设工程产品的结构安全度、抗震、耐火及防火能力等是否达到特定的要求，都是安全性的重要标志。工程交付使用之后，必须保证人身财产和工程整体都有能力免遭工程结构破坏及外来危害的伤害。工程组成部件，如楼梯栏杆等，也要保证使用者的安全。

4）可靠性，是指工程在规定的时间和规定的条件下完成规定功能的能力。工程不仅要求在交工验收时要达到规定的指标，而且在一定的使用时期内要保持应有的正常功能，如工业生产用的管道防"跑、冒、滴、漏"等，都属可靠性的范畴。

5）经济性，是指工程从规划、勘察、设计、施工到整个产品使用周期内成本和消耗的费用。工程经济性具体表现为设计成本、施工成本和使用成本三者之和，包括从征地、拆迁、勘察、设计、施工、配套设施等建设全过程的总投资和工程使用阶段的能耗、维护、保养等。通过分析比较，可判断工程是否符合经济性要求。

6）环境的协调性，是指工程与其周围生态环境协调、与所在地区经济环境协调以及与周围已建工程相协调，以适应可持续发展的要求。

（2）施工项目质量控制的定义。施工项目质量控制是指对项目的实施情况进行监督、检查和测量，并将项目实施结果与事先制定的质量标准进行比较，判断其是否符合质量标准，找出存在的偏差，分析偏差形成原因的一系列活动。项目质量控制贯穿于项目实施的全过程。在进行施工项目质量控制时，应搞清下列概念的差别：

1）预防和检查。预防是为了将错误排除在过程之外；检查是将错误排除在送达客户之前。

2）偶然因素和系统因素。偶然因素的种类繁多，是对产品质量经常起作用的因素，但它们对产品的质量影响并不大，不会因此造成废品。偶然因素引起的差异又称随机误差，这类因素既不易识别，也难以消除，或在经济上不值得消除。偶然因素包括原材料的微小差异，机具设备的正常磨损，工人操作的微小变化，温度、湿度微小的波动等。系统因素如原材料的规格、品种有误，机具设备发生故障，操作不按规程等。系统因素对质量影响较大，可以造成废品和次品；这类因素较易识别，应加以避免。

3）偏差和控制线。偏差是活动的结果在允许的规定范围之内，并且是可以接受的；活动的结果在控制限度之内，则表明活动尚处于控制之中。

质量控制的内容包括：①确定控制对象，如一道工序、一个分项工程等；②规定控制对象，即详细说明控制对象应达到的质量要求；③制定具体的控制方法，如工艺规程、控制用图表等；④明确所采取的检验方法，包括检验手段；⑤实际进行检验；⑥分析实测数据与标准之间产生差异的原因；⑦解决差异所采取的措施、方法。

2. 施工项目质量控制的依据

施工项目质量控制的依据包括技术标准和管理标准。技术标准包括现行的 GB 50300—2001《建筑工程施工质量验收规范》和配套的建筑工程专业施工质量验收规范、本地区及企业自身的技术标准和规程、施工合同中规定采用的有关技术标准。管理标准有：GB/T 19000—ISO9000 族系列标准（根据需要的模式选用），企业主管部门有关质量工作的规定，本企业的质量管理制度及有关质量工作的规定。另外，项目经理部与企业签订的质量责任状，企业与业主签订的工程施工合同，施工组织设计，施工图纸及说明书等，也是施工项目质量控制的依据。

3. 施工项目质量控制的程序

施工项目质量控制的程序是 PDCA 循环。这种循环是能使任何一项活动有效进行的合乎逻辑的工作程序，是现场质量保证体系运行的基本方式，是一种科学有效的质量管理方法。PDCA 循环包括四个阶段和八个步骤，如图 7-7 所示。

PDCA 循环的四个阶段：第一是计划阶段（Plan）。在开始进行持续改进时，首先要进行的工作是计划。计划包括制定质量目标、活动计划、管理项目和措施方案。计划阶段需要检讨企业目前的工作效率，追踪流程和收集流程过程中出现的问题点，根据搜集到的资料，进行分析并制定初步的解决方案，提交公司批准。第二是实施阶段（Do）。就是将制定的计划和措施具体组织实施和执行。第三是检查阶段（Check）。就是将执行的结果与预定目标进行对比，检查计划执行情况，看是否达到了预期的效果。按照检查的结果，来验证生产运作是否按照原来的标准进行，或者原来的标准规范是否合理等。第四是处理阶段（Adminis-

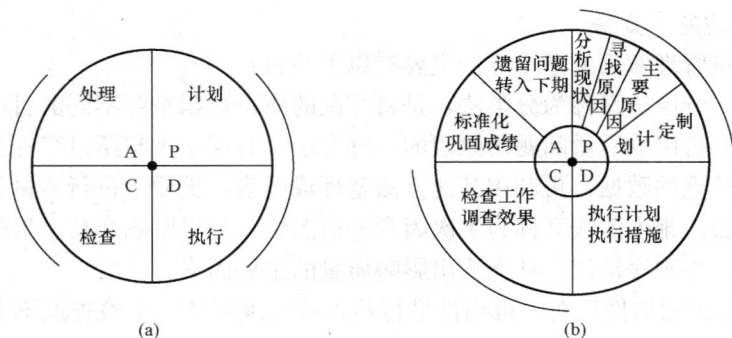

图 7-7　PDCA 循环与步骤

(a) PDCA 循环的四个阶段；(b) PDCA 的八个步骤

ter)。是对总结的检查结果进行处理，成功的经验加以肯定，并予以标准化或制定作业指导书，便于以后工作时遵循；对于失败的教训也要总结，以免重现。对于没有解决的问题，应提到下一个 PDCA 循环中去解决。

按照 PDCA 循环工作法，可进一步将四个阶段分为八个步骤。这八个步骤是：

第一步，分析现状，找出问题。就是对建设项目的工作进展，特别是质量状况进行分析，从分析中找出存在的质量问题。从一个工程来说，总会存在各种问题，质量管理首先就要对这些问题进行调查研究。

第二步，分析各种影响因素。在分析现状找出问题之后，就要把影响项目管理的各种因素都摆出来，加以分析，找出各个薄弱环节。

第三步，找出主要的影响因素。在影响工程建设实施的，特别是工程质量的各种因素中是有主次之分的。只有抓住其中主要的影响因素，进行解剖分析，才会更加有利于改进项目管理和工程质量。

第四步，针对主要影响因素制定措施。当影响项目管理和工程质量的主要因素找出来之后，就要根据主要因素产生的原因进行全面分析，并有针对性地制定简明扼要、切实可行的措施。制定的措施应重点说明如下问题：①为什么要制定这个措施；②制定这个措施要达到什么目的；③这个措施在哪个施工单位或者在什么地方执行；④这个措施在什么时间执行；⑤这个措施由谁来执行；⑥这个措施采用什么方法来执行。

以上第一到第四步骤是四个阶段中的第一阶段，即计划阶段的工作内容。

第五步，执行招标施工合同各项条款的措施。当措施确定之后，就要按既定措施下达任务，并按措施去执行。这是第二阶段，即实施阶段的工作内容。

第六步，调查（检查）工作效果。招标施工合同下达并执行后，还要及时对执行情况进行检查。通过检查进行比较，找出成功的经验与失败的教训。也就是把实施结果同招标施工合同进行比较和分析，这是检查阶段的工作内容。

第七步，巩固措施，制定制度。根据调查的结果进行分析、比较、判断之后，对行之有效的措施要继续巩固，并制定制度，形成规章制度，以便遵照执行。

第八步，在项目管理过程中，不可能一次就把各种问题都解决了，一定会有许多问题没有解决或者没有得到很好的解决。对于这些问题不能回避，应本着实事求是的精神加以总结，以便再次研究。第七、第八两个步骤是处理阶段的工作内容。

4. 质量管理的基本方法

建筑工程质量管理常用的基本方法主要有以下几种：

（1）分层法。分层法又称为分类法，是将零乱的质量数据按照不同的目的加以分类，并进行加工整理和分析影响质量问题的原因的一种方法。分层法常与质量管理的其他方法结合使用，经过分层整理的数据，再利用其他方法整理成图表，更便于进行质量分析。

（2）排列图法。排列图法又称为主次因素分析图法，是将影响产品质量的各因素按其对质量影响程度的大小顺序排列，从而找出影响质量的主要因素。

【例 7-1】 某预制构件厂对一批构件进行检查，发现有 200 个检查点不合格，影响其质量的因素或缺陷及统计发生的次数见表 7-3。试分析影响构件质量的主要因素。

解 1）收集整理数据并按频数由大到小排序，见表 7-3。

表 7-3 不合格项目统计分析表

构件批号	混凝土强度	截面尺寸	侧向弯曲	钢筋强度	表面平整	预埋件	表面缺陷
1	5	6	2	1			1
2	10		4		2	1	
3	20	4		2		1	
4	5	3	5		4	1	
5	8	2		1			1
6	4		3		1		1
7	18	6		3			
8	25	6	4		1		
9	4		2				
10	6	20	2	1		1	
合计	105	50	20	10	8	4	3

2）计算频率及累计频率。如混凝土强度不足的频率为 105/200＝52.5%，依此类推，计算出各质量缺陷的频率并累加后依次填入表 7-4 中。

表 7-4 频 率 计 算 表

序 号	影响质量的因素	频 数	频率（%）	累计频率（%）
1	混凝土强度	105	52.5	52.5
2	截面尺寸	50	25	77.5
3	侧向弯曲	20	10	87.5
4	钢筋强度	10	5	92.5
5	表面平整度	8	4	96.5
6	预埋件位置	4	2	98.5
7	表面缺陷	3	1.5	100
	合 计	200	100	

3）画排列图。按表 7-4 中从上到下的次序在图中横坐标上从左向右标出各质量缺陷，依

照频数及累计频率画出排列图，如图 7-8 所示。

4）确定影响质量的主要因素。通常将累计频率在 0％～80％之间的定为 A 类，它是影响产品质量的主要因素；在 80％～90％之间的定为 B 类，它是影响产品质量的次要因素；在 90％～100％之间的定为 C 类，它是影响产品质量的一般因素。本例中 A 类因素有混凝土强度和混凝土截面尺寸两项。

（3）因果分析图法。因果分析图法就是从某一质量问题这一结果出发，层层分析，寻找产生这种结果的原因（原因分析一般从 4M1E 入手），直至能采取措施解决质量问题为止。这种方法一般在图中进行，如图 7-9 所示。在运用因果分析图时，一般应把与某一质量问题有关的人员组织起来，采用分析讨论会的方式，让大家畅所欲言，集思广益，找出影响质量的原因，并系统地分析出它们的因果关系。

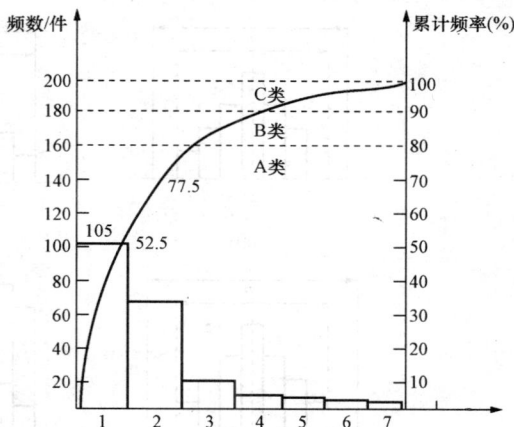

图 7-8　混凝土构件质量影响因素排列图

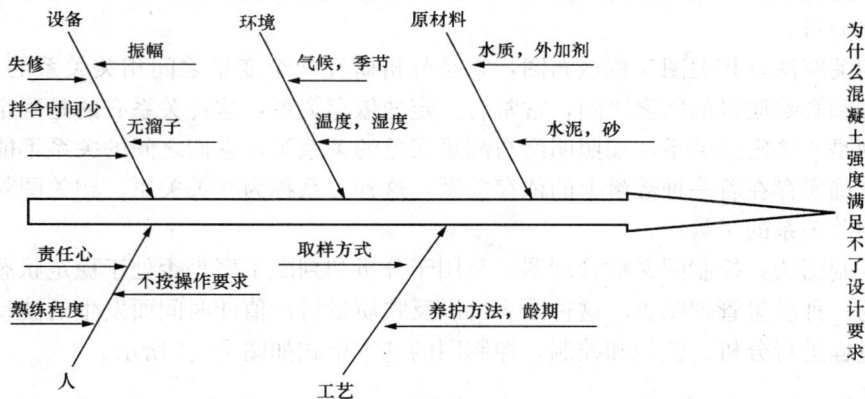

图 7-9　分析混凝土强度问题的因果分析图

（4）直方图法。直方图是将工序中随机抽样得到的质量数据整理后分成若干组，画出以组距为底边、以频数为高度的系列矩形连接起来的矩形图，是表示质量数据离散程度的一种图形。通过直方图可认识产品质量的分布状况，判断工序质量的好坏，预测施工质量的发展趋势，及时掌握工序质量变化规律。

在正常生产情况下，直方图呈正态分布形状，分布在公差范围之内［见图 7-10（a）］；图 7-10（b）中直方图的分布范围 B 虽然在公差范围 T 内，但偏向一边，此时发生废品的可能性极大，需采取措施移动分布中心；图 7-10（c）的分布虽然在公差范围内，但完全没有余地，很容易超差，应设法提高加工精度，缩小分布范围；图 7-10（d）的分布范围大大小于公差范围，产生过大的剩余精度，此时应考虑生产的经济性，可改变加工精度和缩小公差；图 7-10（e）、（f）中已出现超出上下限的数据，说明生产过程存在质量不合格问题，需要分析原因，采取措施进行纠偏。

常见的异形直方图有折齿形、陡坡形、孤岛形、双峰形、峭壁形五种。出现异常的原因

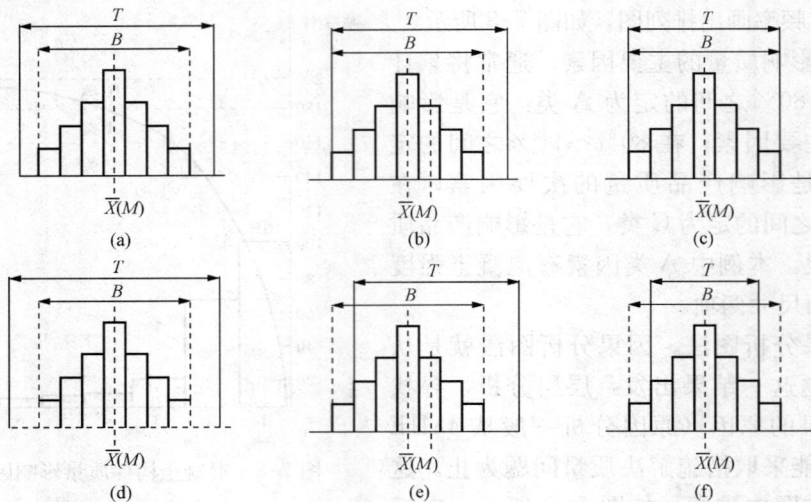

图 7-10 直方图与质量标准上下限

可能是生产过程存在影响质量的系统因素，或收集整理数据制作直方图的方法不当，实践中应进行具体分析。

（5）相关图法。相关图又称散布图，它是分析研究两个变量之间相关关系的一种图表。在产品质量和影响质量的因素之间，常常有一定的依存关系，这种关系有的是确定的函数关系，有的则是不确定的关系。如照明度与测量误差的关系等，它们之间的关系不能用函数式表达，但又确实存在着一种数量上的依存关系，这种关系称为相关关系。相关图就是反映和分析这种相关关系的工具。

（6）控制图法。控制图又称管理图，是用于分析和判断工序是否处于稳定状态，并带有控制界限的一种质量管理图表。这种图表可以反映质量特性值随时间而发生的波动状况，从而对生产过程进行分析、监督和控制。控制图的基本格式如图 7-11 所示。

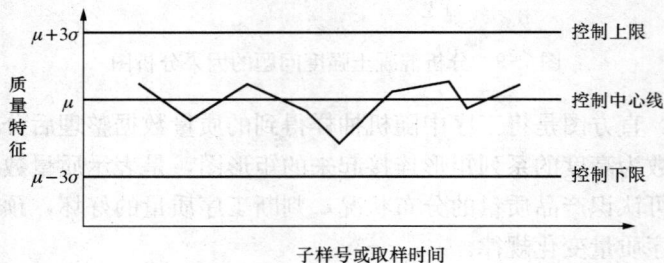

图 7-11 控制图的基本格式
μ—期望值；σ—标准差

在正常情况下，质量特性值是服从正态分布规律的，即以期望值 μ 为中心线，以 $\mu \pm 3\sigma$ 为上下控制界限，这样，99.73% 的质量数据应落在界限内，如果实际的质量分布超出这个范围，或是非随机排列，则说明生产过程不正常，有系统性因素起作用。控制图就是根据这一规律来控制生产过程的。

（7）统计分析表法。统计分析表是用来统计分析质量问题的各种统计报表。通过这些统计表可以进行数据的收集、整理，并粗略分析影响质量的原因。统计分析表法往往与分层法同时使用，这样可以使影响质量的原因更加清楚。

5. 施工准备阶段质量控制要点

施工准备阶段质量控制一般包括以下几个方面：

（1）工程定位及标高基准控制。工程施工测量放线是建设产品由设计转化为实物的第一步。施工测量的质量好坏，直接影响工程产品的综合质量，并且制约着施工过程中有关工序的质量。例如，测量控制基准点或标高有误，会导致建筑物或结构的位置或高程出现差误，从而影响整体质量。因此，工程测量控制可以说是施工中事前质量控制的一项基础工作，它是施工准备阶段的一项重要内容。

（2）施工平面的控制。在施工之前，应根据施工总进度计划的安排，规定各自占用的时间和先后顺序，并检查现场平面布置是否合理，是否有利于保证施工的正常进行。

（3）材料构配件采购订货的控制。工程所需的原材料、半成品、构配件等将构成永久性工程的组成部分，它们的质量好坏直接影响到工程产品的质量，因此需要事先对其质量进行严格控制。

（4）施工机械配置的控制。施工机械设备的选择，除应考虑施工机械的技术性能、工作效率、工作质量、可靠性及维修难易、能源消耗，以及安全、灵活等方面对施工质量的影响与保证外，还应考虑其数量配置对施工质量的影响与保证条件。

（5）设计交底与施工图纸的现场核对。施工图是工程施工的直接依据，因此施工以前要仔细核对现场情况与设计交底及施工图纸是否相符。

6. 施工阶段质量控制要点

施工过程体现在系列的作业活动中，作业活动的效果将直接影响到施工过程的施工质量，因此应加强施工过程质量管理。就整个施工过程而言，可按事前、事中、事后进行控制，一般应注意以下几个方面：

（1）作业技术准备状态的控制。所谓作业技术准备状态，是指各项施工准备工作在正式开展作业技术活动前是否按预先计划的安排落实到位的状况，包括配置的人员、材料、机具、场所环境、通风、照明、安全设施等。做好作业技术准备状况的检查，有利于实际施工条件的落实，避免计划与实际"两张皮"，承诺与行动相脱离，在准备工作不到位的情况下贸然施工。

作业技术准备状态的控制，应着重抓好以下环节的工作：

1）质量控制点的设置。质量控制点是指为了保证作业过程质量而确定的重点控制对象、关键部位或薄弱环节。设置质量控制点是保证达到施工质量要求的必要前提。

2）作业技术交底的控制。作业技术交底是对施工组织设计或施工方案的具体化，是更细致、更明确、更具体的技术实施方案，是工序施工或分项工程施工的具体指导文件。

3）进场材料构配件的质量控制。凡运到施工现场的原材料、半成品或构配件，进场时必须附有产品出厂合格证及技术说明书，同时按规定要求对其进行检验，经审查确认其质量合格后方准进场。

4）环境状态的控制。施工质量管理环境主要是指施工单位的质量管理体系和质量控制自检系统是否处于良好的状态，系统的组织结构、管理制度、检测制度、检测标准、人员配备等方面是否完善和明确，质量责任制是否落实等。

5）进场施工机械设备性能及工作状态的控制。保证施工现场施工机械设备的技术性能及工作状态对施工质量有重要的影响。

6）施工测量及计量器具性能、精度的控制。施工测量开始前，施工单位应保证施工测量及计量器具的性能、精度处于良好的工作状态。

7）施工现场劳动组织及作业人员上岗资格的控制。要建立健全相关制度，如管理层及作业层各类人员的岗位职责、作业活动现场的安全、消防规定等，同时还要有相应措施及手段以保证制度、规定的落实和执行。从事特殊作业的人员必须持证上岗。

（2）作业技术活动运行过程的控制。工程施工质量是在施工过程中形成的，而不是最后检验出来的；施工过程是由一系列相互联系和制约的作业活动所构成，因此，保证作业活动的效果与质量是施工过程质量控制的基础。

作业技术活动运行过程的控制包括：

1）建立自检系统。施工单位是施工质量的直接实施者和责任者，因此施工单位应建立起完善的自检体系并运转有效。

2）技术复核工作监控。凡涉及施工作业技术活动基准和依据的技术工作，都应严格进行专人负责的复核性检查，以避免基准失误给整个工程质量带来难以补救的或全局性的危害。

3）工程变更的监控。

4）质量记录资料的监控。

（3）作业技术活动效果的控制。作业技术活动结果的控制是施工过程中间产品及最终产品的质量控制方式，只有作业活动的中间产品质量都符合要求，才能保证最终单位工程产品的质量。其主要内容有：①基槽（基坑）验收；②隐蔽工程验收；③工序交接验收；④检验批、分项、分部工程的验收；⑤联动试车或设备的试运转；⑥单位工程或整个工程项目的竣工验收；⑦不合格的处理；⑧成品保护。

7. 施工过程及竣工验收阶段质量控制要点

（1）工程项目质量验收的划分。工程项目质量验收应划分为单位（子单位）工程、分部（子分部）工程、分项工程和检验批。

（2）工程项目质量验收合格的规定

1）检验批合格质量的规定：分项工程分成一个或几个检验批来验收，检验批合格质量应符合下列规定：①主控项目和一般项目的质量经抽样检验合格；②具有完整的施工操作依据、质量检验记录。

主控项目的条文是必须达到的要求，是保证工程安全和使用功能的重要检验项目，是对安全、卫生、环境保护和公众利益起决定性作用的检验项目，是确定该检验批主要性能的。如果达不到规定的质量指标，降低要求就相当于降低该工程项目的性能指标，就会严重影响工程的安全性能。如混凝土、砂浆的强度等级是保证混凝土结构、砌体工程强度的重要性能，所以必须全部达到要求。

一般项目是除主控项目以外的检验项目，其条文也是应该达到的，只不过对少数条文可以适当放宽一些，也不影响工程安全和使用功能的。这些条文虽不像主控项目那样重要，但对工程安全、使用功能、工程整体的美观都是有较大影响的。这些项目在验收时，绝大多数抽查的处（件），其质量指标都必须达到要求，其余20%虽可以超过一定的指标，也是有限的，通常不能超过规定值的150%，这样就对工程质量的控制更严格了。

2）分项工程质量验收合格应符合的规定：①分项工程所含的检验批均应符合合格质量的规定；②分项工程所含的检验批的质量验收记录应完整。

分项工程质量的验收是在检验批验收的基础上进行的，是一个统计过程，没有直接的验收内容，所以在验收分项工程时应注意两点：①核对检验批的部位、区段是否全部覆盖分项工程的范围，没有缺漏；②检验批验收记录的内容及签字人是否正确、齐全。

3）分部（子分部）工程质量验收合格应符合下列规定：①分部（子分部）工程所含分项工程的质量均应验收合格；②质量控制资料应完整；③地基与基础、主体结构和设备安装等分部工程有关安全及功能的检验和抽样检测结果应符合有关规定；④观感质量验收应符合质量要求。

分部（子分部）工程的验收内容、程序都是一样的，在一个分部工程中只有一个子分部工程时，子分部就是分部工程。当不只一个子分部工程时，可以一个子分部、一个子分部地进行质量验收，然后，应将各子分部的质量控制资料进行核查。对地基与基础、主体结构和设备安装工程等分部工程，有关安全及功能的检验和抽样检测结果的资料核查，以及观感质量评价结果需要进行综合评价。

4）单位（子单位）工程质量验收合格应符合下列规定：①单位（子单位）工程所含分部（子分部）工程的质量均应验收合格；②质量控制资料应完整；③单位（子单位）工程所含分部工程有关安全和功能的检测资料应完整；④主要功能项目的抽查结果应符合相关专业质量验收规范的规定；⑤观感质量应符合要求。

单位工程质量验收也称质量竣工验收，是建筑工程投入使用前的最后一次验收，也是最重要的一次验收。参与建设的各方责任主体和有关单位及人员，应该重视这项工作，认真做好单位（子单位）工程质量的竣工验收，把好工程质量关。

单位（子单位）工程质量验收，总体上讲还是一个统计性的审核和综合性的评价，是通过核查分部（子分部）工程验收质量控制资料，有关安全、功能检测资料，进行的必要的主要功能项目的复核及抽测，以及总体工程观感质量的现场实物质量验收。

（3）建筑工程质量验收程序和组织

1）检验批及分项工程应由监理工程师（建设单位项目技术负责人）组织施工单位项目专业质量（技术）负责人等进行验收。

2）分部工程应由总监理工程师（建设单位项目负责人）组织施工单位项目负责人和技术、质量负责人等进行验收；地基与基础、主体结构分部工程的勘察、设计单位工程项目负责人和施工单位技术、质量部门负责人也应参加相关分部工程验收。

3）单位工程完工后，施工单位应自行组织有关人员进行检查评定，并向建设单位提交工程验收报告。建设单位收到工程验收报告后，应由建设单位（项目）负责人组织施工（含分包单位）、设计、监理等单位（项目）负责人进行单位（子单位）工程验收。

单位工程有分包单位施工时，分包单位对所承包的工程项目应按标准规定的程序检查评定，总包单位应派人参加，分包工程完成后，应将工程有关资料交总包单位。

当参加验收各方对工程质量验收意见不一致时，可请当地建设行政主管部门或工程质量监督机构协调处理。

单位工程质量验收合格后，建设单位应在规定时间内将工程竣工验收报告和有关文件，报建设行政管理部门备案。

8. 质量事故分析与处理

（1）质量事故分析。由于建筑工程工期较长、所用材料品种繁杂和在施工过程中受社会环境和自然条件方面异常的影响，使产生的工程质量问题表现形式千差万别，类型多种多样。这使得引起工程质量问题的成因也错综复杂，往往一项质量问题是由于多种原因引起的。虽然每次发生质量问题的类型各不相同，但是通过对大量质量问题的调查与分析发现，其发生的原因有不少相同或相似之处，归纳其最基本的因素主要有：

1）违背基本建设程序。基本建设程序是工程项目建设过程及其客观规律的反映，不按建设程序办事，例如，未搞清地质情况就仓促开工、边设计边施工、无图施工、不经竣工验收就交付使用等，常是导致工程质量问题的重要成因。

2）违反法规行为。例如，无证设计，无证施工，越级设计，越级施工，工程招、投标中的不公平竞争，超常的低价中标，非法分包、转包、挂靠，擅自修改设计等行为。

3）地质勘察失真。例如，未认真进行地质勘察，或勘探时钻孔深度、间距、范围不符合规定要求，或地质勘察报告不详细、不准确、不能全面反映实际的地基情况等，从而使得地下情况不清，或对基岩起伏、土层分布误判，或未查清地下软土层、墓穴、孔洞等，这些均会导致采用不恰当或错误的基础方案，造成地基不均匀沉降、失稳，使上部结构或墙体开裂、破坏，或引发建筑物倾斜、倒塌等质量问题。

4）设计差错。例如，盲目套用图纸、采用不正确的结构方案、计算简图与实际受力情况不符、荷载取值过小、内力分析有误、沉降缝或变形缝设置不当、悬挑结构未进行抗倾覆验算以及计算错误等，都是引发质量问题的原因。

5）施工与管理不到位。此类问题多表现为不按图施工或未经设计单位同意擅自修改设计。例如，将铰接做成刚接，将简支梁做成连续梁，导致结构破坏；浇筑混凝土时振捣不良，造成薄弱部位；砖砌体砌筑上下通缝，灰浆不饱满等，均能导致砖墙破坏；施工组织管理紊乱，不熟悉图纸；盲目施工；施工方案考虑不周，施工顺序颠倒；图纸未经会审，仓促施工；技术交底不清；疏于检查、验收等，均可能导致质量问题。

6）使用不合格的原材料、制品及设备。

7）自然环境因素。空气温度、湿度、暴雨、大风、洪水、雷电、日晒等，均可能成为质量问题的诱因。

8）使用不当。例如，未经校核验算就任意对建筑物加层；任意拆除承重结构部位；任意在结构物上开槽、打洞，削弱承重结构截面等，也会引起质量问题。

（2）质量事故处理

1）工程质量事故处理的依据。工程质量事故处理的主要依据有四个方面：①质量事故的实况资料；②有关合同及合同文件，如工程施工合同、设备与器材购销合同、分包合同等；③有关的技术文件和档案，如施工图纸和技术说明，施工组织设计或施工方案、施工计划，施工记录、施工日志，有关建筑材料的质量证明资料，对事故状况的观测记录、试验记录或试验报告等；④相关的建设法规等。

2）工程质量事故处理的程序。当出现工程质量事故时，应按照如下程序进行处理：①进行事故调查，了解事故情况，并确定是否需要采取防护措施；②分析调查结果，找出事故的主要原因；③确定是否需要处理，若需处理，由施工单位确定处理方案；④事故处理；⑤检查事故处理结果是否达到要求；⑥事故处理结论；⑦提交处理方案。

7.1.5 施工项目安全控制概述

施工企业是以施工生产经营为主业的经济实体，其生产经营活动是在特定空间进行的人、财、物动态组合的过程。由于受到各种环境条件和人的行为因素的影响，每一项活动都存在着危险的可能性，甚至造成事故的发生，这就是常说的安全。安全是相对于危险而言的，危险事件一旦发生，便会造成人身伤亡、财产损失等。

1. 施工项目安全控制的概念

施工项目安全控制是指经营管理者对施工生产过程中的安全生产工作进行的策划、组织、指挥、协调、控制和改进的一系列活动，其目的是保证在生产经营活动中的人身安全、资产安全，促进生产的发展，保持社会的稳定。安全管理的对象是生产中一切人、物、环境、管理状态，安全管理是一种动态管理。

2. 施工项目安全控制的依据

施工项目安全控制的依据主要有《中华人民共和国安全法》、《中华人民共和国建筑法》、《中华人民共和国劳动法》、《建筑安装工程安全技术规程》、《企业职工伤亡事故报告和处理规程》、有关安全技术的国家标准、《环境管理系列标准》、《职业健康安全管理体系》等。

3. 施工项目安全控制目标

施工项目的安全控制目标是消除施工中的人为不安全行为、物的不安全状态、环境的不安全因素和管理的缺陷，确保没有危险，不出事故，不造成人身伤亡和财产损失。项目的安全控制目标应按"目标管理"方法在以项目经理为首的安全管理体系内进行分解，然后制定责任制度，实现责任安全目标。

4. 安全管理的范围和措施

（1）安全管理的范围。安全管理的中心问题是保护生产活动中人的安全与健康，保证生产顺利进行。按照侧重点的不同，安全管理一般可分为三部分内容，即劳动保护、安全技术和劳动卫生。

1）劳动保护是人们在生产活动中采取的保护性措施，用以保护人体的安全和健康。劳动保护是通过政策、规程、条例、制度等形式，规范操作或管理行为，从而使劳动者的劳动安全与身体健康得到应有的法律保障。

2）安全技术是研究生产技术中的安全问题，主要是针对生产劳动中的不安全因素，研究控制措施来预防工伤事故的发生。安全技术侧重对劳动手段和劳动对象的管理，包括预防伤亡事故的工程技术和安全技术规范、技术规程、标准、条例等，以规范物的状态，减轻或消除对人的威胁。

3）劳动卫生是研究预防有害健康劳动引起的职业中毒或职业病的问题。劳动卫生的研究内容，就是物理、化学等不卫生因素促成的慢性职业病的预防。

（2）安全管理措施。安全管理措施是安全管理的方法与手段，管理的重点是对生产各因素状态的约束与控制。根据施工生产的特点，安全管理措施带有鲜明的行业特色：

1）成立安全生产管理机构。建筑施工企业应建立起各级安全检查的专门机构，负责施工生产过程中的安全检查工作。专职安全机构应按国家和建设部的有关规定进行设置，并配备适当的专、兼职安全人员。一般在公司设安全技术部，在施工项目上设专职安全员，而在工人班组设兼职安全员。

2）落实安全生产责任制，实施责任管理。建立和贯彻安全生产责任制，就是把安全与生产在组织上统一起来，把"管生产必须管安全"的原则在制度上固定下来，做到安全工作"层层有分工，事事有人管"。企业安全生产责任制的内容，概括地说就是企业各级领导、各级工程技术人员、各个职能部门以及岗位工人在各自的职责范围内对安全工作应负的责任。安全生产责任制的具体内容一般包括：各级领导安全生产责任制、有关部门的安全生产责任制、操作岗位的安全生产责任制、安全专业管理责任制等。

3）安全教育。安全教育的内容包括安全法制、安全思想、安全知识、安全技能和事故案例教育：①安全法制教育主要是学习安全生产法律、法规、制度和安全纪律等，通过法制教育可以激发人们自觉地遵纪守法；②安全思想教育主要从提高全员安全意识入手，使全体人员能时时讲安全，处处注意安全；③安全知识教育主要从企业的基本生产概况、施工工艺方法、危险区、危险部位及各类不安全因素和有关安全生产防护的基本知识入手；④安全技能教育就是结合各种专业特点，实施安全操作、规范操作的技能培训，使施工人员熟练掌握本工种安全操作技术；⑤事故案例教育可以使施工人员从事故教训中吸取有益的东西，预防类似事故的发生。这类教育可以定期或不定期地实施。

安全教育的形式包括：①新工人三级安全教育，即对新工人或调换工种的工人，必须按规定进行公司、项目部和班组的三级安全教育和技术培训，经考核合格，方准上岗。②特种工种的安全教育，即对电工、电气焊工、起重吊装工、机械操作工、架子工等从事特殊工种作业的人员，必须经过国家有关部门进行安全教育和安全技术培训，经过考核合格并取得操作证者才能独立作业。③安全生产的经常性教育，即施工企业在做好新工人入场教育、特种作业人员安全生产教育和各级领导干部、安全管理干部的安全生产培训的同时，还必须把经常性的安全教育贯穿于管理工作的全过程，并根据接受教育对象的不同特点，采取多层次、多渠道和多种方法进行。安全生产宣传教育多种多样，应贯彻及时性、严肃性、真实性，做到简明、醒目。

4）安全检查。安全检查是发现不安全行为和不安全状态的重要途径，是对施工中的不安全因素进行预测、预报、预防的重要措施。因此，施工现场应建立安全检查制度，对安全施工规章制度的建立与落实、施工现场安全措施和安全规定的执行情况进行检查。

施工现场安全检查可以采用定期检查、突击性检查和特殊检查的形式。安全检查的重点是查违章指挥和违章操作，以劳动条件、生产设备、现场管理、安全卫生设施以及生产人员的行为为主。安全检查的内容主要是：查思想、查领导、查制度、查管理、查现场、查隐患、查事故处理。

5. 安全事故应急救援预案

2002年11月1日起实施的《中华人民共和国安全生产法》（以下简称《安全生产法》）第六十九条要求建筑施工企业应当建立应急救援组织。当发生事故后，为及时组织抢救，防止事故扩大，减少人员伤亡和财产损失，建筑施工企业应按照《安全生产法》的要求编制应急救援预案。施工安全事故应急救援预案的编制包括如下八个方面的内容：

（1）基本原则与方针。制定安全第一、预防为主、自救为主、统一指挥、分工负责；优先保护人和优先保护大多数人，优先保护贵重财产等原则和方针。

（2）工程项目的基本情况，包括：

1）介绍项目的工程概况和施工特点。包括项目所在的地理位置、地形特点，工地外围的环境、居民、交通和安全注意事项等。

2）施工现场的临时医务室及场外医疗机构。要说明医务人员名单，联系电话，有哪些常用医药和抢救设施，附近医疗机构的情况介绍、位置、距离、联系电话。

3）工地现场内外的消防、救助设施及人员状况。介绍工地消防组成机构和成员，消防、救助设施及其分布，消防通道等情况。

4）附施工消防平面布置图。画出消防栓、灭火器的设置位置，易燃易爆物品的位置，消防紧急通道，疏散路线等。

（3）可能发生事故的确定和影响。根据施工特点和任务，分析本工程可能发生较大的事故和发生位置、影响范围等。如列出工程中常见的建筑质量安全事故、土方坍塌事故、气体中毒事故、架体倒塌事故、高空坠落事故、掉物伤人事故、触电事故等；对于土方坍塌、气体中毒事故等应分析和预知其可能对周围的不利影响和严重程度。

（4）应急机构的组成、责任和分工，包括：

1）指挥机构和救援队伍的组成。企业或工程项目部应成立重大事故应急救援"指挥领导小组"，由企业经理或项目经理及生产、安全、设备、保卫等负责人组成，下设应急救援办公室或小组。发生重大事故时，领导小组成员迅速到达指定岗位，因特殊情况不能到岗的，由所在单位按职务排序递补。以指挥领导小组为基础，成立重大事故应急救援指挥部，由项目经理任总指挥，有关副经理任副总指挥，负责事故的应急救援工作的组织和指挥。提醒注意的是救援队伍必须是经培训合格的人员组成。

2）职责。如定明指挥领导小组的职责：负责本单位或项目"预案"的制定和修订；组建应急救援队伍，组织实施和演练；检查督促做好重大事故的预防措施和应急救援的各项准备工作；组织和实施救援行动；组织事故调查和总结应急救援工作的经验教训。

3）分工。定明各机构组成的分工情况。如总指挥，组织指挥整个应急救援工作；安全负责人，负责事故的具体处置工作；后勤负责人，负责应急人员、受伤人员的生活必需品的供应工作。

（5）报警信号与通信。写出各救援电话及有关部门、人员的联络电话或方式。如写出：消防报警：119；公安：110；医疗：120；交通：122；市县建设局、安监局电话：×××××××；市县应急机构电话：×××××××；工地应急机构办公室电话：×××××××；可提供救援协助临近单位电话：×××××××；附近医疗机构电话：×××××××。

工地报警联系地址及注意事项：报警者有时由于紧张而无法把地址和事故状况说清楚，因此最好把工地的联系办法事先写明，如：××区××路××街××号（××）大厦对面；如果工地确实是不易找到的，还应派人到主要路口接应，并应把以上的报警信号与通信方式贴出办公室，方便紧急报警与联系。

（6）事故应急与救援，包括：

1）应急程序：报告联络有关人员（紧急时立刻报警、打求助电话）→成立指挥部（组）→必要时向社会发出救援请求→实施应急救援、保护事故现场、上报有关部门等→善后处理。

2）事故的应急救援措施，可根据本工程项目可能发生的事故列表写出事故类别、事故原因、现场救援措施等。

（7）有关规定和要求。要写明有关的纪律，组织救援训练，学习各种制度和要求。

（8）附有关常见事故自救和急救常识及其他。如人工呼吸的方法，火灾逃生常识和常见消防器材的使用方法等。

建筑施工是属于高危险的工作，事故的发生无法完全避免，因此大家必须重视和认真编制好安全事故应急救援预案，加强突发事故处理，提高应急救援快速反应能力。

7.1.6　施工项目成本控制概述

1. 施工项目成本控制的概念

施工项目成本是建筑施工企业为完成施工项目的建筑安装工程任务所耗费的各项生产费用的总和，包括直接成本和间接成本。其中直接成本是构成施工项目实体的费用，包括材料费用、人工费、机械使用费、其他直接费；间接成本是为组织和管理施工项目而发生在该项目上的管理性费用。按成本与施工所完成的工程量的关系分析其构成，它由固定成本与变动成本组成，其中固定成本与完成的工程量多少无关，而变动成本则随工程量的增加而增加。

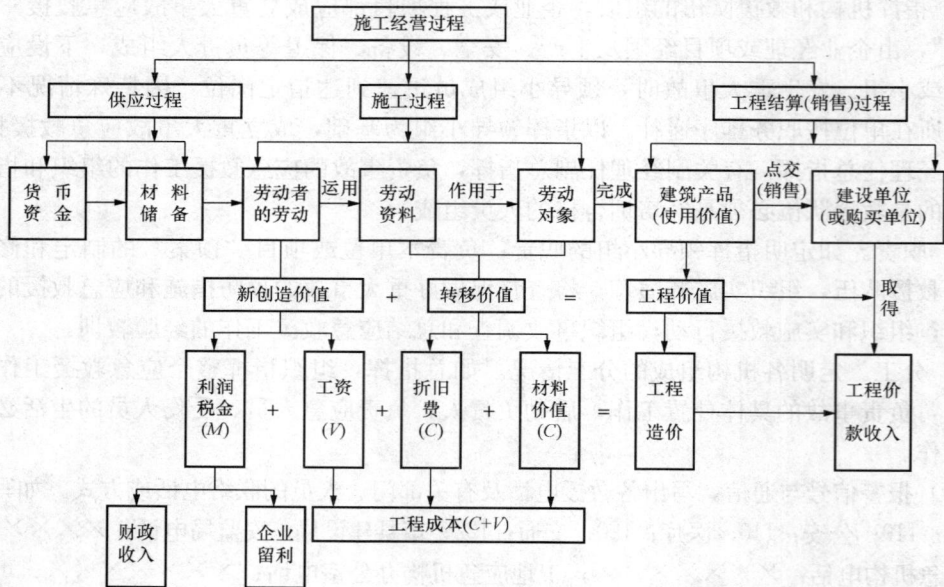

图 7-12　施工项目价值转移和形成过程

从图 7-12 可以看出，施工项目成本控制既不是造价控制，更不是业主所进行的投资控制。要达到控制成本的目的，必须对工资、折旧费、材料价值进行有效的控制。

成本控制是指在成本形成过程中，根据事先制定的成本目标，对企业日常发生的各项生产经营活动按照一定的原则，采用专门的控制方法，进行指导、调节、限制和监督，将各项生产费用控制在原来所规定的标准和预算之内。如果发生偏差或问题，应及时进行分析研究，查明原因，并及时采取有效措施，不断降低成本，以保证实现规定的成本目标。

由于施工项目管理是一次性行为，这个项目完成以后，再进行下一个新的项目，所以它的管理对象只有一个工程项目，且将随着项目建设的完成而结束其历史使命。在施工项目施工期间，项目成本能否降低，有无经济效益，只取决于该项工程的成本控制。为了确保项目成本必盈不亏，关键在于抓住成本控制，加强项目成本控制力度。

从上述可见，施工项目成本控制的目的在于降低项目成本，提高经济效益。然而，施工项目成本的降低，除了大力控制成本支出以外，还必须增加工程预算收入，即所谓"开源节流"。因为只有一手抓收入，一手抓支出，增收节支同时并举，才能增加企业的经济效益，提高施工项目成本管理水平。

2. 成本控制的原则

（1）开源与节流相结合的原则。降低项目成本，需要一面增加收入，一面节约支出。因此，在成本控制中，也应该坚持开源与节流相结合的原则。要求做到每发生一笔金额较大的成本费用，都要查一查有无与其相对应的预算收入，是否支大于收，在经常性的分部分项工程成本核算和月度成本核算中，也要进行实际成本与预算收入的对比分析，以便从中探索成本节超的原因，纠正项目成本的不利偏差，提高项目成本的降低水平。

（2）全面控制原则，主要包括：

1）项目成本的全员控制。项目成本是一项综合性很强的指标，它涉及项目组织中各个部门、单位和班组的工作业绩，也与每个职工的切身利益有关。因此，项目成本的高低需要大家关心，施工项目成本管理（控制）也需要项目建设者群策群力，仅靠项目经理和专业成本管理人员及少数人的努力是无法收到预期效果的。项目成本的全员控制，并不是抽象的概念，而应该有一个系统的实质性内容，其中包括各部门、各单位的责任网络和班组经济核算等，防止成本控制人人有责又都人人不管。

2）项目成本的全过程控制。施工项目成本的全过程控制是指在工程项目确定以后，自施工准备开始，经过工程施工，到竣工交付使用后的保修期结束，其中的每一项经济业务，都要纳入成本控制的轨道。也就是说，成本控制工作要随着项目施工进展的各个阶段连续进行，既不能疏漏，又不能时紧时松，使施工项目成本自始至终置于有效的控制之下。

（3）中间控制原则。又称动态控制原则，对于具有一次性特点的施工项目成本来说，应该特别强调项目成本的中间控制。因为施工准备阶段的成本控制，只是根据上级要求和施工组织设计的具体内容来确定成本目标、编制成本计划、制订成本控制的方案，为今后的成本控制做好准备，而竣工阶段的成本控制，由于成本盈亏已经基本定局，即使发生了偏差；也已来不及纠正。因此，把成本控制的重心放在基础、结构、装饰等主要施工阶段上是十分必要的。

（4）目标管理原则。目标管理是贯彻执行计划的一种方法。它把计划的方针、任务、目的和措施等逐一加以分解，提出进一步的具体要求，并分别落实到执行计划的部门、单位、甚至个人。目标管理的内容包括：目标的设定和分解、目标的责任到位和执行、检查目标的执行结果、评价目标和修正目标、形成目标管理的 P（计划）、D（实施）、C（检查）、A（处理）循环。

（5）节约原则。节约人力、物力、财力的消耗，是提高经济效益的核心，也是成本控制的一项最主要的基本原则。节约要从三方面入手：①严格执行成本开支范围、费用开支标准和相关财务制度，对各项成本费用的支出进行限制和监督。②要提高施工项目的科学管理水平，优化施工方案，提高生产效率，节约人、财、物的消耗。③采取预防成本失控的技术组织措施，制止可能发生的浪费。

（6）例外管理原则。在工程项目建设过程的诸多活动中，有许多活动是例行的，如施工任务单和限额领料单的流转程序等，通常是通过制度来保证其顺利进行的。但也有一些不经常出现的问题，我们称之为"例外"问题。这些"例外"问题，往往是关键性问题，对成本目标的顺利完成影响很大，必须予以高度重视。例如，在成本管理中常见的成本盈亏异常现象，即盈余或亏损超过了正常的比例；本来是可以控制的成本，突然发生了失控现象；某些暂时的节约，但有可能对今后的成本带来隐患（如由于平时机械维修费的节约，可能会造成未来的停工修理和更大的经济损失）等，都应该视为"例外"问题而进行重点检查，深入分析，并采取相应的积极的措施加以纠正。

（7）责、权、利相结合的原则。要使成本控制真正发挥及时、有效的作用，必须严格按照经济责任制的要求，贯彻责、权、利相结合的原则。在项目施工过程中，项目经理、工程技术人员、业务管理人员及各单位和生产班组都负有一定的成本控制责任，从而形成整个项目的成本控制责任网络。另一方面，各部门、各单位、各班组在肩负成本控制责任的同时，还应享有成本控制的权力，即在规定的权力范围内可以决定某项费用能否开支、如何开支和开支多少等问题，以行使对项目成本的实质性控制。最后，项目经理还要对各部门、各单位、各班组在成本控制中的业绩进行定期的检查和考评，并与工资分配紧密挂钩，有奖有罚。

3. 施工项目成本控制的主要任务

施工项目的成本控制应伴随项目建设的进程渐次展开。要注意各个时期的特点和要求，各个阶段的工作内容不同，成本控制的主要任务也不同。

（1）施工前期的成本控制

1）工程投标阶段。在投标阶段成本控制的主要任务是编制适合该企业施工管理水平、施工能力的报价。主要包括：①根据工程概况、招标文件及建筑市场和竞争对手的情况，进行成本预测，提出投标决策意见；②中标以后，应根据项目的建设规模组建与之相适应的项目经理部，同时以标书为依据确定项目的成本目标，并下达给项目经理部。

2）施工准备阶段。主要包括：①根据设计图纸和有关技术资料，对施工方法、施工顺序、机械设备类型、技术组织措施等进行认真地分析，制定科学先进、经济合理的施工方案；②根据企业下达的成本目标，以分部分项工程实物工程量为基础，根据劳动定额、材料消耗定额和技术组织措施的节约计划，在优化的施工方案的指导下编制明细而具体的成本计划，并按照部门、施工队和班组的分工进行分解，作为部门、施工队和班组的责任成本落实下去；③根据项目建设时间的长短和参加建设人数的多少编制间接费用预算，并对预算进行明细分解，以项目经理部有关部门（或业务人员）责任成本的形式落实下去，为今后的成本控制和绩效考评提供依据。

（2）施工阶段的成本控制。施工阶段成本控制的主要任务是确定项目经理部的成本控制目标；由项目经理部建立成本管理体系；项目经理部对各项费用指标进行分解，以确定各个部门的成本控制指标；加强成本的过程控制。

1）加强施工任务单和限额领料单的管理，特别要做好每一个分部分项工程完成后的验收（包括实际工程量的验收和工作内容、工程质量、文明施工的验收）及实耗人工、实耗材料的数量核对，以保证施工任务单和限额领料单的结算资料绝对正确，为成本控制提供真实可靠的数据。

2）将施工任务单和限额领料单的结算资料与施工预算进行核对，计算分部分项工程的成本差异，分析差异产生的原因并采取有效的纠偏措施。

3）做好月度成本原始资料的收集和整理，正确计算月度成本，分析月度预算成本与实际成本的差异。对于一般的成本差异要在充分注意不利差异的基础上认真分析有利差异产生的原因，以防对后续作业成本产生不利影响或因质量低劣而造成返工损失；对于盈亏比例异常的现象，则要特别重视，并在查明原因的基础上，采取果断措施，尽快加以纠正。

4）在月度成本核算的基础上，实行责任成本核算。也就是利用原有会计核算的资料，重新按责任部门或责任者收集成本费用，每月结算一次，并与责任成本进行对比，由责任部门或责任者自行分析成本差异和产生差异的原因，自行采取措施纠正差异，为全面实现责任成本创造条件。

5）经常检查对外经济合同的履约情况，为顺利施工提供物质保证。如遇非承包单位的原因造成的拖期时，应根据合同规定向对方索赔；对缺乏履约能力的分包商或供应商，要采取断然措施，立即中止合同，并另找可靠的合作伙伴，以免影响施工，造成经济损失。

6）定期检查各责任部门和责任者的成本控制情况，检查成本控制责、权、利的落实情况（一般为每月一次）。发现成本差异偏高或偏低的情况，应会同责任部门或责任者分析产生差异的原因，并督促他们采取相应的对策来纠正差异；如有因责、权、利不到位而影响成本控制工作的情况，应针对责、权、利不到位的原因，调整有关各方的关系，使成本控制工作得以顺利进行。

（3）竣工验收阶段的成本控制

1）精心安排、干净利落地完成工程竣工收尾工作。从现实情况看，很多工程一到竣工收尾阶段，就把主要施工力量抽调到其他在建工程上，以致扫尾工作拖拖拉拉，战线拉得很长，机械、设备无法转移，成本费用照常发生，使在建阶段取得的经济效益逐步流失。因此，一定要精心安排，把竣工收尾时间缩短到最低限度。

2）及时办理工程结算。一般来说，工程结算造价＝原施工图预算±增减账。但在施工过程中，有些按实结算的经济业务，是由财务部门直接支付的，项目造价员不掌握资料，往往在工程结算时遗漏。因此，在办理工程结算以前，要求项目造价员和成本员进行一次认真全面的核对。

3）重视竣工验收工作，顺利交付使用。在验收以前，要准备好验收所需要的各种竣工验收资料。对验收中业主提出的意见，应根据设计要求和合同内容认真处理，如果涉及费用，应请业主签证，列入工程结算。

4）在工程保修期间，应由项目经理指定保修工作的责任者，并责成保修责任者根据实际情况提出保修计划（包括费用计划），以此作为控制保修费用的依据。

7.2　施工项目的组织协调

7.2.1　施工项目组织协调概述

1. 施工项目组织协调的概念

施工项目的组织协调是以一定的组织形式、手段和方法，对项目管理中产生的关系进行疏通，对产生的干扰和障碍予以排除的过程。组织协调可使矛盾着的各个方面居于统一体中，解决它们之间的不一致和矛盾，使系统结构均衡，使项目实施和运行过程顺利。在项目实施过程中，项目经理是协调的中心和沟通的桥梁。在整个项目实施过程中，需要解决各式各样的协调工作，例如，项目质量、进度、成本等控制目标之间的协调；项目各子系统内部、子系统之间、子系统与环境之间的协调；项目参加者之间的组织协调等；协调作为一种管理方法已贯穿于整个项目管理的全过程。

在各式各样的协调中，组织协调具有独特的地位，它是其他协调有效性的保证，只有通过积极的组织协调才能实现整个系统全面协调的目的。对于大中型项目，参加的单位非常多，形成了非常复杂的项目组织系统，由于各个参加单位有着不同的任务、目标和利益。因此，它们都企图指导、干预项目的实施过程，这就越发显示出组织协调的重要性。项目中组织利益的冲突比企业中各部门的利益冲突更为激烈和不易调和，所以要求项目管理者必须通过组织协调使各方面协调一致、齐心协力地工作。

2. 施工项目组织协调的范围

组织协调应分为内部关系的协调、近外层关系的协调和远外层关系的协调。施工项目组织协调的范围如图 7-13 所示。

从图 7-13 中可以看出：

（1）内部协调范围包括项目经理部内部关系、项目经理部与企业的关系，以及项目经理部与作业层的关系。

（2）近外层关系是与承包人有直接的或间接的合同关系，包括与项目业主、监理工程师、设计人、供应人、分包人、贷款人等的关系。近外层关系的协调应作为项目管理组织协调的重点。

（3）远外层关系是与承包人虽无直接或间接合同关系，但却有着法律、法规和社会公德等约束的关系，包括承包人与政府、环保、交通、环卫、绿化、文物、消防等单位的关系。

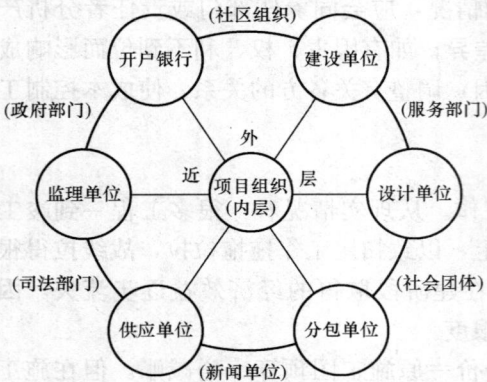

图 7-13 施工项目组织协调的范围

3. 施工项目组织协调的内容

施工项目组织协调的内容包括：

（1）人际关系的协调，包括施工项目组织内部的人际关系和施工项目与关联单位的人际关系。

（2）组织机构关系的协调，包括协调项目经理部与企业管理层及劳务作业层之间的关系。

（3）供求关系的协调，包括企业物资供应部门与项目经理部及生产要素供需单位之间的关系。

（4）协作配合关系的协调，包括协调近、远外层关系单位的协作配合，内部各部门、上下级、管理层与作业层之间的关系。

7.2.2 施工项目内部关系的组织协调

施工项目内部关系的组织协调，主要包括施工项目内部人际关系的协调、组织关系的协调、需求关系的协调三部分。

1. 施工项目内部人际关系的协调

施工项目内部人际关系，是指项目经理与其下属的关系、职能人员之间的关系、职能人员与作业人员的关系、作业人员之间的关系等。协调这些关系主要是依据各项制度，通过做好思想工作，加强教育培训，提高人员素质等方法来实现。要人尽其才、用人所长、责任分明、实事求是地对每个人的效绩进行评价和激励。在调解人与人之间的矛盾时要注意方法，重在疏导。

2. 施工项目内部组织关系的协调

施工项目中的组织形成了系统，系统内部各部分构成一定的分工协作和信息沟通关系。组织关系协调可以使组织运转正常，发挥组织的作用。

组织关系的协调环节如下：

（1）设置以职能划分为基础的组织机构，明确每个机构的职责。

（2）以制度明确各机构在工作中的相互关系。

（3）建立信息沟通制度，制定工作流程图。

（4）根据矛盾冲突的具体情况及时灵活地加以解决，不使矛盾冲突扩大化。

3. 施工项目内部需求关系的协调

施工中需要资源。因此，人力资源、材料、机械设备、动力等需求，实际上是施工项目的资源保证。需求关系协调的环节如下：①要抓计划环节，满足人、财、物的需求；②抓住瓶颈环节，对需求进行平衡；③加强调度工作，排除障碍。

7.2.3　施工项目近外层关系的组织协调

（1）项目经理部与业主关系的协调。项目经理部与业主之间的关系从招投标开始，中间经过施工准备、施工中的检查与验收、进度款支付、工程变更、进度协调、交工验收等，关系非常密切。处理两者之间的关系主要是洽谈、签订和履行合同。有了纠纷，也以合同为依据解决。

（2）施工项目经理部与监理单位关系的协调。在工程项目实施过程中，监理工程师不仅履行监理职能，同时也履行协调职能。监理工程师在很大程度上是项目与发包人之间关系的协调者，因此，项目经理部必须处理好与监理工程师之间的关系。处理与监理工程师之间的关系应坚持相互信任、相互支持、相互尊重、共同负责的原则，以施工合同为准，确保项目质量；同时要按照《建设工程监理规范》的规定，接受监督和相关管理，使双方的关系融洽起来。

（3）施工项目经理部与设计单位关系的协调。施工项目经理部与设计单位同是施工单位，两者均与业主订有合同，但两者之间没有合同关系。共同为业主服务决定了施工方与设计方的密切关系，这种关系是图纸供应关系、设计与施工技术关系等。这些关系主要发生在设计交底、图纸会审、设计洽商变更、地基处理、隐蔽工程验收和竣工验收等活动中，故应针对活动要求处理好协作关系。

（4）施工项目经理部与物资供应单位之间关系的协调。施工项目经理部与物资供应单位之间关系的协调分合同供应与市场供应两种关系。合同供应关系是指项目资源的需求以合同的形式与供应单位就资源供应数量、规格、质量、时间、配套服务等事项进行明确，减少资源采购风险，提高资源利用率。市场供应关系是指项目所需资源直接从市场通过价格、质量、服务等的对比择优获取。

（5）施工项目经理部与公用单位关系的协调。施工项目部与公用单位的关系包括与道路、市政管理、自来水、煤气、热力、供电等单位的关系。由于项目建设与这些单位的关系密切，他们往往与业主有合同关系，故应加强计划协调，主要是进行质量保证、施工协作、进度衔接等方面的协调。

（6）施工项目经理部与分包单位关系的协调。在与分包单位关系协调方面，应注意选好具备相应营业等级及施工能力的分包单位，落实好总、分包之间的责任，处理好总包与分包之间的经济利益；解决好总包分包之间的纠纷，按合同办事。

7.2.4 施工项目部与远外层关系的组织协调

施工项目经理部与远外层相关部门不存在合同关系，所以与远外层关系的协调主要应以法律、法规和社会公德等公共原则为主，在确保自己工作合法性的基础上，相互支持、密切配合，公平、公正地处理工作关系，提高工作效率。

7.3 施工项目风险管理

7.3.1 风险的概念及特性

1. 风险的概念

风险在项目管理中是一个重要的概念，在风险管理研究的历史中，人们总是希望给其一个完备的定义，但到目前为止还没有得到一个完全统一的定义。目前，较为普遍接受的有以下两种定义：其一，风险就是在给定情况下和特定时间内，那些可能发生的结果之间的差异；其二，风险是不期望发生事件的客观不确定性。

上述两种风险的定义可以概括为下列两个方面：①风险是活动或事件发生的潜在可能性；②风险是一种消极的不良的后果。

2. 工程项目风险管理的概念

工程项目风险管理是指项目主体通过风险识别、风险估计和风险评价等来分析工程项目的风险，并以此为基础，使用多种方法和手段对项目活动涉及的风险实行有效的控制，尽量扩大风险事件的有利结果，妥善处理风险事件造成的不利后果的全过程的总称。

在项目管理中，风险管理属于一种高层次的综合性管理工作，它是分析和处理由不确定性产生的各种问题的一整套方法，包括风险识别、风险评估、风险控制、风险处理。

7.3.2 风险产生的原因

风险产生的原因主要表现在政治、社会、经济、自然和技术等方面。

（1）政治方面。主要指项目所处的宏观环境的局势稳定性，项目建设和运营所受到的法律法规的约束和政策性调控影响，以及有关项目在审核批准过程中存在的各种不确定性问题等。

（2）社会方面。主要指项目所在的地区技术经济发展水平，以及对项目的支持配合力度，协作化程度。同时，还有地区的社会治安状况。

（3）经济方面。经济因素在项目的全寿命周期内长期存在，影响频率高，交叉作用多，原因较为复杂。经济风险主要有合同风险、建设成本风险、项目的竣工风险、税收政策的风险。

（4）自然方面。自然界气候的变化、灾害的发生和项目厂址选择经常遇到的不良地质条件等不确定性因素，是每个项目都无法避免的。

（5）技术方面。技术风险大多属于人为的风险。受知识水平所限，人们在进行预测、决策、评估和各种技术方案的选择制定时必然产生相应的不确定性。

7.3.3　施工项目风险管理

1. 风险识别及风险识别过程

风险识别是工程项目风险管理的第一步，也是风险管理的基础。风险识别是指风险管理人员在收集资料和调查研究之后，运用各种方法对尚未发生的潜在风险以及客观存在的各种风险进行系统归类和全面识别。

识别风险的过程包括对所有可能的风险事件来源和结果进行客观的调查分析，最后形成项目风险清单，具体可将其分为 5 个环节，如图 7-14 所示。

（1）工程项目不确定性分析。影响工程项目的因素很多，且许多是不确定的。风险管理首先是要对这些不确定因素进行分析，识别其中有哪些不确定因素会使工程项目发生风险，分析潜在损失的类型或危险的类型。

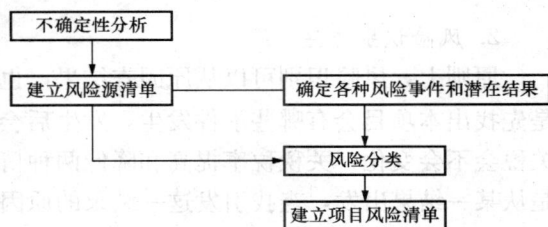

图 7-14　工程项目风险识别过程图

（2）建立初步风险源清单。在项目不确定性分析的基础上，将不确定因素及其可能引发的损失类型或危险性类型列入清单，作为进一步分析的基础。对每一种风险来源均要作文字说明，说明中一般要包括：①风险事件的可能后果；②风险发生时间的估计；③风险事件预期发生次数的估计。

（3）确定各种风险事件和潜在结果。根据风险源清单中各风险源，推测可能发生的风险事件，以及相应风险事件可能出现的损失。

（4）进行风险分类或分组。根据工程项目的特点，按风险的性质和可能的结果及彼此间可能发生的关系对风险进行分类，见表 7-5。对风险进行分类的目的在于：一方面是为加深对风险的认识和理解；另一方面是为了进一步识别风险的性质，从而有助于制定风险管理的目标和措施。

（5）建立工程项目风险清单。按工程项目风险的大小或轻重缓急，将风险事件列成清单，不仅给人们展示出工程项目面临总体风险的情况，而且能把全体项目管理人员统一起来，使个人不仅考虑到自己管理范围内所面临的风险，而且也使他了解到其他管理人员所面临的风险以及风险之间的联系和可能的连锁反应。工程项目风险清单的编制一般应在风险分类分组的基础上进行，并对风险事件的来源、发生时间、发生的后果和预期发生的次数作出说明。

表 7-5   **施工实施阶段风险分类表**

业 主 风 险	承 包 商 风 险
征地	工人和施工设备的生产率
现场条件	施工质量
及时提供完整的设计文件	人力、材料和施工设备的及时供应
现场出入道路	施工安全
建设许可证和其他有关条例	材料质量
政府法律规章的变化	技术和管理水平
建设资金及时到位	材料涨价
工程变更	实际工程量
	劳资纠纷
业主和承包商共担风险	未定风险
财务收支	
变更令谈判	不可抗力
保障对方不承担责任	第三方延误
合同延误	

2. 风险识别方法

原则上，风险识别可以从原因查结果，也可以从结果反过来找原因。从原因查结果，就是先找出本项目会有哪些事件发生，发生后会引起什么样的结果。例如，项目进行过程中，关税会不会变化，关税税率提高和降低两种情况各会引起什么样的后果。从结果找原因，则是从某一结果出发，查找引发这一结果的原因。例如，建筑材料涨价引起项目超支，哪些因素引起建筑材料涨价；项目进度拖延了，造成进度拖延的因素有哪些。

在工程项目风险管理实践中，通常可采用调查询问、财务报表分析、流程图绘制、现场考察、统计分析、外部咨询等方法来发现并具体描述各项风险。

（1）分析问询法。通过向有关专家、当事人提出一系列有关财产和经营的问题，了解相关风险因素，并获得各种信息。值得注意的是，所提出的问题应具有指导性和代表性，所问询的人士应能提供准确的信息，凭主观想象或推测的信息不能作为决策依据；问询面应尽可能广泛，所提问题应有一定深度，还应尽可能具体。

（2）分析财务报表法。财务报表有助于确定一个特定的工程项目可能遭受的损失以及在何种情况下会遭受这些损失。通过分析资产负债表、营业报表及有关补充材料，可以识别企业当前的所有资产、负债及人身损失风险。将这些报表和财务预测、预算结合起来，可以发现未来风险。

（3）编制流程图法。将一个工程项目的经营活动按步骤或阶段顺序以若干个模块形式组成一个流程图。每个模块中都标出各种潜在的风险或利弊因素，从而给决策者一个清晰具体的印象。

（4）现场考察法。通过直接考察现场可以发现许多客观存在的静态因素，也有助于预测、判断某些动态因素。例如在工程投标报价前的现场踏勘，可以使施工单位对投标的工程基本做到心中有数，特别是对于工程实施的基本条件和现场及周围环境取得第一手材料。现场考察是风险识别不可缺少的手段。现场考察除要求获取直接资料外，还应设法获取间接资料，而且要对所掌握的资料认真研究以便去伪存真。

（5）统计分析法。参考以前的统计记录对判断在未来有可能出现的风险事件极为有益。特别是在工程项目的投标报价阶段，查询竞争对手在历次投标中的报价记录及得标概率，对于提高自己投标的命中率、避免因报价而遭致的风险尤为重要。

（6）向外部咨询。任何人都不是万事通，他们可以从客观上识别主要风险，但涉及到各种细节就比较困难。因此有必要向有关行业或专家进一步咨询。业主或投资者需要委托咨询公司完成可行性研究报告；施工单位在投标报价前须向保险公司、材料设备供应商咨询价格。风险管理人员或企业决策人自然也需要向外部咨询。

向外部咨询应建立在以自己识别为主的前提下。因为外部咨询人员所提供的情况往往具有共性，而带有共性的风险对于不同的人不一定都是风险。向外部咨询只是为了进一步完善或核实自己的风险识别工作。

3. 风险评估

风险评估是在风险识别的基础上，运用概率和数理统计的方法对项目风险发生的概率、项目风险的影响范围、项目风险后果的严重程度和项目风险的发生时间进行估计和评价。项目风险评估的主要任务是确定风险发生概率的估计和评价。

风险估计的对象是工程项目的各单个风险，估计的内容包括风险事件发生的概率及可能发生的损失。估计风险潜在损失的最重要方法是确定风险的概率分布，这也是当前工程风险管理最常用的方法之一。

（1）风险事件发生的概率。风险事件发生的概率和概率分布是风险估计的基础。因此，风险估计的首要工作是确定风险事件的概率分布。一般而言，风险事件的概率分布应由历史资料确定，这样得到的即为客观概率。当项目管理人员没有足够的历史资料确定风险事件的概率分布时，可以利用理论概率分布进行风险估计。

概率包括主观概率和客观概率两种。主观概率是指人们凭主观推断而得出的概率。客观概率是指人们在基本条件不变的前提下，对类似事件进行多次观察，统计每次观察的结果和各种结果发生的频率，进而推断出类似事件发生的可能性。

估计风险损失时，宜考虑三种概率分布：总损失金额、潜在损失的具体事项及各项损失的预期数额。

（2）风险事件后果的估计。风险事故造成的损失大小要从三个方面来估计：一是损失性质。损失性质是指损失是属于政治性的、经济性的还是技术性的。二是损失范围。损失范围包括严重程度、变化幅度和分布情况。严重程度和变化幅度分别用损失的数学期望和方差表示。三是损失的时间。损失的时间分布对于项目的成败关系极大。数额很大的损失如果一次就落到项目头上，项目很有可能因为流动资金不足而破产，永远失去了项目可能带来的机会；而同样数额的损失如果是在较长的时间内分几次发生，则项目班子容易设法弥补，使项目能够坚持下去。

损失这三个方面的不同组合使得损失情况千差万别，因此，任何单一的标度都无法准确地对风险进行估计。在估计风险事故造成的损失时，描述性标度最容易用，费用最低；定性的次之；定量标度最难、最贵、最耗费时间。

4. 风险评价

风险估计只对工程项目各阶段单个风险分别进行估计和量化，没有考虑到各单个风险综合起来的总体效果，也没有考虑到这些风险是否能被项目主体所接受。这些问题需要通过项目风险评价去解决。

（1）风险评价的目的。项目风险评价有下列四个目的：①对项目诸风险进行比较和评价，确定它们的先后顺序；②从项目整体出发，弄清各风险事件之间确切的因果关系，为制定风险管理计划提供基础；③考虑各种不同风险之间相互转化的条件，研究如何才能化威胁为机会；④进一步量化已识别风险的发生概率和后果，减少风险发生概率和后果估计中的不确定性。

（2）风险评价的方法。风险分析和评价是风险识别和管理之间的纽带，是风险决策的基础。风险分析是指应用各种分析技术，用定量、定性或两者相结合的方式处理不确定的过程，其目的是评价风险的可能影响。

常见的风险分析方法有八种：调查和专家打分法、层次分析法、模糊数学法、统计和概率法、敏感性分析法、蒙特卡罗方法、CIM 模型、影响图法。其中前两种方法侧重于定性分析，中间三种侧重于定量分析，而后三种则侧重于综合分析。

5. 风险损失的确定

风险损失的确定就是定量确定风险损失值的大小。建设工程风险损失包括：

（1）投资风险。投资风险导致的损失可以直接用货币形式来表现，即法规、价格、汇率和利率等的变化或资金使用不当等风险事件引起的实际投资超出计划投资的数额。

（2）进度风险。进度风险导致的损失由以下部分组成：

1）货币的时间价值。进度风险的发生可能会对现金流动造成影响，在利率的作用下，引起经济损失。

2）为赶上计划进度所需的额外费用。包括加班的人工费、机械使用费和管理费等一切因追赶进度所发生的非计划费用。

3）延期投入使用的收入损失。这方面损失的计算相当复杂，不仅仅是延误期间内的收入损失，还可能由于产品投入市场过迟而失去商机，从而大大降低市场份额。因此，这方面的损失有时相当巨大。

（3）质量风险。质量风险导致的损失包括事故引起的直接经济损失、修复和补救等措施发生的费用及第三者责任损失等，可分为：

1）建筑物、构筑物或其他结构倒塌所造成的直接经济损失。

2）复位纠偏、加固补强等补救措施和返工的费用。

3）重创造成的工期延误的损失。

4）永久性缺陷对于建设工程使用造成的损失。

5）第三者责任的损失。

（4）安全风险。安全风险导致的损失包括：

1）受伤人员的医疗费用和补偿费。

2）财产损失，包括材料、设备等财产的损毁或被盗。

3）因引起工期延误带来的损失。

4）为恢复建设工程正常实施所发生的费用。

5）第三者责任损失。

由以上四方面风险的内容可知，投资增加可以直接用货币来衡量；进度的拖延则属于时间范畴，同时也会导致经济损失；而质量事故和安全事故既会产生经济影响又可能导致工期延误和第三者责任，显得更加复杂。而第三者责任除了法律责任之外，一般都是以经济赔偿的形式来实现的。因此，这四方面的风险最终都可以归纳为经济损失。

需要指出，在建设工程实施过程中，某一风险事件的发生往往会同时导致一系列的损失。例如，地基的坍塌引起塔吊的倒塌，并进一步造成人员伤亡和建筑物的损坏，以及施工被迫停止等。这表明，这一地基坍塌事故影响了建设工程所有的目标——投资、进度、质量和安全，从而造成相当大的经济损失。

6. 风险控制

在项目实施中，为降低因风险带来的预期损失或使这种损失更具有可预测性，从而改变风险，必须采取相应的控制措施。风险控制措施主要包括风险回避、风险预防、风险分离、风险分散和风险转移。

（1）风险回避。风险回避主要是中断风险来源，使其不发生或遏制其发展。回避风险有两种基本途径：①拒绝承担风险，如了解到某工程项目风险较大，则不参与该工程的投标或拒绝业主的投标邀请；②放弃以前所承担的风险，如了解到某一研究计划有许多新的过去未发现的风险，决定放弃研究以避免风险。

回避风险虽然是一种防范措施，但也是一种消极的防范手段，因为，在现代社会经营中广泛存在着各种风险，要想完全回避是不可能的。再者，回避风险固然能避免损失，但同时也失去了获利的机会。

（2）风险预防。风险预防是指减少风险发生的机会或降低风险的严重性，设法使风险最小化。风险预防通常有两种途径：①预防风险，指采用各种预防措施以杜绝风险发生的可能；②减少风险，指在风险损失已经不可避免的情况下，通过种种措施遏制风险势头继续恶化或局限扩展范围使其不再蔓延。

（3）风险分离。风险分离是指将各风险单位间隔开，以避免发生连锁反应或互相牵连。这种处理可以将风险局限在一定范围内，从而达到减少损失的目的。

风险分离常用于工程中的设备采购。为了尽量减少因汇率波动而遭致的汇率风险，可在若干不同的国家采购设备，付款采用多种货币。

在施工过程中，施工单位对材料进行分隔存放也是风险分离的手段，这样可以避免材料集中于一处时可能遭受的损失。

（4）风险分散。风险分散是指通过增加风险单位以减轻总体风险的压力，达到共同分摊集体风险的目的。工程项目总的风险有一定的范围，这些风险必须在项目参加者之间进行分配。每个参与者都必须承担一定的风险责任，这样才有管理和控制风险的积极性。风险分配通常在任务书、责任书、合同、招标文件等文件中规定。在起草这些文件时都应对风险做出估计、定义和分配。

（5）风险转移。有些风险无法通过上述手段进行有效控制，经营者只好采取转移手段以保护自己。风险转移并非损失转嫁，也不能认为一定是损人利己和有损商业道德，因为有许多风险对一些人的确造成损失，但转移后并不一定给他人造成损失，其原因是各人的优势不一样，因而对风险的承受能力也不一样。

风险转移的手段常用于工程施工的分包、技术转让或财产出租。合同、技术或财产的所有人通过分包工程、转让技术或合同、出租设备或房屋等手段将应由自己全部承担的风险部分或全部转移至他人，从而减轻自身的风险压力。

思考题与习题

1. 试述施工项目控制目标的制定原则和程序。
2. 试述施工项目目标控制的具体任务。
3. 试述施工项目进度控制的概念。
4. 进度计划的检查通常包括哪几个方面？
5. 试述施工项目进度的比较方法。
6. 试述施工项目质量的定义及其质量特性。
7. 试述施工项目质量控制的定义。
8. 施工项目质量控制的内容包括哪些？
9. 试述施工项目质量控制的程序。
10. 试述施工准备阶段质量控制要点。
11. 试述施工阶段质量控制要点。
12. 试述工程质量事故处理的程序。
13. 试述施工项目安全控制的概念。
14. 试述安全管理的范围和措施。
15. 试述施工安全事故应急救援预案的编制。
16. 试述施工项目成本控制的概念及原则。
17. 施工阶段如何进行成本控制？
18. 试述施工项目组织协调的概念及其范围。
19. 施工项目组织协调包括哪些内容？
20. 施工项目部内部关系的组织协调包括哪些方面？
21. 施工项目部与近外层关系的组织协调包括哪些内容？
22. 施工项目部与远外层关系的组织协调包括哪些内容？
23. 什么是风险？风险具备哪些特性？
24. 什么是工程项目风险管理？
25. 什么是风险识别？简述风险识别的步骤和方法。
26. 什么是风险评估？风险估计的内容是什么？
27. 风险评价的目的是什么？风险评价的方法有哪些？
28. 风险分配原则是什么？风险对策都有哪些？

第8章 施工项目现场管理和生产要素管理

8.1 施工项目现场管理

施工项目的现场管理是项目管理的一个重要部分。良好的现场管理使施工现场场容美观整洁，运输道路畅通，材料放置有序，施工有条不紊，安全、消防、保安均能得到有效的保障，并且使得与项目有关的相关方都能达到满意。相反，低劣的现场管理会影响施工进度，并且是产生事故的隐患。

8.1.1 施工项目现场管理的目的

施工项目现场是指从事工程施工活动经批准占用的施工场地。它既包括红线以内占用的建筑用地和施工用地，又包括红线以外现场附近经批准占用的临时施工用地。当该项工程结束后，这些场地将不再使用。

施工项目现场管理是指项目经理部按照《建设工程施工现场管理规定》（见附录1）和城市建设管理的有关法规，科学合理地安排使用施工现场，协调各专业管理和各项施工活动，控制污染，创造文明安全的施工环境和人、材、物、资金畅通的施工秩序所进行的一系列管理工作。其目的是有效地完成施工项目的合同承包目标，使企业取得相应的经济效益。

8.1.2 施工项目现场管理的内容

施工现场管理的主要内容有：

（1）规划及报批施工用地。根据施工项目及建筑用地的特点科学规划，充分、合理使用施工现场场内占地；当场内空间不足时，应同发包人按规定向城市规划部门、公安交通部门申请，经批准后，方可使用场外施工临时用地。

（2）设计施工现场平面图。根据建筑总平面图、单位工程施工图、拟定的施工方案、现场地理位置和环境及政府部门的管理标准，充分考虑现场布置的科学性、合理性、可行性，设计施工总平面图、单位工程施工平面图；单位工程施工平面图应根据施工内容和分包单位的变化，设计出阶段性施工平面图，并在阶段性进度目标开始实施前，通过施工协调会议确认后实施。

（3）建立施工现场管理组织

1）项目经理全面负责施工过程中的现场管理，并建立施项目经理部体系。

2）项目经理部应由主管生产的副经理、主任工程师、生产、技术、质量、安全、保卫、消防、材料、环保、卫生等管理人员组成。

3）建立施工项目现场管理规章制度、管理标准、实施措施、监督办法和奖惩制度。

4）根据工程规模、技术复杂程度和施工现场的具体情况，遵循"谁生产、谁负责"的原则，建立按专业、岗位、区片划分的施工现场管理责任制，并组织实施。

5）建立现场管理例会和协调制度，通过调度工作实施的动态管理，做到经常化、制度化。

（4）建立文明施工现场

1）遵循国务院及地方建设行政主管部门颁布的施工现场管理法规和规章，认真管理施工现场。

2）按审核批准的施工总平面图布置管理施工现场，规范场容。

3）项目经理部应对施工现场场容、文明形象管理做出总体策划和部署，分包人应在项目经理部指导和协调下，按照分区划块原则做好分包人施工用地场容、文明形象管理的规划。

4）经常检查施工项目现场管理的落实情况，听取社会公众、近邻单位的意见，发现问题及时处理，不留隐患，避免再度发生，并实施奖惩。

5）接受政府建设行政主管部门的考评和企业对建设工程施工现场管理的定期抽查、日常检查、考评和指导。

6）加强施工现场文明建设，展示和宣传企业文化，塑造企业及项目经理部的良好形象。

（5）及时清场转移

1）施工结束后，应及时组织清场，向新工地转移。

2）组织剩余物资退场，拆除临时设施，清除建筑垃圾，按市容管理要求恢复临时占用土地。

8.1.3　施工项目现场管理的要求

（1）现场标志

1）在施工现场门头设置企业名称、标志。

2）在施工现场主要进出口处醒目位置设置施工现场公示牌和施工总平面图，具体有：

①工程概况（项目名称）牌，包括工程规模、性质、用途，发包人、设计人、承包人和监理单位的名称，施工起止年月等。

②施工总平面图。

③安全无重大事故计数牌。

④安全生产、文明施工牌。

⑤项目主要管理人员名单及项目经理部组织结构图。

⑥防火须知牌及防火标志（设置在施工现场重点防火区域和场所）。

⑦安全纪律牌（设置在相应的施工部位、作业点、高空施工区及主要通道口）。

（2）场容管理

1）遵守有关规划、市政、供电、供水、交通、市容、安全、消防、绿化、环保、环卫等部门的法规、政策，接收其监督和管理，尽力避免和降低施工作业对环境的污染和对社会生活正常秩序的干扰。

2）施工总平面图设计应遵循施工现场管理标准，合理可行，充分利用施工场地和空间，降低各工种、作业活动相互干扰，符合安全防火、环保要求，保证高效有序顺利文明施工。

3）施工现场实行封闭式管理，在现场周边应设置临时维护设施（市区内其高度应不低于1.8m），维护材料要符合市容要求；在建工程应采用密闭式安全网全封闭。

4）严格按照已批准的施工总平面图或相关的单位工程施工平面图划定的位置，布置施工项目的主要机械设备、脚手架、模具，施工临时道路及进出口，水、气、电管线，材料制品堆场及仓库，土方及建筑垃圾，变配电间、消防设施、警卫室、现场办公室、生产生活临时设施，加工场地、周转使用场地等，井然有序。

5）施工物料器具除应按照施工平面图指定位置就位布置外，尚应根据不同特点和性质，规范布置方式和要求，做到位置合理、码放整齐、限宽限高、上架入箱、规格分类、挂牌标识，便于来料验收、清点、保管和出库使用。

6）大型机械和设施位置应布局合理，力争一步到位；需按施工内容和阶段调整现场布置时，应选择调整耗费较小，影响面小或已经完成作业活动的设施；大宗材料应根据使用时间，有计划地分批进场，尽量靠近使用地点，减少二次搬运，以免浪费。

7）施工现场应设置场通道排水沟渠系统，工地地面宜做硬化处理，场地不积水、泥浆，保持道路干燥坚实。

8）施工过程应合理有序，尽量避免前后反复，影响施工；对平面和高度也要进行合理分块分区，尽量避免各分包或各工种交叉作业、互相干扰，维持正常的施工秩序。

9）坚持各项作业落手轻，即工完料尽场地清。杜绝废料残渣遍地、好坏材料混杂，改善施工现场脏、乱、差、险的状况。

10）做好原材料、成品、半成品、临时设施的保护工作。

11）明确划分施工区域、办公区、生活区域。生活区内宿舍、食堂、厕所、浴室齐全，符合卫生标准；各区都有专人负责，创造一个整齐、清洁的工作和生活环境。

（3）环境保护

1）施工现场泥浆、污水未经处理不得直接排入城市排水设施和河流、湖泊、池塘。

2）除有符合规定的装置外，不得在施工现场熔化沥青或焚烧油毡、油漆，亦不得焚烧其他可产生有毒有害烟尘和恶臭气味的废弃物，禁止将有毒有害废弃物做土方回填。

3）建筑垃圾、渣土应在指定地点堆放，及时运到指定地点清理；高空施工的垃圾和废弃物应采用密闭式串筒或其他措施清理搬运；装载建筑材料、垃圾、渣土等散碎物料的车辆应有严密遮挡措施，防止飞扬、洒漏或流溢；进出施工现场的车辆应经常冲洗，保持清洁。

4）在居民和单位密集区域进行爆破、打桩等施工作业前，项目经理部除按规定报告申请批准外，还应将作业计划、影响范围、程度及有关措施等情况，向有关的居民和单位通报说明，取得协作和配合；对施工机械的噪声与振动扰民问题，应有相应的措施予以控制。

5）经过施工现场的地下管线，应由发包人在施工前通知承包人，标出位置，加以保护。

6）施工时发现文物、古迹、爆炸物、电缆等，应当停止施工，保护好现场，及时向有关部门报告，按照有关规定处理后方可继续施工。

7）施工中需要停水、停电、封路而影响环境时，必须经有关部门批准，事先告示，并设有标志。

8）温暖季节宜对施工现场进行绿化布置。

（4）防火保安

1）应做好施工现场保卫工作，采取必要的防盗措施。现场应设立门卫，根据需要设置警卫。施工现场的主要管理人员应佩带证明其身份的证卡，应采用现场施工人员标识。有条件时可对进出场人员使用磁卡管理。

2）承包人必须严格按照《中华人民共和国消防条例》的规定，在施工现场建立和执行防火管理制度，现场必须安排消防车出入口和消防道路，设置符合要求的消防设施，保持完好的备用状态。在容易发生火灾的地区或储存、使用易燃、易爆器材时，承包人应当采取特殊的消防安全措施。施工现场严禁吸烟，必要时可设吸烟室。

3）施工现场的通道、消防入口、紧急疏散楼道等，均应有明显标志或指示牌。有高度限制的地点应有限高标志，临街脚手架、高压电缆，起重把杆回转半径伸至街道的，均应设安全隔离棚；在行人、车辆通行的地方施工，应当设置沟、井、坎、穴覆盖物和标志，夜间设置灯光警示标志；危险品库附近应有明显标志及围挡措施，并设专人管理。

4）施工中需要进行爆破作业的，必须经上级主管部门审查批准，并持说明爆破器材的地点、品名、数量、用途、四邻距离的文件和安全操作规程，向所在地县、市公安局申领"爆破物品使用许可证"，由具备爆破资质的专业人员按有关规定进行施工。

5）关键岗位和有危险作业活动的人员必须按有关规定，经培训、考核后持证上岗。

6）承包人应考虑规避施工过程中的一些风险因素，向保险公司投施工保险和第三者责任险。

（5）卫生防疫及其他

1）现场应准备必要的医疗保健设施。在办公室内显著地点张贴急救车和有关医院电话号码。

2）施工现场不宜设置职工宿舍，必须设置时应尽量和施工场地分开。

3）现场应设置饮水设施，食堂、厕所要符合卫生要求，根据需要制定防暑降温措施，进行消毒、防毒和注意食品卫生等。

4）现场应进行节能、节水管理，必要时下达使用指标。

5）现场涉及的保密事项应通知有关人员执行。

6）参加施工的各类人员都要保持个人卫生、仪表整洁，同时还应注意精神文明，遵守公民社会道德规范，不打架、赌博、酗酒等。

8.2 施工项目生产要素管理

8.2.1 施工项目生产要素管理概述

1. 施工项目生产要素的概念

施工项目的生产要素，也称施工项目资源，是指生产力作用于施工项目的有关要素，即投入施工项目的劳动力、材料、机械设备、技术和资金等要素。

施工项目生产要素是施工项目管理的基本要素，施工项目管理实际上就是根据施工项目的目标、特点和施工条件，通过对生产要素的有效和有序地组织和管理项目，并实现最终目标。施工项目的计划和控制的各项工作最终都要落实到生产要素管理上。生产要素的管理对施工项目的质量、成本、进度和安全都有重要影响。

2. 施工项目生产要素管理的特点

（1）劳动力。现在国家规定在建筑业企业中设置劳务分包企业序列，分专业设立 13 类劳务分包企业，并进行分级，确定了等级和作业分包范围，要求大部分技术工人持证上岗率100％，这就给施工总承包企业和专业承包企业的作业人员有了可靠的来源保证。按合同由劳务分包公司提供作业人员，主要依靠劳务分包公司进行劳动力管理，项目经理部协助管理，这必将大大提高劳动力管理的水平和管理效果。

施工项目中的劳动力，关键在使用，使用的关键在提高效率，提高效率的关键是如何调动职工的积极性，调动积极性的最好办法是加强思想政治工作和利用行为科学，从劳动力个人的需要与行为的关系的观点出发，进行恰当的激励。以上也是施工项目劳动力管理的正确思路。

（2）材料。建筑材料按在生产中的作用可分为主要材料、辅助材料和其他材料。其中主要材料指在施工中被直接加工，构成工程实体的各种材料，如钢材、水泥、木材、砂、石等。辅助材料指在施工中有助于产品的形成，但不构成实体的材料，如促凝剂、脱模剂、润滑物等。其他材料指不构成工程实体，但又是施工中必须的材料，如燃料、油料、砂纸、棉纱等。另外，周转材料（如脚手架材、模板材等）、工具、预制构配件、机械零配件等，都因在施工中有独特作用而自成一类，其管理方式与材料基本相同。

建筑材料还可以按其自然属性分类，包括金属材料、硅酸盐材料、电器材料、化工材料等。它们的保管、运输各有不同要求，需分别对待。

施工项目材料管理的重点在现场、在使用、在节约和核算。就节约来讲，其潜力是最大的。

（3）机械设备。施工项目的机械设备，主要是指作为大型工具使用的大、中、小型机械，既是固定资产，又是劳动手段。施工项目机械设备管理的环节包括选择、使用、保养、维修、改造、更新。其关键在使用，使用的关键是提高机械效率，提高机械效率必须提高利用率和完好率。我们应该通过机械设备管理，寻找提高利用率和完好率的措施。利用率的提高靠人，完好率的提高在于保养与维修。

（4）技术。技术的含义很广，指操作技能、劳动手段、劳动者素质、生产工艺、试验检验、管理程序和方法等。随着生产力的发展，技术水平也在不断提高，技术在生产中的地位和作用也就越来越重要。施工项目技术管理，是对各项技术工作要素和技术活动过程的管理。技术工作要素包括技术人才、技术装备、技术规程、技术资料等。技术活动过程指技术计划、技术运用、技术评价等。技术作用的发挥，除决定于技术本身的水平外，极大程度上还依赖于技术管理水平。没有完善的技术管理，先进的技术是难以发挥作用的。施工项目技术管理的任务有四项：①正确贯彻国家和行政主管部门的技术政策，贯彻上级对技术工作的指示与决定；②研究、认识和利用技术规律，科学地组织各项技术工作，充分发挥技术的作用；③确立正常的生产技术秩序，进行文明施工，以技术保证工程质量；④努力提高技术工作的经济效果，使技术与经济有机地结合。

（5）资金。施工项目的资金，是一种特殊的资源，是获取其他资源的基础，是所有项目活动的基础。从流动过程来讲，首先是投入，即筹集到的资金投入到施工项目上；其次是使用，也就是支出。资金管理，也就是财务管理，它主要有以下环节：编制资金计划，筹集资金，投入资金（施工项目经理部收入），资金使用（支出），资金核算与分析。施工项目资金管理的重点是收入与支出问题，收支之差涉及核算、筹资、贷款、利息、利润、税收等问题。

8.2.2 施工项目人力资源管理

施工项目人力资源管理是指施工项目有关参与方为了提高项目工作效率、高质量地完成施工任务、科学合理地分配人力资源，实现人力资源与工作任务之间的优化配置，调动其积极性，对工程项目人力资源进行计划、获取和发展的管理过程。

1. 项目经理部管理人员的管理

项目经理部应配备项目经理、专业项目管理工程师，必要时可配项目经理代表。项目经理部的管理人员应专业配套，数量应满足施工项目管理工作的需要。

2. 施工项目劳动力的管理

施工项目劳动力管理是项目经理部把参加施工项目生产活动的人员作为生产要素，对其所进行的管理工作。

施工项目劳动力组织管理的内容见表 8-1。

表 8-1　　　　　　　　　　　施工项目劳动力组织管理的内容

管理方式	内　　容
对外包、分包劳务的管理	1. 认真签订和执行合同，并纳入整个施工项目管理控制系统，及时发现并协商解决问题，保证项目总体目标实现 2. 对其保留一定的直接管理权，对违纪不适宜工作的工人，项目经理部拥有辞退权，对贡献突出者有特别奖励权 3. 间接影响劳务单位对劳务的组织管理工作，如工资奖励制度、劳务调配等 4. 对劳务人员进行上岗前培训并全面进行项目目标和技术交底工作
由项目管理部门直接组织的管理	1. 严格项目内部经济责任制的执行，按内部合同进行管理 2. 实施先进的劳动定额、定员，提高管理水平 3. 组织与开展社会主义劳动竞赛，调动职工的积极性和创造性 4. 严格执行职工的培训、考核、奖惩 5. 加强劳动保护和安全卫生工作，改善劳动条件，保证职工健康与安全生产 6. 抓好班组管理，加强劳动纪律
与企业劳务管理部门共同管理	1. 企业劳务管理部门与项目经理部通过，签订劳务承包合同承包劳务，派遣作业队完成承包任务 2. 合同中应明确作业任务及应提供的计划工日数和劳动力人数、施工进度要求及劳务进退场时间、双方的管理责任、劳务费计取及结算方式、奖励与罚款等 3. 企业劳务部门的管理责任是：包任务量完成，包进度、质量、安全、节约、文明施工和劳务费用 4. 项目经理部的管理责任是：在作业队进场后，保证施工任务饱满和生产的连续性、均衡性；保证物资供应、机械配套；保证各项质量、安全防护措施落实；保证及时供应技术资料；保证文明施工所需的一切费用及设施 5. 企业劳务管理部门向作业队下达劳务承包责任状 6. 承包责任状根据已签订的承包合同建立，其内容主要有： （1）作业队承包的任务及计划安排 （2）对作业队施工进度、质量、安全、节约、协作和文明施工的要求 （3）对作业队的考核标准、应得的报酬及上缴任务 （4）对作业队的奖罚规定

8.2.3　施工项目材料管理

施工项目材料管理是项目经理部为顺利完成工程项目施工任务，合理使用和节约材料，努力降低材料成本，所进行的材料计划、订货采购、运输、库存保管、供应、加工、使用、回收等一系列的组织和管理工作。

施工项目材料管理的任务：

（1）项目经理部及时向企业材料机构提交各种材料计划，并签订相应的材料合同，实施材料的计划管理。

（2）加强现场材料的验收、储存保管；建立材料领发、退料登记制度；监督材料的使用，实施材料定额消耗管理。

（3）大力探索节约材料、研究代用材料、降低材料成本的新技术、新途径和先进科学方法，如采用 ABC 分类法、库存技术方法、价值分析等。

（4）建立施工项目材料管理岗位责任制。施工项目经理是材料管理的全面领导责任者；施工项目经理部主管材料人员是施工现场材料管理直接责任者；班组料具员在主管材料员业务指导下，协助班组长组织和监督本班组合理领、用、退料。

1. 施工项目材料计划管理

（1）施工项目材料计划的编制依据。项目经理部编制的主要材料计划的编制依据和内容见表 8-2。

表 8-2　　　　　　　　　　　　项目经理部编制的主要的材料计划

材料计划	编制依据和内容
施工项目主要材料需要量计划	1. 项目开工前，向公司材料机构提出一次性材料计划，包括总计划、年计划 2. 依据施工图纸、预算，并考虑施工现场材料管理水平和节约措施编制材料需要量 3. 以单位工程为对象，编制各种材料需要量计划，而后归集汇总整个项目的各种材料需要量 4. 该计划作为企业材料机构采购、供应的依据
主要材料月（季）需要量计划	1. 在项目施工中，项目经理部应向企业材料机构提出主要材料月（季）需要量计划 2. 应依据工程施工进度编制计划，还应随着工程变更情况和调整后的施工预算及时调整计划 3. 该计划内容主要包括各种材料的库存量、需要量、储备量等数据，并编制材料平衡表 4. 该计划作为企业材料机构动态供应材料的依据
构配件加工订货计划	1. 在构件制品加工周期允许时间内提出加工订货计划 2. 依据施工图纸和施工进度编制 3. 作为企业材料机构组织加工和向现场送货的依据 4. 报材料供应部门作为及时送料的依据
施工设施用料计划	1. 按使用期提前向供应部门提出施工设施用料计划 2. 依据施工平面图对现场设施的设计编制 3. 报材料供应部门作为及时送料的依据
周转材料，工具租赁计划	1. 按使用期，提前向租赁站提出租赁计划 2. 要求按品种、规格、数量、需用时间和进度编制 3. 依据施工组织设计编制 4. 作为租赁站送货到现场的依据

续表

材料计划	编制依据和内容
主要材料节约计划	1. 根据企业下达的材料节约率指标编制 2. 要求落实到各有关的分部分项工程施工的技术组织措施中 3. 作为向施工班组领发料限额及考核的依据

（2）施工项目材料计划的编制

1）施工项目材料总需要量计划编制。以单位工程为对象归集各种材料的需要量。即在编制的单位工程预算的基础上，按分部分项工程计算出各种材料的消耗数量，然后在单位工程范围内，按材料种类、规格分别汇总，得出单位工程各种材料的定额消耗量。在此基础上考虑施工现场材料管理水平及节约措施即可编制出施工项目材料需要量计划。

2）施工项目月（季、半年、年）度材料计划编制。主要内容是：计算各种材料的需要量、储备量，经过综合平衡确定材料申请、采购量等。

①各种材料需要量确定的依据是：计划期生产任务；技术组织措施和设备维修计划；上期材料计划执行情况分析资料；材料消耗定额等。其计算方法是直接计算法，其计算公式如下：

$$某种材料需要量=\sum(计划工程量 \times 材料消耗定额)$$

②各种材料库存量、储备量的确定：

$$计划期初库存量=编制计划时实际库存量+期初前的预计到货量-期初前的预计消耗量$$
$$计划期末储备量=(0.5\sim0.75)经常储备量+保险储备量$$

经常储备量即经济库存量，保险储备量即安全库存量，详见库存管理方法。当材料生产或运输受季节影响时，需考虑季节性储备。其计算公式如下：

$$季节性储备量=季节储备天数 \times 平均日消耗量$$

③编制材料综合平衡表（表8-3）提出计划期材料进货量，即申请量和市场采购量。

表 8-3 材料平衡表

材料名称	计量单位	上期实际消耗量	计划期								备注
			需要量	储备量				进货量			
				期末储备量	期初库存量	期内不合用数量	尚可利用资源	合计	其中		
									申请量	市场采购量	

$$材料申请采购量=材料需要量+计划期末储备量-(计划期初库存量-计划期内不合用数量)-企业内可利用资源$$

计划期内不合用数量是考虑库存量中，由于材料、规格、型号不符合计划期任务要求扣除的数量。尚可利用资源是指积压呆滞材料的加工改制、废旧材料的利用、工业废渣的综合利用，以及采取技术措施可节约的材料等。

在材料平衡表的基础上，分别编制材料申请计划和市场采购计划。

（3）材料计划的组织实施

1）做好材料的申请、订货采购工作，使所需全部材料从品种、规格、数量、质量和供应时间上都能按计划得到落实，不留缺口。

2）做好计划执行过程中的检查工作，发现问题，找出薄弱环节，及时采取措施，保证计划的实现。

3）加强日常的材料平衡工作。

2. 施工项目材料采购供应管理

施工项目材料的采购权主要集中在法人层次上，即一般由企业建立统一的材料机构，对外面向社会建材市场，对内建立企业内部材料市场，对各施工项目所需要的主要材料、大宗材料实行统一计划、统一采购、统一供应、统一调度和统一核算，在企业范围内进行动态配置和平衡协调。因而对于项目经理部来讲，施工项目所需材料主要来自企业内部建材市场。其中：

（1）施工项目所需主要材料、大宗材料（A 类材料），以签订买卖合同的方式，由公司材料机构供应。

（2）工程所需的周转材料、大型工具等向企业材料机构租赁。

（3）小型及随手工具采取支付费用方式，由施工班组在企业内部材料市场上自行采购。

（4）经承包人授权，由项目经理部负责采购企业供应计划以外的材料、特殊材料和零星材料（B 类、C 类材料）等。这些材料的品种应在"项目管理目标责任书"中有约定。项目经理部应编制采购计划，报企业材料主管部门批准后，按计划采购。

（5）远离企业本部的项目经理部可在法定代表人的授权下就地采购。

3. 施工项目现场材料管理

（1）认真分析和执行材料消耗定额。应以材料施工定额为基础，向基层施工队、班组发放材料，进行材料核算；要经常考核和分析材料消耗定额的执行情况，着重于定额与实际用料的差异，非工艺损耗的构成等，及时反映定额达到的水平和节约用料的先进经验，不断提高定额管理水平；应根据实际执行情况积累和提供修订和补充材料定额的数据。

（2）认真进行材料的进场验收。根据现场平面布置图，认真做好材料的堆放和临时仓库的搭设，要求做到有利于材料的进出和存放，方便施工、避免和减少场内二次搬运。在材料进场时，根据进料计划、送料凭证、质量保证书或材质证明（包括厂名、品种、出厂日期、出厂编号、试验数据等）和产品合格证，进行数据验收和质量确认，做好验收记录，办理验收手续。材料的质量验收工作，要按质量验收规范和计量检测规定进行，严格执行验品种、验型号、验质量、验数量、验证件制度；要求复检的材料要由取样送检证明报告。新材料未经试验鉴定，不得用于工程中。现场配制的材料应经试配，使用前应经认证。材料的计量设备必须经具有资格的机构定期检验，确保计量所需要的精确度，不合格的检验设备不允许使用。对不符合计划要求或质量不合格的材料，应更换、退货或让步接收（降级使用），严禁使用不合格的材料。

（3）做好材料储存保管。进库的材料须验收后入库，按型号、品种分区堆放，并编号、标识，建立台账。材料仓库或现场堆放的材料必须有必要的防火、防雨、防潮、防盗、防风、防变质、防损坏等措施；易燃易爆、有毒等危险品材料，应专门存放，专人负责保管，并有严格的安全措施；有保质期的材料应做好标识，定期检查，防止过期；现场材料要按平面布置图定位放置，有保管措施，符合堆放保管制度；对材料要做到日清、月结、定期盘点、账物相符。

（4）建立材料领发制度。严格限额领发料制度。坚持节约预扣，余料退库。收发料具要及时入账上卡，手续齐全；施工设施用料，以设施用料计划进行总控制，实行限额发料；超限额用料时，须事先办理手续，填限额领料单，注明超耗原因，经批准后，方可领发材料；建立领发料台账，记录领发状况和节超状况。

（5）材料使用监督。组织原材料集中加工，扩大成品供应。要求根据现场条件，将混凝土、钢筋、木材、石灰、玻璃、油漆、砂、石等不同程度地集中加工处理；坚持按分部工程或按层数分阶段进行材料使用分析和核算，以便及时发现问题，防止材料超用；现场材料管理责任者应对现场材料使用进行分工监督、检查；认真执行领发料手续，记录好材料使用台账；按施工场地平面图堆料，按要求的防护措施保护材料；按规定进行用料交底和工序交接；严格执行材料配合比，合理用料。

（6）做好材料回收。回收和利用废旧材料，要求实行交旧（废）领新、包装回收、修旧利废；施工班组必须回收余料，及时办理退料手续，在领料单中登记扣除；余料要上报，按供应部门的安排办理调拨和退料；设施用料、包装物及容器等，在使用周期结束后组织回收；建立回收台账，记录节约或超领记录，处理好经济关系。

（7）周转材料现场的管理。按工程量、施工方案编报需用计划；各种周转材料均应按规格分别整齐码放，垛间留有通道；露天堆放的周转材料应有规定限制高度，并有防水等防护措施；零配件要装入容器保管，按合同发放，按退库验收标准回收、作好记录；建立保管使用维修制度；周转材料需报废时，应按规定进行报废处理。

8.2.4 施工项目机械设备管理

施工项目机械设备管理是指项目经理部针对所承担的施工项目，运用科学方法优化选择和配备施工机械设备，并在生产过程中合理使用，进行维修保养等各项管理工作。

项目经理部的主要任务是编制机械设备使用计划，报企业审批。负责对进入现场的机械设备（机械施工分包人的机械设备除外）做好使用中的管理、维护和保养。

1. 施工项目机械设备选择的方法

（1）综合评分法。当有多台同类机械设备可供选择时，可以综合考虑它们的技术特性，通过对每种特性分级打分的方法比较其优劣。如表 8-4 中所列甲、乙、丙 3 台机械，在用综合评分法综合考虑了 13 项特性之后，选择得总分最高的甲机用于施工。

表 8-4　　　　　　　　　　　综合评分法

序号	特性	等级	标准分	甲机	乙机	丙机
1	工作效率	A	10			
		B	8	10	10	8
		C	6			
2	工作质量	A	10			
		B	8	8	8	8
		C	6			
3	使用费和维修费	A	10			
		B	8	8	10	6
		C	6			

续表

序 号	特 性	等级	标准分	甲机	乙机	丙机
4	能源耗费量	A	8			
		B	6	6	6	6
		C	4			
5	占用人员	A	8			
		B	6	6	4	4
		C	4			
6	安全性	A	8			
		B	6	8	6	6
		C	4			
7	稳定性	A	8			
		B	6	6	6	8
		C	4			
8	服务项目多少	A	8			
		B	6	6	4	8
		C	4			
9	完好性	A	8			
		B	6	8	6	6
		C	4			
10	维修难易	A	8			
		B	6	4	6	6
		C	4			
11	安、拆、用难易和灵活性	A	6			
		B	4	6	4	2
		C	2			
12	对气候适应性	A	6			
		B	4	4	2	2
		C	2			
13	对环境影响	A	6			
		B	4	4	4	4
		C	2			
总计分数				84	76	74

（2）单位工程量成本比较法。机械设备使用的成本费用分为可变费用和固定费用两大类。可变费用又称操作费，它随着机械的工作时间而变化，如操作人员的工资、燃料动力费、小修理费、直接材料费等。固定费用是按一定施工期限分摊的费用，如折旧费、大修理费、机械管理费、投资应付利息、固定资产占用费等，租入机械的固定费用是要按期交纳的租金。在多台机械可供选用时，可优先选择单位工程量成本费用较低的机械。单位工程量成本的计算公式是

$$C = (R + Px)/Qx$$

式中　C——单位工程量成本；

　　　R——一定期间固定费用；

　　　P——单位时间变动费用；

Q——单位作业所需时间产量；

x——实际作业时间（机械使用时间）。

（3）界限时间比较法。界限时间（X_0）是指两台机械设备的单位工程量成本相同时的时间。由方法（2）的计算公式可知单位工程量成本 C 是机械作业时间 X 的函数，当 A、B 两台机械的单位工程量成本相同，即 $C_a = C_b$ 时，则有关系式：

$$(R_a + P_a X_0)/Q_a X_0 = (R_b + P_b X_0)/Q_b X_0$$

解得界限时间 X_0 的计算公式：

$$X_0 = (R_a Q_a - R_a Q_b)/(P_a Q_b - P_b Q_a)$$

当 A、B 两机单位作业时间产量相同，即 $Q_a = Q_b$ 时，上式可简化为

$$X_0 = (R_b - R_a)/(P_a - P_b)$$

上面公式如图 8-1 所示。

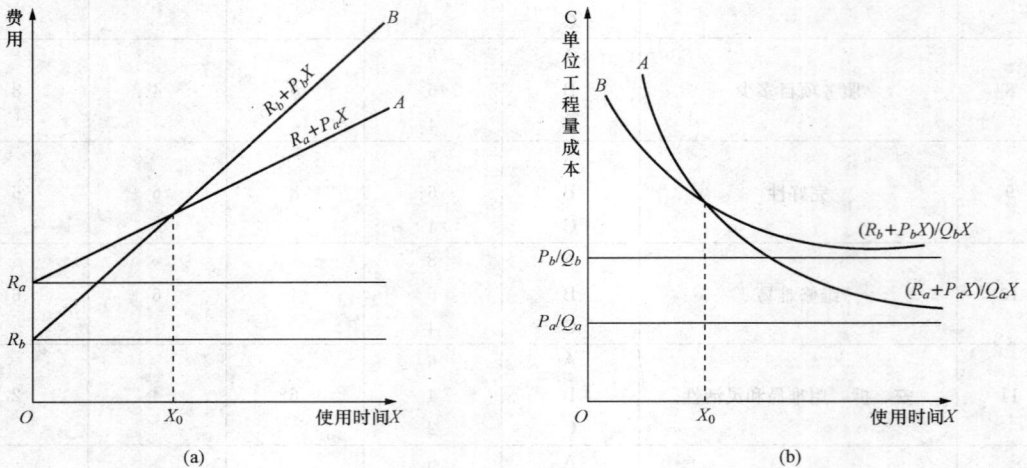

图 8-1 界限时间比较法

（a）单位作业时间产量相同时，$Q_a = Q_b$；（b）单位作业时间产量不同时，$Q_a \neq Q_b$

由图 8-1（a）可以看出，当 $Q_a = Q_b$ 时，应按总费用多少，选择机械。由于项目已定，两台机械需要的使用时间 X 是相同的，即

$$需要使用时间(X) = \frac{应完成工程量}{单位时间产量} = X_a = X_b$$

当 $X < X_0$ 时，选择 B 机械；$X > X_0$ 时，选择 A 机械。

由图 8-2（b）可以看出，当 $Q_a \neq Q_b$ 时，这时两台机械的需要使用时间不同，$X_a \neq X_b$。在都能满足项目施工进度要求的条件下，需要使用时间 X，应根据单位工程量成本较低者，选择机械。项目进度要求确定，当 $X < X_0$ 时选择 B 机械；$X > X_0$ 时选择 A 机械。

（4）折算费用法（等值成本法）。当施工项目的施工期限长，某机械需要长期使用，项目经理部决策购置机械时，可考虑机械的原值、年使用费、残值和复利利息，用折算费用法计算，在预计机械使用的期间，按月或年摊入成本的折算费用，选择较低者购买。计算公式是

年折算费用＝（原值－残值）×资金回收系数＋残值×利率＋年度机械使用费

其中　　　　　　　　$资金回收系数＝\dfrac{i(1+i)^n}{(1+i)^n-1}$

式中　i——复利率；

　　　n——计利期。

2. 施工项目机械设备的合理使用与保养、维修

（1）施工项目机械设备的合理使用

1）建立机械使用责任制。实行人机固定，要求操作人员必须遵守安全操作规程，积极为施工服务；提高机械施工质量，降低消耗，将机械的使用效益与个人经济利益联系起来；爱护机械设备，保管好原机零部件、附属设备和随机工具，执行保养规程；认真执行交接班制度，填好运转记录。

2）实行操作证制度。对操作人员进行岗前培训、考试，确认合格者发给操作证，持证上岗；实行岗位责任制。

3）严格执行技术规定。遵守技术试验规定。凡进入施工现场施工的机械设备，必须测定其技术性能、工作性能和安全性能，确认合格后才能验收、投产使用；遵守跑合期的使用规定，防止机件早期磨损、延长机械使用寿命和修理周期；遵守寒冷地区冬季使用机械设备的规定。

4）合理组织机械施工。根据需要和实际可能，经济合理的配备机械设备；安排好机械施工计划，充分考虑机械设备的维修时间，合理组织实施、调配；组织机械设备流水施工和综合利用，提高单机效率；为施工机械创造良好的现场环境，如交通、照明设施，施工平面布置要适合机械作业要求；加强机械设备安全作业，作业前须向操作人员进行安全操作交底，严禁违章作业和机械带病作业。

5）实行单机或机组核算。以定额为基础，确定单机或机组生产率、消耗费用和保修费用；加强班组核算，按标准进行考核和奖惩。

6）建立机械设备档案。包括原始技术文件，交接、运转和维修记录，事故分析和技术改造资料等。

7）培养专业化队伍。举办训练班、进行岗位练兵，有计划、有步骤地培养提高机械设备管理人员的技术业务能力和操作保修技能。

（2）施工项目机械设备的保养与维修。施工机械设备的保养有例行保养和定期保养。例行保养是由操作人员每日（班）工作前、工作中和工作后进行的保养，又称日常保养，主要内容包括保持机械清洁，检查运转状态，紧固易松脱的螺栓，调整各部位不正常的行程和间隙，按规定进行润滑，采取措施防止机械腐蚀。定期保养是指当机械设备运转到规定的保养定额工时时，停机进行的保养，又称强制保养，一般分为四级，一级保养由操作者负责，二、三、四级保养由专业保养工（修理工）负责。

施工机械设备的修理包括零星小修、中修和大修。零星小修是临时安排的修理，一般和保养相结合，不列入修理计划，由项目经理部负责，其目的是：消除操作人员无力排除的机械设备突然发生故障、个别零件损坏或一般事故性损坏，及时进行维修、更换、修复；中修是对不能继续使用的部分组成进行大修，使整机状况达到平衡，以延长机械设备的大修间隔。中修是在大修间隔期间对少数组成进行的一次平衡修理，对其他不进

行大修的组成只执行检查保养。大修是对机械设备进行全面的解体检查修理，保证各零部件质量和配合要求，使其达到良好的技术状态，恢复可靠性和精度等工作性能，以延长机械的使用寿命；大修和中修列入修理计划，并由企业负责按机械预检修计划对施工机械进行检修。

8.2.5 施工项目技术管理

施工项目技术管理是项目经理部在项目施工的过程中，对各项技术活动过程和技术工作的各种要素进行科学管理的总称。所涉及的技术要素包括：技术人才、技术装备、技术规程、技术信息、技术资料、技术档案等。

1. 施工项目技术管理的内容

施工项目技术管理工作的内容主要包括：技术管理基础工作；施工技术准备工作；施工过程技术工作；技术开发工作；技术经济分析与评价等，如图8-2所示。

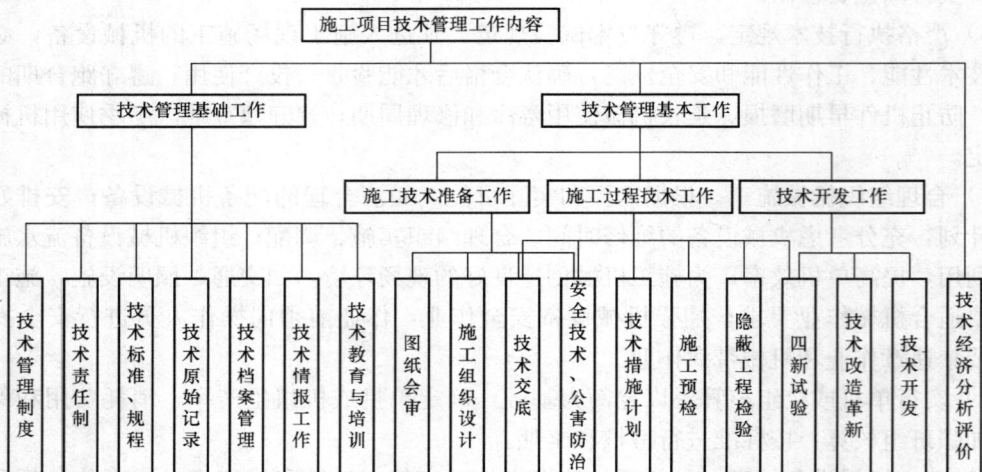

图8-2 施工项目技术管理的工作内容

2. 施工项目的主要技术管理制度

项目经理部应根据项目规模设项目技术负责人。项目经理部必须在企业总工程师和技术管理部门的指导下，建立技术管理体系。施工项目的技术管理应执行国家技术政策和企业的技术管理制度，同时，项目经理部根据需要可自行制定特殊的技术管理制度，并报企业总工程师批准。施工项目的主要技术管理制度有：技术责任制度、图纸会审制度、施工组织设计管理制度、技术交底制度、材料设备检验制度、工程质量检查验收制度、技术组织措施计划制度、工程施工技术资料管理制度以及工程测量、计量管理办法、环境保护管理办法、工程质量奖罚办法、技术革新和合理化建议管理办法等。

建立健全施工项目技术管理的各项制度，首先是要求各项制度互相配套协调、形成系统，既互不矛盾，也不留漏洞，还要有针对性和可操作性；其次是要求项目经理部所属各单位、各部门和人员，在施工活动中，都必须遵照所制定的有关技术管理制度中的规定和程序安排工作和生产，保证施工生产安全顺利地进行。

3. 施工项目的主要技术管理工作

（1）图纸会审工作。见第 4 章有关内容。

（2）编制施工组织设计。施工组织设计是用来指导施工的技术经济文件，对施工组织设计的编制方法及其内容详见第 6 章。

（3）技术交底。见第 4 章有关内容。

（4）技术措施计划。技术措施计划的主要内容：

1）加快施工进度方面的技术措施。

2）保证和提高工程质量的技术措施。

3）节约劳动力、原材料、动力、燃料的措施。

4）推广新技术、新工艺、新结构、新材料的措施。

5）提高机械化水平、改进机械设备的管理以提高完好率和利用率的措施。

6）改进施工工艺和操作技术以提高劳动生产率的措施。

7）保证安全施工的措施。

（5）施工预检。预检是该工程项目或分项工程在未施工前所进行的预先检查，预检是保证工程质量、防止可能发生差错造成质量事故的重要措施。施工单位自身进行预检，并做好记录后，监理单位对预检工作进行监督并予以审核认证。

建筑工程的预检项目主要有：

1）建筑物定位轴线，现场标准水准点，坐标点（包括标准轴线桩、平面示意图），重点工程应有测量记录。

2）基槽验线，包括：轴线、放坡边线、断面尺寸、标高（槽底标高、垫层标高）、坡度等。

3）模板，包括：几何尺寸、轴线、标高、预埋件和预留孔位置、模板牢固性、清扫口留置、施工缝留置、模板清理、脱模剂涂刷、止水要求等。

4）楼层放线，包括：各层墙柱轴线，边线和皮数杆。

5）预制构件吊装，包括：轴线位置、构件型号、构件支点的搭接长度、堵孔、清理、锚固、标高、垂直偏差以及构件裂缝、损坏处理等。

6）各层间地面基层处理，屋面找坡、保温、找平层质量，各阴阳角处理。

（6）隐蔽工程检查与验收。隐蔽工程是指完工后将被下一道施工作业所掩盖的工程。隐蔽工程项目在隐蔽之前应进行隐蔽检查，做好记录，签署意见，办理验收手续，不得后补。有问题需复验的，须办理复验手续，并由复验人做出结论，填写复验日期。

建筑工程隐蔽工程验收项目如下：

1）验基槽，包括土质情况、标高、地基处理。

2）基础、主体结构各部位的钢筋均须办理隐检，内容包括：钢筋的品种、规格、数量、位置、锚固或接头长度及除锈、代用变更情况，板缝及楼板胡子筋处理情况、保护层情况等。

3）屋面、厕浴间防水层下的各层细部做法，地下室施工缝、变形缝、止水带、过墙管做法等，外墙板空腔立缝、平缝、十字接头、阳台雨罩接头等。

（7）项目经理部应设技术资料管理人员，做好技术资料的收集、整理和归档工作，并建立技术资料台账。

8.2.6　施工项目资金管理

施工项目资金管理是指施工项目经理部根据工程项目施工过程中资金运动的规律，进行的资金收支预测、编制资金计划、筹集投入资金，资金使用、资金核算与分析等一系列资金管理工作。项目资金管理应保证收入、节约支出、防范风险和提高经济效益。

1. 施工项目资金的筹措

（1）建设项目的资金来源：

1）财政资金，包括财政无偿拨款和拨改贷资金。

2）银行信贷资金，包括基本建设贷款、技术改造贷款、流动资金贷款和其他贷款等。

3）发行国家投资债券、建设债券、专项建设债券以及地方债券等。

4）在资金暂时不足的情况下，还可以采用租赁的方式解决。

5）企业自有资金和对外筹措资金（发行股票及企业债券，向产品用户集资）。

6）利用外资，包括利用外国直接投资，进行合资、合作建设以及利用外国贷款。

（2）施工过程所需要的资金来源。施工过程所需要的资金来源，一般是在承发包合同条件中规定了的，由发包方提供工程备料款和分期结算工程款。为了保证生产过程的正常进行，施工企业也可垫支部分自有资金，但在占用时间和数量方面必须严加控制，以免影响整个企业生产经营活动的正常进行。因此，施工项目资金来源渠道是：

1）预收工程备料款。

2）已完施工价款结算。

3）银行贷款。

4）企业自有资金。

5）其他项目资金的调剂占用。

（3）筹措资金的原则：

1）充分利用企业自有资金。其优点是：调度灵活，不需支付利息，比贷款保证性强。

2）必须在经过收支对比后，按差额筹措资金，避免造成浪费。

3）以利息的高低作为选择资金来源的主要标准，尽量利用低息贷款。用企业自有资金时也应考虑其时间价值。

2. 施工项目资金管理要点

（1）项目资金管理应保证收入、节约支出、防范风险和提高经济效益。

1）保证收入是指项目经理部应及时向发包人收取工程预付备料款，做好分期核算、预算增减账、竣工结算等工作。

2）节约支出是指用资金支出过程控制方法对人工费、材料费、施工机械使用费、临时设施费、其他直接费和施工管理费等各项支出进行严格监控，坚持节约原则，保证支出的合理性。

3）防范风险主要是指项目经理部对项目资金的收入和支出做出合理的预测，对各种影响因素进行正确评估，最大限度地避免资金的收入和支出风险。

（2）企业财务部门统一管理资金。为保证项目资金使用的独立性，承包人应在财务部门设立项目专用账号，所有资金的收支均按财会制度由财务部门统一对外运作。资金进人财务部门后，按承包人的资金使用制度分流到项目，项目经理部负责责任范围内项目资金的直接使用管理。

（3）项目资金计划的编制、审批。项目经理部应根据施工合同、承包造价、施工进度计划、施工项目成本计划、物资供应计划等编制年、季、月度资金收支计划，上报企业主管部门审批后实施。

（4）项目资金的计收。项目经理部应按企业授权配合企业财务部门及时进行资金计收。资金计收应符合下列要求：

1）新开工项目按工程施工合同收取预付款或开办费。

2）根据月度统计报表编制"工程进度款估算单"，在规定日期内报监理工程师审批、结算。如发包人不能按期支付工程进度款且超过合同支付的最后限期，项目经理部应向发包人出具付款违约通知书，并按银行的同期贷款利率计息。

3）根据工程变更记录和证明发包人违约的材料，及时计算索赔金额，列入工程进度款结算单。

4）发包人委托代购的工程设备或材料，必须签订代购合同，收取设备订货预付款或代购款。

5）工程材料价差应按规定计算，发包人应及时确认，并与进度款一起收取。

6）工期奖、质量奖、措施奖、不可预见费及索赔款应根据施工合同规定与工程进度款同时收取。

7）工程尾款应根据发包人认可的工程结算金额及时收回。

（5）项目资金的控制使用。项目经理部应按企业下达的用款计划控制资金使用，以收定支、节约开支；应按会计制度规定设立财务台账，记录资金支出情况，加强财务核算，及时盘点盈亏。

（6）项目的资金总结分析。项目经理部应坚持做好项目的资金分析，进行计划收支与实际收支对比，找出差异，分析原因，改进资金管理。项目竣工后，结合成本核算与分析进行资金收支情况和经济效益总结分析，上报企业财务主管部门备案。企业应根据项目的资金管理效果对项目经理部进行奖惩。

阅读材料

建设工程施工现场管理规定[*]

一、一般规定

1. 项目经理部应认真搞好施工现场管理，做到文明施工、安全有序、整洁卫生、不扰民、不损害公众利益。

2. 现场门头应设置承包人的标志。承包人项目经理部应负责施工现场场容文明形象管理的总体策划和部署；各分包人应在承包人项目经理部的指导和协调下，按照分区划块原则，搞好分包人施工用地区域的场容文明形象管理规划，严格执行，并纳入承包人的现场管理范畴，接受监督、管理与协调。

3. 项目经理部应在现场入口的醒目位置，公示下列内容：

（1）工程概况牌，包括：工程规模、性质、用途，发包人、设计人、承包人和监理单位的名称，施工起止年月等。

---

* 本规定摘自 GB/T 50326—2001《建设工程项目管理规范》。

（2）安全纪律牌。

（3）防火须知牌。

（4）安全无重大事故计时牌。

（5）安全生产、文明施工牌。

（6）施工总平面图。

（7）项目经理部组织机构及主要管理人员名单图。

4. 项目经理应把施工现场管理列入经常性的巡视检查内容，并与日常管理有机结合，认真听取邻近单位、社会公众的意见和反应，及时抓好整改。

二、规范场容

1. 施工现场场容规范化应建立在施工平面图设计的科学合理化和物料器具定位管理标准化的基础上。承包人应根据本企业的管理水平，建立和健全施工平面图管理和现场物料器具管理标准，为项目经理部提供场容管理策划的依据。

2. 项目经理部必须结合施工条件，按照施工方案和施工进度计划的要求，认真进行施工平面图的规划、设计、布置、使用和管理。

（1）施工平面图宜按指定的施工用地范围和布置的内容，分别进行布置和管理。

（2）单位工程施工平面图宜根据不同施工阶段的需要，分别设计成阶段性施工平面图，并在阶段性进度目标开始实施前，通过施工协调会议确认后实施。

3. 项目经理部应严格按照已审批的施工总平面图或相关的单位工程施工平面图划定的位置，布置施工项目的主要机械设备、脚手架、密封式安全网和围挡、模具、施工临时道路、供水、供电、供气管道或线路、施工材料制品堆场及仓库、土方及建筑垃圾、变配电间、消火栓、警卫室、现场的办公、生产和生活临时设施等。

4. 施工物料器具除应按施工平面图指定位置就位布置外，尚应根据不同特点和性质，规范布置方式与要求，并执行码放整齐、限宽限高、上架入箱、规格分类、挂牌标识等管理标准。

5. 在施工现场周边应设置临时围护设施。市区工地的周边围护设施高度不应低于1.8m。临街脚手架、高压电缆、起重把杆回转半径伸至街道的，均应设置安全隔离棚。危险品库附近应有明显标志及围挡设施。

6. 施工现场应设置畅通的排水沟渠系统，场地不积水、不积泥浆，保持道路干燥坚实。工地地面应做硬化处理。

三、环境保护

1. 项目经理部应根据 GB/T 24000—ISO 14000《环境管理系列标准》建立项环境监控体系，不断反馈监控信息，采取整改措施。

2. 施工现场泥浆和污水未经处理不得直接排入城市排水设施和河流、湖泊、池塘。

3. 除有符合规定的装置外，不得在施工现场熔化沥青和焚烧油毡、油漆，亦不得焚烧其他可产生有毒有害烟尘和恶臭气味的废弃物，禁止将有毒有害废弃物作土方回填。

4. 建筑垃圾、渣土应在指定地点堆放，每日进行清理。高空施工的垃圾及废物应采用密闭式串筒或其他措施清理搬运。装载建筑材料、垃圾或渣土的车辆，采取防止尘土飞扬、洒落或流溢的有效措施。施工现场应根据需要设置机动车辆冲洗设施，冲洗污水应进行处理。

5. 在居民和单位密集区域进行爆破、打桩等施工作业前，项目经理部应按规定申请批准，还应将作业计划、影响范围、程度及有关措施等情况，向受影响范围的居民和单位通报说明，取得协作和配合；对施工机械的噪声与振动扰民，应采取相应措施予以控制。

6. 经过施工现场的地下管线，应由发包人在施工前通知承包人，标出位置，加以保护。施工时发现文物、古迹、爆炸物、电缆等，应当停止施工，保护好现场，及时向有关部门报告，按照有关规定处理后方可继续施工。

7. 施工中需要停水、停电、封路而影响环境时，必须经有关部门批准，事先告示。在行人、车辆通行的地方施工，应当设置沟、井、坎、穴覆盖物和标志。

8. 温暖季节宜对施工现场进行绿化布置。

四、防火保安

1. 现场应设立门卫，根据需要设置警卫，负责施工现场保卫工作，并采取必要的防盗措施。施工现场的主要管理人员在施工现场应当佩戴证明其身份的证卡，其他现场施工人员宜有标识。有条件时可对进出场人员使用磁卡管理。

2. 承包人必须严格按照《中华人民共和国消防法》的规定，建立和执行防火管理制度。现场必须有满足消防车出入和行驶的道路，并设置符合要求的防火报警系统和固定式灭火系统，消防设施应保持完好的备用状态。在火灾易发地区施工或储存、使用易燃、易爆器材时，承包人应当采取特殊的消防安全措施。现场严禁吸烟，必要时可设吸烟室。

3. 施工现场的通道、消防出入口、紧急疏散楼道等，均应有明显标志或指示牌。有高度限制的地点应有限高标志。

4. 施工中需要进行爆破作业的，必须经政府主管部门审查批准，并提供爆破器材的品名、数量、用途、爆破地点、四邻距离等文件和安全操作规程，向所在地县、市（区）公安局申领"爆破物品使用许可证"，由具备爆破资质的专业队伍按有关规定进行施工。

五、卫生防疫及其他事项

1. 施工现场不宜设置职工宿舍，必须设置时应尽量和施工场地分开。现场应准备必要的医务设施。在办公室内显著位置应张贴急救车和有关医院电话号码。根据需要采取防暑降温和消毒、防毒措施。施工作业区与办公区应分区明确。

2. 承包人应明确施工保险及第三者责任险的投保人和投保范围。

3. 项目经理部应对现场管理进行考评，考评办法应由企业按有关规定制定。

4. 项目经理部应进行现场节能管理，有条件的现场应下达能源使用指标。

5. 现场的食堂、厕所应符合卫生要求，现场应设置饮水设施。

建设工程施工现场综合考评试行办法

建监〔1995〕407 号

第一章　总　　则

第一条　为加强建设工程施工现场管理，提高施工现场的管理水平，实现文明施工，确保工程质量和施工安全，根据《建设工程施工现场管理规定》，制定本办法。

第二条　本办法所称施工现场，是指从事土木建筑工程，线路管道及设备安装工程，装饰装修工程等新建、扩建，改建活动经批准占用的施工场地。

所称建设工程施工现场综合考评，是指对工程建设参与各方（业主、监理、设计、施工、材料及设备供应单位等）在施工现场中各种行为的评价。

第三条 建设工程施工现场的综合考评，要覆盖到每一个建设工程，覆盖到建设工程施工的全过程。

第四条 国务院建设行政主管部门归口负责全国建设工程施工现场综合考评的管理工作。

国务院各有关部门负责所直接实施的建设工程施工现场综合考评的管理工作。

县级以上（含县级）地方人民政府建设行政主管部门负责本行政区域内地方建设工程施工现场综合考评的管理工作。施工现场综合考评实施机构（以下简称考评机构）可在现有工程质量监督站的基础上，加以健全或充实。

第二章 考评内容

第五条 建设工程施工现场综合考评的内容，分为建筑业企业的施工组织管理、工程质量管理、施工安全管理、文明施工管理和业主、监理单位的现场管理等五个方面。综合考评满分为 100 分。

第六条 施工组织管理考评，满分为 20 分。考评的主要内容是合同签订及履约、总分包、企业及项目经理资质、关键岗位培训及持证上岗、施工组织设计及实施情况等。

有下列行为之一的，该项考评得分为零分：

（一）企业资质或项目经理资质与所承担的工程任务不符的；

（二）总包单位对分包单位不进行有效管理，不按照本办法进行定期评价的；

（三）没有施工组织设计或施工方案，或其未经批准的；

（四）关键岗位未持证上岗的。

第七条 工程质量管理考评，满分为 40 分。考评的主要内容是质量管理与保证体系、工程质量、质量保证资料情况等。

工程质量检查按照现行的国家标准、行业标准、地方标准和有关规定执行。

有下列情况之一的，该项考评得分为零分：

（一）当次检查的主要项目质量不合格的；

（二）当次检查的主要项目无质量保证资料的；

（三）出现结构质量事故或严重质量问题的。

第八条 施工安全管理考评，满分为 20 分。考评的主要内容是安全生产保证体系和施工安全技术、规范、标准的实施情况等。

施工安全管理检查按照国家现行的有关标准和规定执行。

有下列情况之一的，该项考评得分为零分：

（一）当次检查不合格的；

（二）无专职安全员的；

（三）无消防设施或消防设施不能使用的；

（四）发生死亡或重伤 2 人以上（包括 2 人）事故的。

第九条 文明施工管理考评，满分为 10 分。考评的主要内容是场容场貌、料具管理、环境保护、社会治安情况等。

有下列情况之一的，该项考评得分为零分：

（一）用电线路架设、用电设施安装不符合施工组织设计，安全没有保证的；

（二）临时设施、大宗材料堆放不符合施工总平面图要求，侵占场道及危及安全防护的；

（三）现场成品保护存在严重问题的；

（四）尘埃及噪声严重超标，造成扰民的；

（五）现场人员扰乱社会治安，受到拘留处理的。

第十条 业主、监理单位现场管理考评，满分为 10 分。考评的主要内容是有无专人或委托监理单位管理现场、有无隐蔽验收签认、有无现场检查认可记录及执行合同情况等。

有下列情况之一的，该项考评得分为零分：

（一）未取得施工许可证而擅自开工的；

（二）现场没有专职管理人员、技术人员的；

（三）没有隐蔽验收签认制度的；

（四）无正当理由严重影响合同履约的；

（五）未办理质量监督手续而进行施工的。

第三章 考评办法

第十一条 建设工程施工现场的综合考评，实行考评机构定期抽查和企业主管部门或总包单位对分包单位日常检查相结合的办法。企业日常检查应按考评内容每周检查一次。考评机构的定期抽查每月不少于一次。一个施工现场有多个单体工程的，应分别按单体工程进行考评；多个单体工程过小，也可以按一个施工现场考评。

全国建设工程质量和施工安全大检查的结果，作为建设工程施工现场综合考评的组成部分。

有关单位或群众对在建工程、竣工工程的管理状况及工程质量、安全生产的投诉和评价，经核实后，可作为综合考评得分的增减因素。

第十二条 建设工程施工现场综合考评，得分在 70 分以上（含 70 分）的施工现场为合格现场。当次考评达不到 70 分或有一项单项得分为零的施工现场为不合格现场。

第十三条 建设工程施工现场综合考评的结果，是建筑业企业、监理单位资质动态管理的依据之一。考评机构应按季度向相应的资质管理部门通报考评结果。

国务院各有关部门和省、自治区、直辖市人民政府建设行政主管部门在审查企业资质等级升级和进行企业资质年检时，应当把该企业施工现场综合考评结果作为考核条件之一。

第十四条 建筑业企业、监理单位资质管理部门在接到考评机构关于降低企业资质等级的处理意见后，应在 1 个月之内办理降级的手续。

被降低资质等级的建筑业企业、监理单位和被取消资格的项目经理、监理工程师，须在 2 年后经检查考评合格，方可申请恢复原资质等级。

第十五条 国务院各有关部门和省、自治区、直辖市人民政府建设行政主管部门应当在每年 1 月底前，将本部门、本地区一级建筑业企业及甲级监理单位上年度的施工现场综合考评结果，按照《建筑业企业（监理单位）施工现场综合考评结果汇总表》（格式详见附表一）的要求报送建设部。

第十六条 一级建筑业企业、甲级监理单位的建设工程施工现场综合考评结果，由建设部按年度在行业内通报，并向社会公布。

对于当年无质量伤亡事故、综合考评成绩突出的建筑业企业、监理单位等予以表彰，并给予一定的奖励。

第十七条 各省、自治区、直辖市建设行政主管部门应当对本省（自治区、直辖市）的和在本行政区域内承建任务外地的二、三、四级建筑业企业，乙、丙级监理单位及业主的施工现场综合考评结果，在本省（自治区、直辖市）范围内向社会公布。

对于当年无质量伤亡事故、综合考评成绩突出的建筑业企业及监理单位等予以表彰，并给予一定的奖励。

第四章 罚 则

第十八条 对于综合考评达不到合格的施工现场，由主管考评工作的建设行政主管部门根据责任情况，向建筑业企业或业主或监理单位提出警告。

对于一个年度内同一个施工现场发生两次警告的，根据责任情况，给予建筑业企业或业主或监理单位通报批评的处罚；给予项目经理或监理工程师通报批评的处罚。

对于一个年度内同一施工现场发生3次警告的，根据责任情况，给予建筑业企业或监理单位降低资质一级的处罚；给予项目经理、监理工程师取消资格的处罚；责令该施工现场停工整顿。

第十九条 对于本办法第九条由于业主原因，考评得分为零分的，第一次出现零分由当地建设行政主管部门提出警告；一年内出现2次得分为零分的，给予通报批评；一年内出现3次零分的，责令该施工现场停工整顿。

第二十条 凡发生一起三级以上（含三级）或两起四级工程建设重大事故的，由当地建设行政主管部门根据责任情况，给予建筑业企业或监理单位降低资质一级的处罚；给予项目经理或监理工程师取消资格的处罚；业主责任者由所在地单位给予当事者行政处分。情节严重构成犯罪的，由司法机关依法追究刑事责任。

第二十一条 建设行政主管部门作出处罚决定后，应及时将处罚决定书（格式详见附表二）送交被处罚者。

第二十二条 综合考评监督及检查人员不认真履行职责，对检查中发现的问题不及时处理或伪造综合考评结果的，由其所在单位给予行政处分。构成犯罪的，由司法机关依法追究刑事责任。

第二十三条 当事人对行政处罚决定不服的，可以在接到处罚通知之日起15日内，向作出处罚决定机关的上一级机关申请复议，对复议决定不服的，可以在接到复议决定之日起15日内向人民法院起诉；也可以直接向人民法院起诉。逾期不申请复议，也不向人民法院起诉，又不履行处罚决定的，由作出处罚决定的机关申请人民法院强制执行。

第五章 附 则

第二十四条 各试点城市（区、县）建设行政主管部门可以根据本办法制定实施细则，并报建设部备案。

第二十五条 对在中国境内承包工程的外国企业和台湾、香港、澳门地区建筑施工企业

（承包商）的施工现场综合考评，参照本办法执行。

第二十六条　本办法由建设部负责解释。

第二十七条　本办法自发布之日起施行。

附：一、建筑业企业（监理单位）建设工程施工现场综合考评汇总表（见附表1）。

二、建设工程施工现场综合考评汇总表及二级指标表（见附表2，附表3）。

附表 1　_____年建筑业企业（监理单位）负责的建设工程施工现场综合考评汇总表

地区（部门）：

企业名称（监理单位名称）	在施现场个数	检查现场个数	合格现场个数	不合格现场数	被检查现场平均得分						备注
					经营管理考评平均得分（20分）	工程质量管理考评平均得分（40分）	施工安全管理评价得分（20分）	文明施工管理评价得分（10分）	业主（监理单位）现场管理评价得分（10分）	施工现场业绩评价总得分（100分）	

负责人：　　　　制表人：　　　填报日期　　　　年　月　日

注　建筑业企业、监理单位分别列表汇总。

附表 2　　　　　　　　　**建设工程施工现场综合考评汇总表**

工程施工现场名称

建筑施工企业名称：				资质等级	
建设监理单位名称：				资质等级	
业主名称：					

序号	考评日期	施工管理考评得分权重值（20）	工程质量考评得分权重值（40）	施工安全考评得分权重值（20）	文明施工考评得分权重值（10）	业主或监理单位考评得分权重值（10）	每次考评总分率
1							
2							
3							
...							
	平均						
考评结论						（签名，盖章） 年　月　日	

注　每次考评总分率达70分以上为合格现场；达不到70分或有一项得分为零的为不合格现场。

附表3　　　　　　　　　　　　工程质量管理考评二级指标表

工程施工现场名称：

序号	考评日期	工程质量管理考评得分（100）	考评内容及分值												
			结构工程（30）						质量保证资料（20分）	装饰工程（30）						安装工程（20分）
			地基基础工程	构件安装工程	砌体工程	模板工程	钢筋工程	混凝土工程		楼地面工程	门窗工程	抹灰工程	油漆喷浆裱糊工程	饰面工程	屋面工程	
1																
2																
3																
...																

注　工程质量管理考评实际得分率＝（考评得分）×（0.4）。

某工程现场材料管理制度

1. 根据施工平面布置图的规划，确立现场材料的贮存位置和堆放面积，各种材料要避免混放和掺进杂物。

2. 材料进场前，现场材料员要及时清理现场并做好准备工作。

3. 材料进场后，材料员及相关人员根据采购合同、技术资料等进货凭证，做好进场材料的验收工作，填写"收料单"，并记入"材料明细账"，需试验的由材料员及时通知试验员送检。

4. 现场材料应堆放成方成垛，分批分类摆放整齐，并垫高加盖，按材料性质分别采取防火、防潮、防晒、防雨等保护措施。

5. 材料员对现场材料应挂牌标识，并注意保护标识。

6. 材料员按"先进先出"原则定额发料，并记入《材料明细账》。

7. 材料员定期对现场材料进行检查，发现问题及时报告项目负责人，采取纠正措施。

8. 废旧材料要统一存放，统一回收。

9. 加强现场保卫工作，防止破坏和偷盗事故发生。

10. 常用现场材料的贮存要求。

（1）砂。在贮存过程中应防止混入杂质，并按产地、种类和规格分别堆放。

（2）石。在贮存过程中应防止颗粒离析和混入杂质，并按产地、种类和规格分别堆放。堆料高度不宜超过5m。但对单粒级或最大粒径不超过20mm的连续粒级、堆料高度可增加到10m。

（3）轻骨料。在贮存过程中不得受潮和混入杂物，不同种类和密度等级的轻骨料应分别贮存。

（4）钢材。要分品种、规格、分类放置，并要垫高以防受潮锈蚀，雨季要覆盖。

（5）砖及砌块。

1）应按不同品种、规格、标号分别堆放，堆放场地要坚实、平坦、便于排水。

2）中型砌块应布置在起重设备的回转半径范围内，堆垛量应经常保持半个楼层的配套砌块量。

3）砌块应上下皮交叉、垂直堆放，顶面两皮叠成阶梯形，堆高一般不超过3m，空心砌块堆放时孔洞口应朝下。

4）堆垛要求稳固，并便于计数，堆垛后，可用白灰在砖垛上做好标记，注明数量，以利于保管、使用。

（6）防水卷材。一般以立放保管，其高度不超过两层，应避免雨淋、日晒、受潮并注意通风，远离热源；氯化聚乙烯防水卷材应平放，贮存高度以平放 5 个卷材高度为限。

（7）保温隔热材料。不得露天存放，须按不同种类规格分别堆放，定量保管，堆放地面必须平整、干燥，以保证堆垛稳固、不潮。

某工程机械设备管理制度

1. 施工现场必须健全机械设备安全管理体制，完善机械设备责任制。项目部应对现场设备管理负责。施工负责人和安全管理人员应负责机械设备的监督检查。

2. 机械设备操作人员应熟悉各自操作的机械设备性能，并经有关部门培训、教育、考试合格后持证上岗。

3. 在非生产时间内，未经项目部负责人批准，任何人不得擅自动用机械设备。

4. 设备员（机管人员）和操作人员必须相对稳定。机操人员必须做好设备的例行保养工作，确保机械设备的正常运行。

5. 中小型设备必须有专人安装，经试行正常后必须进行检查、验收，确认完好符合规定。经项目部、分公司验收后方可投入使用。

6. 施工现场的大型机械设备（塔吊、施工电梯）必须由具有专业资质的安装单位进行安装、拆除。安装后须经安装单位自检后，报集团公司进行复验，并委托第三方专业检测机构检测合格出具报告方可投入使用。

7. 机械设备严禁超荷载及带病使用，运行中严禁从事保养和维修。

8. 机械设备必须严格定机、定人、定岗位持证操作。

9. 各种机械设备的使用必须严格遵守安全操作技术规程，及公司的相关规定，不得违章指挥，违章操作。

思 考 题 与 习 题

1. 简述施工现场管理的目的和要求。

2. 简述场容管理的基本要求及其内容，说明场容管理与施工平面图的联系与区别。

3. 什么叫生产要素？什么叫施工项目生产要素管理？

4. 简述施工项目劳动力组织管理的原则。

5. 什么叫限额领料？如何进行限额领料管理？

6. 图纸会审、技术交底的内容有哪些？

7. 技术交底的方式有哪些？有何特点？

8. 施工项目资金的筹措方法有哪些？

9. 如何进行施工项目资金的管理？

第9章 施工项目后期管理

9.1 施工项目结算

9.1.1 施工项目结算依据

施工项目结算也就是建设工程价款结算，是指对建设工程的承发包合同价款进行约定和依据合同约定进行工程预付款、工程进度款、工程竣工价款结算的活动。从事工程价款结算活动，应当遵循合法、平等、诚信的原则，并符合国家有关法律、法规和政策。

按照财政部、建设部印发（财建［2004］369号）《建设工程价款结算暂行办法》的规定，工程价款结算应按合同约定办理，合同未作约定或约定不明的，发、承包双方应依照下列规定与文件协商处理：

（1）国家有关法律、法规和规章制度。

（2）国务院建设行政主管部门、省、自治区、直辖市或有关部门发布的工程造价计价标准、计价办法等有关规定。

（3）建设项目的合同、补充协议、变更签证和现场签证，以及经发、承包人认可的其他有效文件。

（4）其他可依据的材料。

9.1.2 施工项目结算方式

（1）工程预付款结算应符合下列规定：

1）包工包料工程的预付款按合同约定拨付，原则上预付比例不低于合同金额的10%，不高于合同金额的30%，对重大工程项目，按年度工程计划逐年预付。计价执行GB 50500—2003《建设工程工程量清单计价规范》的工程，实体性消耗和非实体性消耗部分应在合同中分别约定预付款比例。

2）在具备施工条件的前提下，发包人应在双方签订合同后的一个月内或不迟于约定的开工日期前的7天内预付工程款，发包人不按约定预付，承包人应在预付时间到期后10天内向发包人发出要求预付的通知，发包人收到通知后仍不按要求预付，承包人可在发出通知14天后停止施工，发包人应从约定应付之日起向承包人支付应付款的利息（利率按同期银行贷款利率计），并承担违约责任。

3）预付的工程款必须在合同中约定抵扣方式，并在工程进度款中进行抵扣。

4）凡是没有签订合同或不具备施工条件的工程，发包人不得预付工程款，不得以预付款为名转移资金。

（2）工程进度款结算与支付应当符合下列规定：

1）工程进度款结算方式：

①按月结算与支付。即实行按月支付进度款，竣工后清算的办法。合同工期在两个年度以上的工程，在年终进行工程盘点，办理年度结算。

②分段结算与支付。即当年开工、当年不能竣工的工程按照工程形象进度，划分不同阶段支付工程进度款。具体划分在合同中明确。

2）工程量计算：

①承包人应当按照合同约定的方法和时间，向发包人提交已完工程量的报告。发包人接到报告后 14 天内核实已完工程量，并在核实前 1 天通知承包人，承包人应提供条件并派人参加核实，承包人收到通知后不参加核实，以发包人核实的工程量作为工程价款支付的依据。发包人不按约定时间通知承包人，致使承包人未能参加核实，核实结果无效。

②发包人收到承包人报告后 14 天内未核实完工程量，从第 15 天起，承包人报告的工程量即视为被确认，作为工程价款支付的依据，双方合同另有约定的，按合同执行。

③对承包人超出设计图纸（含设计变更）范围和因承包人原因造成返工的工程量，发包人不予计量。

3）工程进度款支付：

①根据确定的工程计量结果，承包人向发包人提出支付工程进度款申请，14 天内，发包人应按不低于工程价款的 60%，不高于工程价款的 90% 向承包人支付工程进度款。按约定时间发包人应扣回的预付款，与工程进度款同期结算抵扣。

②发包人超过约定的支付时间不支付工程进度款，承包人应及时向发包人发出要求付款的通知，发包人收到承包人通知后仍不能按要求付款，可与承包人协商签订延期付款协议，经承包人同意后可延期支付，协议应明确延期支付的时间和从工程计量结果确认后第 15 天起计算应付款的利息（利率按同期银行贷款利率计）。

③发包人不按合同约定支付工程进度款，双方又未达成延期付款协议，导致施工无法进行，承包人可停止施工，由发包人承担违约责任。

（3）工程完工后，双方应按照约定的合同价款、合同价款调整内容以及索赔事项，进行工程竣工结算。

1）工程竣工价款结算。单项工程竣工后，承包人应在提交竣工验收报告的同时，向发包人递交竣工结算报告及完整的结算资料，发包人收到承包人递交的竣工结算报告及完整的结算资料后，应按《建设工程价款结算暂行办法》规定的期限（合同约定有期限的，从其约定）进行核实，给予确认或者提出修改意见。发包人根据确认的竣工结算报告向承包人支付工程竣工结算价款，保留 5% 左右的质量保证（保修）金，待工程交付使用保修期到期后清算（合同另有约定的，从其约定），保修期内如有返修，发生费用应在质量保证（保修）金内扣除。

2）索赔价款结算。发承包人未能按合同约定履行自己的各项义务或发生错误，给另一方造成经济损失的，由受损方按合同约定提出索赔，索赔金额按合同约定支付。

3）合同以外零星项目工程价款结算。发包人要求承包人完成合同以外零星项目，承包人应在接受发包人要求的 7 天内就用工数量和单价、机械台班数量和单价、使用材料和金额等向发包人提出施工签证，发包人签证后施工，如发包人未签证，承包人施工后发生争议的，责任由承包人自负。

发包人收到竣工结算报告及完整的结算资料后，在《建设工程价款结算暂行办法》规定或合同约定期限内，对结算报告及资料没有提出意见，则视同认可。

承包人如未在规定时间内提供完整的工程竣工结算资料，经发包人催促后 14 天内仍未提供或没有明确答复，发包人有权根据已有资料进行审查，责任由承包人自负。

根据确认的竣工结算报告，承包人向发包人申请支付工程竣工结算款。发包人应在收到申请后 15 天内支付结算款，到期没有支付的应承担违约责任。承包人可以催告发包人支付结算价款，如达成延期支付协议，承包人应按同期银行贷款利率支付拖欠工程价款的利息。如未达成延期支付协议，承包人可以与发包人协商将该工程折价，或申请人民法院将该工程依法拍卖，承包人就该工程折价或者拍卖的价款优先受偿。

工程竣工结算以合同工期为准，实际施工工期比合同工期提前或延后，发、承包双方应按合同约定的奖惩办法执行。

9.1.3 施工项目结算实务

【例 9-1】 某施工单位承包某工程项目，甲乙双方签订的关于工程价款的合同内容有：建筑安装工程造价 660 万元，建筑材料及设备费占施工产值的比重为 60%；工程预付款为建筑安装工程造价的 20%。工程实施后，工程预付款从未施工工程尚需的建筑材料及设备费相当于工程预付款数额时起扣，从每次结算工程价款中按材料和设备占施工产值的比重扣抵工程预付款，竣工前全部扣清；工程进度款逐月计算；工程质量保证金为建筑安装工程造价的 3%，竣工结算月一次扣留；建筑材料和设备费价差调整按当地工程造价管理部门有关规定执行（按当地工程造价管理部门有关规定上半年材料和设备价差上调 15%，在 6 月份一次调增）。工程各月实际完成产值见表 9-1。

表 9-1 各月实际完成产值

月　　份	二	三	四	五	六
完成产值/万元	55	110	165	220	110

问题：（1）通常工程竣工结算的前提是什么？

（2）工程价款结算的方式有哪几种？

（3）该工程的工程预付款、起扣点为多少？

（4）该工程 2～5 月每月拨付工程款为多少？累计工程款为多少？

（5）6 月份办理工程竣工结算，该工程结算造价为多少？甲方应付工程结算款为多少？

（6）该工程在保修期间发生屋面漏水，甲方多次催促乙方修理，乙方一再拖延，最后甲方另请施工单位修理，修理费 2.0 万元，该项费用如何处理？

解　（1）通常工程竣工结算的前提条件是承包商按照合同规定的内容全部完成所承包的工程，并符合合同要求，经相关部门联合验收质量合格。

（2）工程价款结算的方式主要有按月结算、分段结算。

（3）工程预付款：660 万元×20%＝132 万元

起扣点：660 万元－132 万元/60%＝440 万元

（4）各月拨付工程款为

2 月：工程款 55 万元，累计工程款 55 万元

3 月：工程款 110 万元，累计工程款＝55 万元＋110 万元＝165 万元

4 月：工程款 165 万元，累计工程款＝165 万元＋165 万元＝330 万元

5 月：工程款 220 万元－（220＋330－440）万元×60％＝154 万元

累计工程款＝330 万元＋154 万元＝484 万元

（5）工程结算总造价为 660 万元＋660 万元×60％×15％＝719.4 万元

甲方应付工程结算款为 719.4 万元－484 万元－719.4 万元×3％－132 万元＝81.818 万元

（6）2.0 万元维修费应从乙方（承包方）的质量保证金中扣除。

9.2　施工项目竣工验收

见第 7 章有关内容。

9.3　施工项目保修与回访

9.3.1　施工项目产品保修的范围

在《建设工程质量管理条例》第三十九条中明确规定：建设工程实行质量保修制度。

建设工程承包单位在向建设单位提交工程竣工验收报告时，应当向建设单位出具质量保修书。质量保修书中应当明确建设工程的保修范围、保修期限和保修责任等。

工程保修是指建设工程自办理交工验收手续后，在规定的期限内，因勘察、设计、施工、材料等原因造成的质量缺陷，应当由施工单位负责维修。保修范围应在"工程质量保修书"中具体约定。根据《房屋建筑工程质量保修书（示范文本）》的要求，工程质量保修范围是"地基基础工程、主体结构工程、屋面防水工程、有防水要求的卫生间、房间和外墙面的防渗漏，供热与供冷系统，电气管线、给排水管道、设备安装和装修工程以及双方约定的其他项目"。保修书中要具体商定保修的内容。根据工程中经常发生的质量问题，一般包括以下几个方面：

（1）屋面、地下室、外墙、阳台、厕所、浴室以及厨房等处渗水、漏水者。

（2）各种通水管道（包括自来水、热水、污水、雨水等）漏水者，各种气体管道漏气以及通气孔和烟道不通者。

（3）水泥地面有较大面积的空鼓、裂缝或起砂者。

（4）内墙抹灰有较大面积起泡，乃至空鼓脱落或墙面浆活起碱脱皮者，外墙装饰面层自动脱落者。

（5）暖气管线安装不良，局部不热、管线接口处及卫生洁具、瓷活接口处不严而造成漏水者。

（6）其他由于施工不良而造成的无法使用或使用功能不能正常发挥的工程部位。

（7）建设方特殊要求施工方必须保修的范围。

9.3.2　施工项目保修期

在《建设工程质量管理条例》第四十条中明确规定：在正常使用条件下，建设工程最低保修期限为：

（1）基础设施工程、房屋建筑的地基基础工程和主体结构工程，为设计文件规定的该工程合理使用年限。

（2）屋面防水工程、有防水要求的卫生间、房间和外墙面的防渗漏，保修期为5年。

（3）供热、供冷系统，为两个采暖期、供冷期。

（4）电气管线、给排水管道、设备安装和装修工程，保修期为2年。

其他项目的保修期由发包方与承包方约定。建设工程保修期，自竣工验收合格之日起计算。

9.3.3　施工项目保修责任与做法

1. 施工项目做法

（1）签订"建筑安装工程保修书"。在工程竣工验收的同时，由施工单位与建设单位按合同约定签订"建筑安装工程保修书"。保修书目前在国内虽无统一的格式或规定，但施工单位可参考建设部最新版施工承包合同示范文本中附有的保修书范本拟定并印制。保修书的主要内容一般包括：工程简况、房屋使用管理要求、保修范围和保修时间、保修说明、保修情况记录等。此外，保修书还应附有保修单位（即施工单位）的名称、详细地址、电话、联系接待部门（如科、室）和联系人，以便与建设单位联系。

（2）要求检查和修理。在保修期内，建设单位或用户发现房屋的使用功能不良，又是由于施工质量而影响使用者，一般使用人可按"工程质量修理通知书"正式文件通知承包人进行保修，可以用口头或电话方式通知施工单位的有关保修部门，说明情况，要求派人前往检查修理。施工单位自接到保修通知书日起，必须在两周内到达现场，与建设单位共同明确责任方，商议返修内容。属于施工单位责任的，如施工单位未能按期到达现场，建设单位应再次通知施工单位，施工单位自接到再次通知书起的一周内仍不能到达时，建设单位有权自行返修，所发生的费用由原施工单位承担。不属施工单位责任的，建设单位应与施工单位联系，商议维修的具体期限。

（3）修理验收。在发生问题的部位或项目修理完毕以后，要在保修书的"保修记录"栏内做好记录，并经建设单位或用户验收签认，以确认修理工作完成。达到质量标准和使用功能要求，保修期限内的全部修理工作记录在保修期满后应及时请建设单位或用户认证签字。

2. 施工项目保修责任

由于建筑工程情况比较复杂，有些需要保修的项目往往是由于多种原因造成的，因此，在经济责任的处理上必须依据修理项目的性质、内容以及结合检查修理等多种原因的实际情况，由设计单位和施工单位共同商定经济处理办法，一般有以下几种维修的经济责任处理情况：

（1）施工单位未按国家有关规范、标准和设计要求施工，造成的质量缺陷，由施工单位负责返修并承担经济责任。

（2）由于设计方面造成的质量缺陷，由设计单位承担经济责任。由施工单位负责维修，其费用按有关规定通过建设单位向设计单位索赔，不足部分由建设单位负责。

（3）因建筑材料、构配件和设备质量不合格引起的质量缺陷，属于施工单位采购的或经其验收同意的，由施工单位承担经济责任；属于建设单位采购的，由建设单位承担经济责任。

（4）因使用单位使用不当造成的质量缺陷，由使用单位自行负责。

（5）由于建设单位和施工单位双方的责任造成的，双方应实事求是共同商定承担各自的修理费用。

（6）因地震、洪水、台风等不可抗拒原因造成的质量问题，施工单位、设计单位不承担经济责任。

（7）当使用人需要修理责任以外的修理维护服务时，承包人应提供相应的服务，并在双方协议中明确服务的内容和质量要求，费用由使用人支付。

9.3.4　施工项目回访

施工项目回访可采取电话询问、登门座谈、例行回访等方式。

（1）回访的形式。回访的形式一般有 3 种：一是季节性回访。大多数是雨季回访屋面、墙面的防水情况，冬季回访锅炉房及采暖系统的情况，发现问题采取有效措施，及时加以解决。二是技术性的回访。主要了解在工程施工过程中所采用的新材料、新技术、新工艺、新设备等的技术性能和使用后的效果，发现问题及时加以补救和解决，同时也便于总结经验，获取科学依据，不断改进与完善，并为进一步推广创造条件。这种回访既可定期进行，也可以不定期地进行。三是保修期满前的回访。这种回访一般是在保修即将届满之前，进行回访，既可以解决出现的问题，又标志着保修期即将结束，使建设单位注意建筑物的维修和使用。

（2）回访的方法。应由施工单位的领导组织生产、技术、质量、水电（也可以包括合同、预算）等有关方面的人员进行回访，必要时还可以邀请科研方面的人员参加。回访时，由建设单位组织座谈会或意见听取会，并查看建筑物和设备的运转情况等。回访必须认真，必须解决问题，并应该做出回访记录，必要时应写出回访记录。回访记录应包括以下主要内容：参与回访人员、回访发现的质量问题、发包人或使用人的意见、对质量问题的处理意见及主管部门对执行单位的验证签证等。

9.4　施工项目管理总结

施工项目整个完成之后，承建单位编写施工项目管理总结。施工项目管理总结内容中融会贯通地运用项目管理九大功能，即：项目综合管理，项目范围管理，项目进度管理，项目费用管理，项目质量管理，项目资源管理，项目沟通管理，项目风险管理和项目采购管理。施工项目管理总结编写的提纲一般如下：

（1）工程概况。包括地理位置、工程投资、用地面积、建筑面积、建筑类型、结构形式、开发与建设周期、解决的主要技术问题等情况。如果包括公共建筑和居住建筑两类，应分别注明各类建筑面积和示范面积。

（2）工程项目的范围管理。包括项目范围，制约因素；划清范围内与范围外的界限，假定因素等；范围管理与范围控制；简述在项目生命周期中发生的项目范围重大变化，项目经理如何管理这些变化等。

（3）项目进度管理。包括项目施工过程中施工进度图（网络图）的应用。在施工过程中某些情况发生后对施工进度的影响等。

（4）项目费用管理。包括项目费用估算、预测、控制、使用等。

（5）项目质量管理。包括项目质量控制计划、实施与控制等。

（6）项目资源管理。包括劳动力、机械、半成品等资源的计划、组织、供应与使用等。

（7）项目安全管理。包括项目在实施过程中各种安全管理。

（8）项目风险管理。包括项目风险识别、定性与定量分析等。

（9）项目沟通管理。包括项目各种信息之间的沟通。

（10）项目综合管理。

（11）项目合同管理。

以上内容可以根据工程实际情况进行总结。

阅读材料

房屋建筑工程质量保修办法

《房屋建筑工程质量保修办法》已于 2000 年 6 月 26 日经第 24 次部常务会议讨论通过，现予发布，自发布之日起施行。

部长　俞正声

2000 年 6 月 30 日

第一条 为保护建设单位、施工单位、房屋建筑所有人和使用人的合法权益，维护公共安全和公众利益，根据《中华人民共和国建筑法》和《建设工程质量管理条例》，制订本办法。

第二条 在中华人民共和国境内新建、扩建、改建各类房屋建筑工程（包括装修工程）的质量保修，适用本办法。

第三条 本办法所称房屋建筑工程质量保修，是指对房屋建筑工程竣工验收后在保修期限内出现的质量缺陷，予以修复。

本办法所称质量缺陷，是指房屋建筑工程的质量不符合工程建设强制性标准以及合同的约定。

第四条 房屋建筑工程在保修范围和保修期限内出现质量缺陷，施工单位应当履行保修义务。

第五条 国务院建设行政主管部门负责全国房屋建筑工程质量保修的监督管理。

县级以上地方人民政府建设行政主管部门负责本行政区域内房屋建设工程质量保修的监督管理。

第六条 建设单位和施工单位应当在工程质量保修书中约定保修范围、保修期限和保修责任等，双方约定的保修范围、保修期限必须符合国家有关规定。

第七条 在正常使用条件下，房屋建筑工程的最低保修期限为：

（一）地基基础工程和主体结构工程，为设计文件规定的该工程的合理使用年限；

（二）屋面防水工程、有防水要求的卫生间、房间和外墙面的防渗漏，为 5 年；

（三）供热与供冷系统，为 2 个采暖期、供冷期；

（四）电气管线、给排水管道、设备安装为 2 年；

（五）装修工程为 2 年。

其他项目的保修期限由建设单位和施工单位约定。

第八条　房屋建筑工程保修期从工程竣工验收合格之日起计算。

第九条　房屋建筑工程在保修期限内出现质量缺陷，建设单位或者房屋建筑所有人应当向施工单位发出保修通知。施工单位接到保修通知后，应当到现场核查情况，在保修书约定的时间内予以保修。发生涉及结构安全或者严重影响使用功能的紧急抢修事故，施工单位接到保修通知后，应当立即到达现场抢修。

第十条　发生涉及结构安全的质量缺陷，建设单位或者房屋建筑所有人应当立即向当地建设行政主管部门报告，采取安全防范措施；由原设计单位或者具有相应资质等级的设计单位提出保修方案，施工单位实施保修，原工程质量监督机构负责监督。

第十一条　保修完成后，由建设单位或者房屋建筑所有人组织验收。涉及结构安全的，应当报当地建设行政主管部门备案。

第十二条　施工单位不按工程质量保修书约定保修的，建设单位可以另行委托其他单位保修，由原施工单位承担相应责任。

第十三条　保修费用由质量缺陷的责任方承担。

第十四条　在保修期限内，因房屋建筑工程质量缺陷造成房屋所有人、使用人或者第三方人身、财产损害的，房屋所有人、使用人或者第三方可以向建设单位提出赔偿要求。建设单位向造成房屋建筑工程质量缺陷的责任方追偿。

第十五条　因保修不及时造成新的人身、财产损害，由造成拖延的责任方承担赔偿责任。

第十六条　房地产开发企业售出的商品房保修，还应当执行《城市房地产开发经营管理条例》和其他有关规定。

第十七条　下列情况不属于本办法规定的保修范围：

（一）因使用不当或者第三方造成的质量缺陷；

（二）不可抗力造成的质量缺陷。

第十八条　施工单位有下列行为之一的，由建设行政主管部门责令改正，并处 1 万元以上 3 万元以下的罚款。

（一）工程竣工验收后，不向建设单位出具质量保修书的；

（二）质量保修的内容、期限违反本办法规定的。

第十九条　施工单位不履行保修义务或者拖延履行保修义务的，由建设行政主管部门责令改正，处 10 万元以上 20 万元以下的罚款。

第二十条　军事建设工程的管理，按照中央军事委员会的有关规定执行。

第二十一条　本办法由国务院建设行政主管部门负责解释。

第二十二条　本办法自发布之日起施行。

建筑工程质量保修书

工程质量保修书

单位工程 名　称		竣工日期	
建设单位 名　称		施工单位 名　称	

本工程在质量保修期内，如发生质量问题，本单位将按照《建设工程质量管理条例》、《房屋建筑工程质量保修办法》的有关规定负责质量保修，属施工质量问题，保修费用由本单位承担，属其他质量问题，保修费用由责任单位承担。

质量保修范围	在正常使用条件下，建设工程的最低保修期限为： 1. 基础设施工程、房屋建筑、园林建筑的地基基础工程和主体结构工程，为设计文件规定的该工程的合理使用年限_____年。 2. 屋面防水工程，有防水要求的卫生间，房间和外墙面的防渗漏，为5年。 3. 供热与制冷系统，为2个采暖、制冷期。 4. 电气管线、给排水管道、设备安装为2年。 5. 装饰工程为2年。 6. 绿化种植工程养护期按合同。 其他：

注：1. 建设工程保修期，自建设单位竣工验收合格之日起计算。
　　2. 建设工程超过保修期以后，应有产权所有人（物业管理单位）进入正常的定期保养和维修。

施工单位	法人代表		施工企业（公章）
	项目经理		
	保修联系人		
	联系电话		
	联系地址、邮编		年　月　日

思 考 题 与 习 题

1. 施工项目竣工验收的条件有哪些？
2. 施工项目竣工验收的标准如何？
3. 施工项目竣工验收的程序如何？
4. 如何绘制竣工图？
5. 施工项目结算的依据如何？
6. 施工项目结算方式有哪些？
7. 什么是施工项目保修期？施工项目保修期的期限如何？
8. 施工项目回访方式有哪几种？

参 考 文 献

[1] 丛培经主编. 工程项目管理 [M]. 北京：中国建筑工业出版社，2003.

[2] 中国建设监理协会. 建设工程质量控制 [M]. 北京：中国建筑工业出版社，2006.

[3] 中华人民共和国国家标准. GB 50300—2001 建设工程施工质量验收统一标准 [S]. 北京：中国建筑工业出版社，2002.

[4] 中华人民共和国国家标准. GB/T 50326—2001 建设工程项目管理规范 [S]. 北京：中国建筑工业出版社，2002.

[5] 郭泽林. 资料员专业管理实务 [M]. 北京：中国建筑工业出版社，2007.

[6] 危道军. 施工员专业管理实务 [M]. 北京：中国建筑工业出版社，2007.

[7] 张瑞生. 建筑工程质量与安全管理实训 [M]. 北京：中国建筑工业出版社，2007.

[8] 危道军. 建筑施工组织 [M]. 北京：中国建筑工业出版社，2004.

[9] 吴伟民，刘在今. 建筑工程施工组织与管理 [M]. 北京：中国水利水电出版社，2007.

[10] 李继业. 建筑装饰施工组织与管理 [M]. 北京：化学工业出版社，2005.

[11] 张保兴. 建筑施工组织 [M]. 北京：中国建材工业出版社，2003.

[12] 赵正印，张迪. 建筑施工组织设计与管理 [M]. 郑州：黄河水利出版社，2003.

[13] 全国建筑企业项目经理培训教材编写委员会. 施工项目质量与安全管理 [M]. 北京：中国建筑工业出版社. 2002.

[14] 建筑施工手册. 4 版. 北京：中国建筑工业出版社，2003.

[15] 余群洲，刘元珍. 建筑工程施工组织与管理 [M]. 北京：北京大学出版社，2006.

[16] 侯洪涛、南振江. 建筑施工组织 [M]. 北京：人民交通出版社，2007.

[17] 蔡雪峰. 建筑工程施工组织管理 [M]. 北京：高等教育出版社，2003.

[18] 刘小平. 建筑工程项目管理 [M]. 北京：高等教育出版社，2002.

[19] 卜振华、吴之昕. 建设工程项目管理 [M]. 北京：中国建筑工业出版社，2006.

[20] 《建设工程项目管理规范》编写委员会. 建设工程项目管理规范实施手册 [M]. 2 版. 北京：中国建筑工业出版社，2006.

[21] 中国建筑工业出版社. 建筑工程施工质量验收规范汇编 [M]. 北京：中国建筑工业出版社，2005.

[22] 全国造价工程师执业资格考试培训教材编审委员会. 工程造价计价与控制 [M]. 北京：中国城市出版社，2006.

[23] 全国造价工程师执业资格考试培训教材编审委员会. 工程造价案例分析 [M]. 北京：中国城市出版社，2006.

[24] 中国建筑工业出版社. 房屋建筑工程质量保修办法 [M]. 北京：中国建筑工业出版社，2000.